Arduino 程序设计基础

（第 2 版）

陈吕洲　编著

北京航空航天大学出版社

内容简介

Arduino 不仅仅是全球最流行的开源硬件，也是一个优秀的硬件开发平台，更是硬件开发的趋势。Arduino 简单的开发方式使得开发者更关注于创意与实现，更快地完成自己的项目开发，大大节约学习的成本，缩短开发的周期。越来越多的专业硬件开发者已经或开始使用 Arduino 来开发他们的项目和产品。

本书涵盖 Arduino 基础知识及高级应用，中途穿插简单项目制作，用于巩固知识与扩展提高，同时提供常用的 API 参考，以便读者实践时查阅。

本书主要针对本科生及研究生阶段的 Arduino 教学实验进行编写，亦适用于相关开发人员及入门者学习。

图书在版编目(CIP)数据

Arduino 程序设计基础 / 陈吕洲编著. -- 2 版. -- 北京：北京航空航天大学出版社，2015.2

ISBN 978-7-5124-1687-1

Ⅰ. ①A… Ⅱ. ①陈… Ⅲ. ①单片微型计算机—程序设计 Ⅳ. ①TP368.1

中国版本图书馆 CIP 数据核字(2015)第 030110 号

Arduino 程序设计基础(第 2 版)

陈吕洲　编著

责任编辑　王静竞

*

北京航空航天大学出版社出版发行

北京市海淀区学院路 37 号(邮编 100191)　http://www.buaapress.com.cn

发行部电话：(010)82317024　传真：(010)82328026

读者信箱：emsbook@buaacm.com.cn　邮购电话：(010)82316936

涿州市新华印刷有限公司印装　各地书店经销

*

开本：710×1 000　1/16　印张：19.25　字数：410 千字

2015 年 2 月第 2 版　2024 年 7 月第 23 次印刷　印数：70 001～73 000 册

ISBN 978-7-5124-1687-1　定价：49.00 元

前　言

Arduino不仅仅是全球最流行的开源硬件，也是一个优秀的硬件开发平台，更是硬件开发的趋势。Arduino简单的开发方式使得开发者更关注于创意与实现，更快地完成自己的项目开发，大大节约学习的成本，缩短开发的周期。

因为Arduino的种种优势，使得越来越多的专业硬件开发者已经或开始使用Arduino来开发他们的项目和产品；越来越多的软件开发者使用Arduino进入硬件、物联网等开发领域；在大学里，自动化、软件专业，甚至艺术专业，也纷纷开设了Arduino相关课程。

笔者2008年开始接触Arduino时即被Arduino的简单易用所吸引；后来创建了ArduinoCN中文社区，致力于Arduino的教学与推广；目前从事硬件开发工作，在工作中经常使用Arduino进行开发，积累了一定的经验。

本书是笔者将过去撰写的Arduino相关教程与自身开发经验相结合整理而成，主要针对大学的Arduino教学实验进行编写，亦适用于相关开发人员及入门者学习。

本书体系结构清晰，内容丰富，涵盖Arduino基础知识及高级应用，中途穿插简单项目制作，用于巩固知识与扩展提高，同时提供常用的API参考，以便读者实践时查阅。

各章节所涉及内容如下：

第1章简单介绍Arduino的历史、软硬件及安装使用方法。

第2章讲解语言基础、基本输入/输出方法、串口通信和一些常用函数的使用。

第3章讲解Arduino I/O口的一些高级应用。

第4章详细讲解如何使用和编写Arduino类库。

第5章介绍串口、IIC、SPI三种通信方式在Arduino上的使用方法。

第6章介绍如何使用EEPROM和SD卡记录和保存数据。

第7章讲解Arduino红外通信的使用方法。

第8章以1602 LCD和12864 LCD两种常见液晶显示器为例，介绍Arduino驱动液晶显示器的方法。

第9章针对特殊型号的Arduino控制器（Leonardo、Micro、Due等）的USB功能进行讲解。

第10章讲解使用Arduino进行网络通信的方法。

附录介绍使用 Visual Studio 开发 Arduino 的方法及一些常见问题的处理方式，并附带一些控制器手册和相关配置表格，以便读者查阅。

掌握了前三章，便基本了解了 Arduino 的开发方法，从而可以完成很多小型项目的开发。第 4 章以后为进阶教程，讲解 Arduino 的一些常用类库的使用。如果用于大学教学，则按章节循序渐进即可，教师亦可以设计一些小型项目供学生实践练习；如果已有一定的软硬件开发基础，则可根据实际项目要求，直接阅读相应章节。

感谢以下网友对笔者写作本书提供的帮助：吴琼（大茶园丁）、杨奇伟（kiwi）、朱泽州（ZZZ）、沈金鑫（奔跑）、王翔（详羽）、李海波（海神）、刘定杨（三水）。特别感谢潘拥军先生的悉心检查与耐心指导。

由于笔者水平有限，书中难免存在不足与错误之处，敬请读者批评指正。可以通过 ArduinoCN 中文社区（http://www.arduino.cn）参与本书相关内容的讨论，亦可直接与我联系，我的新浪微博是：http://weibo.com/coloz。

陈吕洲

2013 年 8 月

目　录

第1章
初识 Arduino

Arduino 自 2005 年推出以来便广受好评，如今已成为最热门的开源硬件之一。对于没有接触过 Arduino 的朋友来说，可能对其还有很多疑问，本章就将为大家一一解答。

1.1 什么是 Arduino

在回答什么是 Arduino 之前，先来看看几个基于 Arduino 开发的项目。

1. ArduPilot

ArduPilot（图 1－1）是基于 Arduino开发的无人机控制系统，是目前最强大的基于惯性导航的开源飞行控制器之一，集成了陀螺仪、加速度传感器、电子罗盘传感器、大气压传感器和 GPS 等部件。图 1－2 为使用 ArduPilot制作的四轴飞行器。

图 1－1 ArduPilot 控制器

2. MakerBot

MakerBot（图 1－3）是一款使用 Arduino Mega 作为主控制器的 3D 打印机。Arduino 负责解读 G 代码，并驱动步进电机和打印喷头等部件打印出 3D 物体。

3. ArduSat

ArduSat 是美国加州的 NanoSatisfi 团队在众筹网站 Kickstarter 上推出的采用 Arduino 制作的微型人造卫星项目（图 1－4），目的是让任何人都可以用更低的成本从事有关宇宙的研究。

该卫星只有 10 立方厘米大小，能以 18 倍声速的速度围绕地球飞行，并配备照相机和多达 25 种的感应器，搭载的感应器包括电磁波测定装置、分光器、振动传感器、光传感器、GPS、盖革计数器、陀螺仪、磁场传感器、二氧化碳检测传感器，等等。

4. 智能灯控系统

图 1－5 为通过 ZigBee、GPRS、Arduino 等多种技术集合制作的无线灯控系统。

图 1－2 使用 ArduPilot 制作的四轴飞行器

图 1－3 MakerBot 3D 打印机

如图 1－5 所示为一个路灯控制节点,它由电源模块、互感器、继电器、电能计量芯片、ZigBee 无线模块和 AVR 单片机组成。其中 AVR 单片机中的程序便是使用 Arduino 库写成的。

Arduino 并不仅仅是一块小小的电路板,还是一个开放的电子开发平台。它既包含了硬件——电路板,也包含了软件——开发环境和许许多多开发者、使用者创造的代码、程序。

Arduino 抛开了传统硬件开发的复杂操作,不需要了解硬件的内部结构和寄存器设置,也不需要过多的电子知识和编程知识,而只需通过简单的学习,了解各个引脚和函数的作用,便可利用它开发出各种出色的项目。

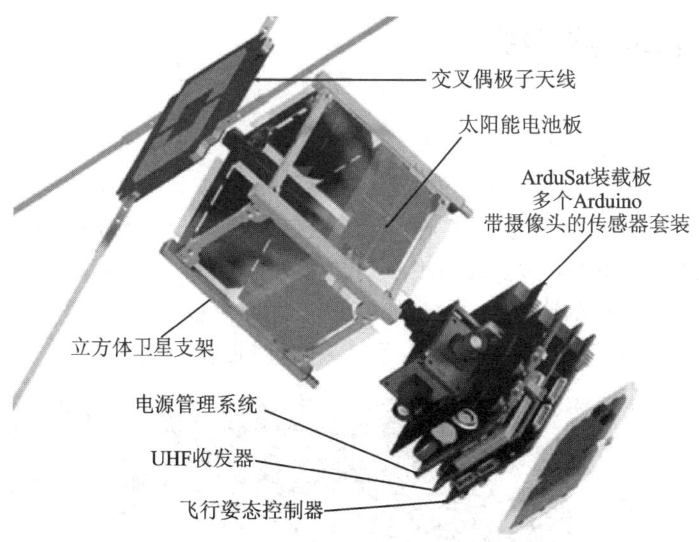

图 1-4 ArduSat 卫星结构示意图

图 1-5 无线路灯控制终端

通过将 Arduino 与多种软件结合(如 Flash、Max/Msp、VVVV、Processing),还可以制作出有趣的互动作品。

1.2 Arduino 的由来

Arduino 创始团队(图 1-6)中的 Massimo Banzi 之前是意大利 Ivrea 一家高科技设计学校的老师。他的学生们经常抱怨找不到既便宜又好用的微控制器。David Cuartielles 是一个西班牙籍芯片工程师,当时在这所学校做访问学者。2005 年冬天, Massimo Banzi 跟 David Cuartielles 讨论了这个问题。两人决定设计自己的电路板,并吸收了 Banzi 的学生 David Mellis 为电路板设计编程语言。两天以后, David Mellis 就写出了程序代码。又过了三天,电路板就完工了。

图 1-6　Arduino 创始团队

据说 Massimo Banzi 喜欢去一家名叫 di Re Arduino 的酒吧,该酒吧是以1 000 年前意大利国王 Arduin 的名字命名的。为了纪念这个地方,他将这块电路板命名为Arduino。

几乎任何人,即使不懂电脑编程也能用 Arduino 做出很酷的东西,比如对传感器作出回应,闪烁灯光,还能控制马达。随后 Banzi、Cuartielles 和 Mellis 把设计图放到了网上。版权法可以监管开源软件,却很难用在硬件上,为了保持设计的开放源码理念,他们决定采用 Creative Commons(CC)的授权方式公开硬件设计图。在这样的授权下,任何人都可以生产电路板的复制品,甚至还能重新设计和销售原设计的复制品。人们不需要支付任何费用,甚至不用取得 Arduino 团队的许可。然而,如果重新发布了引用设计,就必须声明原始 Arduino 团队的贡献。如果修改了电路板,则最新设计必须使用相同或类似的 Creative Commons(CC)的授权方式,以保证新版本的 Arduino 电路板也会一样是自由和开放的。唯一被保留的只有 Arduino 这个名字,它被注册成了商标,在没有官方授权的情况下不能使用它。短短几年时间,Arduino

在全球积累了大量用户，推动了开源硬件、创客运动，甚至是硬件创业领域的发展。越来越多的芯片厂商和开发公司宣布自己的硬件支持 Arduino。

在 Arduino 的推动下诞生了许多优秀的开源硬件项目，有趣的是，Arduino 本身也是多个开源项目融合的成果。图 1－7 为 Arduino 使用的开源项目。

Arduino 编译器使用的是 GCC，这是 GNU 开源计划的核心，是使用最为广泛的编译器之一。Arduino 语言衍生自 Wiring 语言，是一个开源的单片机编程架构，同时 Arduino 语言又是基于 AVR-Libc 这个 AVR 单片机扩展库编写的，AVR-Libc 也是一个优秀的开源项目。Arduino 集成开发环境是基于 Processing 的，Processing 是一个为设计师设计的新型语言，当然这也是一个开源项目。Processing 开发环境是用 JAVA 编写的，JAVA 是众所周知的开源项目。要想将编译好的 Arduino 程序下载到 Arduino 控制器中，还需要用到 AVR-DUDE，这也是一个开源项目的成果。

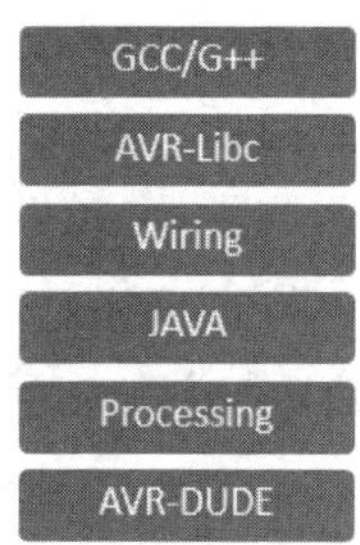

图 1－7　组成 Arduino 的开源项目

可以说，没有这些开源项目，就没有今天的 Arduino。

1.3　为什么使用 Arduino 作为开发平台

用 Arduino 创作或者进行产品开发的优势是很明显的。

1. 跨平台

Arduino IDE 可以在 Windows、Mac OS X 和 Linux 三大主流操作系统上运行，而其他的大多数控制器只能在 Windows 上开发。

2. 简单清晰的开发

Arduino IDE 基于 Processing IDE 开发，这对于初学者来说极易掌握，同时又有着足够的灵活性。Arduino 语言是基于 Wiring 语言开发的，是对 AVR-GCC 库的二次封装，并不需要太多的单片机基础和编程基础，只要简单地学习后就可以快速地进行开发。

3. 开放性

Arduino 的硬件原理图、电路图、IDE 软件及核心库文件都是开源的，在开源协议范围内可以任意修改原始设计及相应代码。

4. 社区与第三方支持

Arduino 有着众多的开发者和用户，因此可以找到他们提供的众多开源的示例代码和硬件设计。例如，可以在 Github. com、Arduino. cc、Openjumper. com 等网站上找到 Arduino 的第三方硬件、外设和类库等支持，以便更快、更简单地扩展自己的

Arduino 项目。

5. 硬件开发趋势

Arduino 不仅仅是全球最流行的开源硬件,也是一个优秀的硬件开发平台,更是硬件开发的趋势。Arduino 简单的开发方式使得开发者更关注于创意与实现,可以更快地完成自己的项目开发,大大节约学习的成本,缩短开发的周期。

鉴于 Arduino 的种种优势,越来越多的专业硬件开发者已经或开始使用Arduino来开发项目和产品;越来越多的软件开发者使用 Arduino 进入硬件、物联网等开发领域;在大学里,自动化、软件专业,甚至艺术专业,也纷纷开设了 Arduino 相关课程。

1.4 Arduino 硬件——选择一款适合自己的 Arduino 控制器

Arduino 发展至今,已经有了多种型号及众多衍生控制器推出。在此列举出一些使用广泛且最有特点的 Arduino 控制器,为大家做一简单介绍。在使用 Arduino 控制器完成项目制作之前,应该对各个型号有一定的了解,以便选择适合自己项目的控制器。

1.4.1 认识不同型号的 Arduino 控制器

1. Arduino 101 /Genuino 101

Arduino 101/Genuino 101(图 1-8)是一个性能出色的低功耗开发板,它基于 Intel® Curie™模组,价格亲民,使用简单。101 不仅有着和 UNO 一样特性和外设,还额外增加了 Bluetooth LE 和 6 轴加速计、陀螺仪,能助你更好的释放创造力,让你轻松地连接数字与物理世界。

图 1-8 Arduino 101/Genuino 101

2. Arduino UNO

Arduino UNO(图 1-9)是目前使用最广泛的 Arduino 控制器,具有 Arduino 的所有功能,是初学者的最佳选择。本书大部分章节将用 Arduino UNO 进行教学演示。在掌握了 UNO 的开发技巧以后,就可以将自己的代码轻松地移植到其他型号的控制器上。

3. Arduino MEGA

Arduino MEGA(图 1-10)是一个增强型的 Arduino 控制器,相对于 UNO,它提供了更多的输入/输出接口,可以控制更多的设备,以及拥有更大的程序空间和内存,是完成较大型项目的好选择。

图 1-9　Arduino UNO

图 1-10　Arduino MEGA

4. Arduino Leonardo

Arduino Leonardo(图 1-11)是 2012 年推出的新型 Arduino 控制器,使用集成 USB 功能的 AVR 单片机作为主控芯片,不仅具备其他型号 Arduino 控制器的所有功能,还可以轻松模拟出鼠标、键盘等 USB 设备。(更详细的介绍请见附录)

5. Arduino Due

Arduino Due(图 1-12)是 Arduino 官方在 2012 年最新推出的控制器,与以往使用 8 位 AVR 单片机的 Arduino 板不同,Due 突破性地使用了 32 位的 ARM Cortex-M3 作为主控芯片。它集成了多种外设,有着其他 Arduino 板无法比拟的性能,是目前最为强大的 Arduino 控制器。(更详细的介绍请见附录)

图 1-11　Arduino Leonardo

图 1-12　Arduino Due

6. Arduino Zero

Arduino Zero(图 1－13)使用 Atmel 公司的 ARM Cortex－M0 芯片作为主控芯片。该方案的最大特点是提供 EDBG 调试端口,可以联机进行单步调试,极大降低了 Arduino 开发调试的难度。

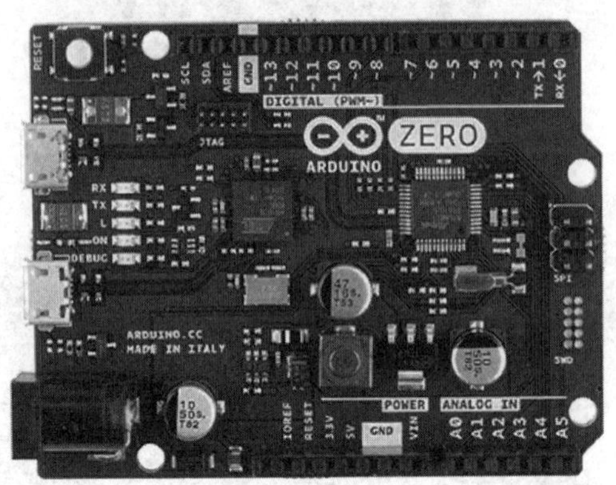

图 1－13 Arduino Zero

7. 小型化的 Arduino

为应对特殊要求,Arduino 还有许多小型化的设计方案(图 1－14)。常见的小型 Arduino 控制器有 Arduino Nano、Arduino Mini、Arduino Micro、Arduino Lilypad 等。这些小型控制器虽然在设计上精简了许多地方,但使用起来一样方便。其中 Arduino Mini 和 Arduino Lilypad 需要外部模块配合来完成程序下载功能。

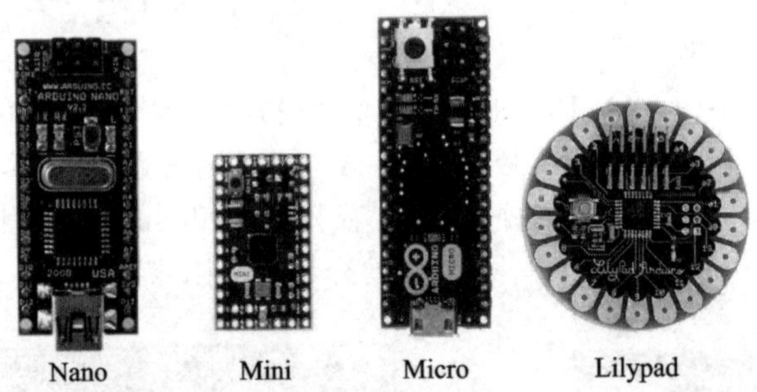

图 1－14 小型化 Arduino

8. Arduino 兼容控制器

Arduino 公布了原理图及 PCB 图纸,并使用了开源协议,使得其他硬件厂商也可以生产 Arduino 控制器,但"Arduino"商标归 Arduino 团队所有,其他生产商不能使用。Arduino 代理商、国内知名的开源硬件厂商 OpenJumper 提供的 Zduino(图 1－15)和 DFRobot 提供的 DFRduino 是国内 Arduino 爱好者的理想选择。

图 1-15　Arduino 兼容控制器

9. 衍生控制器

众多 Arduino 爱好者及硬件公司基于 Arduino 的设计理念，在其他单片机上完成了类似 Arduino 的开发工具。这些开发工具有着与 Arduino 兼容的硬件外形设计，一样简单的开发环境和核心函数。只要掌握了 Arduino 的开发方式，即可轻松地使用这些衍生控制器来完成开发工作。

10. Intel Galileo

Intel Galileo(图 1-16)是 Intel 公司推出 Arduino 衍生控制器，使用 X86 内核的夸克(Quark)处理器，同时运行着一套 Linux 系统。不仅可以当作 Arduino 开发，也可以在上面进行 Linux 相关开发。

图 1-16　Intel Galileo

11. Maple

Maple(图 1-17)是 LeafLabs 公司基于意法半导体的 STM32 芯片开发的、以 ARM Cortex-M3 为核心的衍生控制器，有着与 Arduino 相似的开发方式。

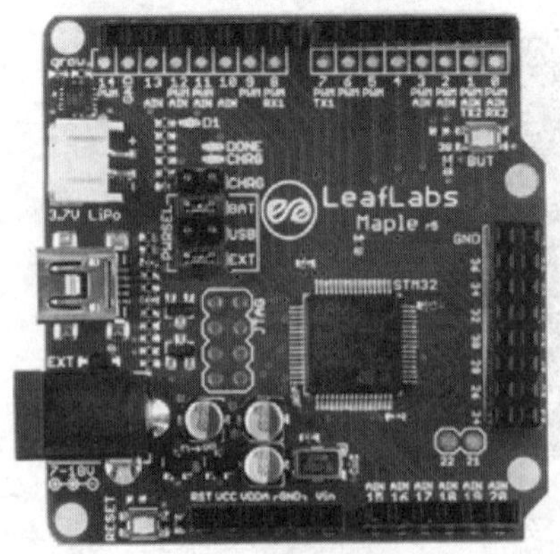

图 1-17　Maple

12. ChipKit

ChipKit(图 1-18)是 DIGILENT 公司推出的、基于微芯公司 PIC32 芯片开发的、以 MIPS 为核心的 Arduino 衍生控制器,有着与 Arduino 相似的开发方式。

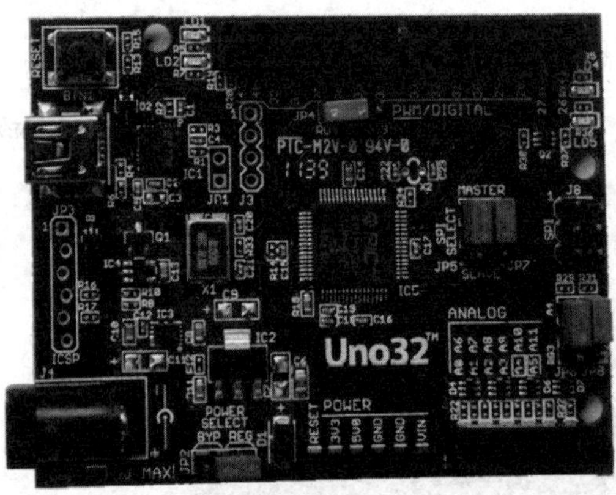

图 1-18　ChipKit

13. Google ADK 2012

Google ADK 2012(图 1-19)是 Google 公司推出的一款基于 Arduino Due 的控制器,主要用于结合 Android 设备制作各种项目。ADK 2012 是 Google 在 2012 年 I/O 大会上推出的最新版本。

1.4.2　众多的 Arduino 外围模块

1. Arduino 各类模块

Arduino 可以与传感器、开关、通信设备、显示设备等连接组合,完成不同的功能。

图 1-19 Google ADK 2012

后续章节中会选择介绍一些常用的模块。图 1-20 展示了部分可与 Arduino 连接的模块。

图 1-20 各种 Arduino 外围模块

2. Arduino 扩展板

扩展板(Shield)是可以堆叠接插到 Arduino 上的电路板,不同的扩展板有着不同的功能。图 1-21 展示了三款 Arduino 兼容的扩展板。

相对于其他扩展模块,它们接插更方便。如图 1-22 所示,当使用扩展板时,不必考虑接口位置,只需把它们叠加到 Arduino 上即可。有些扩展板可以重叠多个,以达到扩展多个功能的目的。

图 1-21　Arduino 兼容的扩展板

图 1-22　多个扩展板堆叠在一起

1.4.3　从 Arduino UNO 开始

Arduino UNO 是 Arduino 入门的最佳选择，在编著本书时，其最新的版本为 UNO R3，本书大部分内容都是基于 Arduino UNO R3 写成的。

Arduino UNO 的详细组成信息如图 1-23 所示。

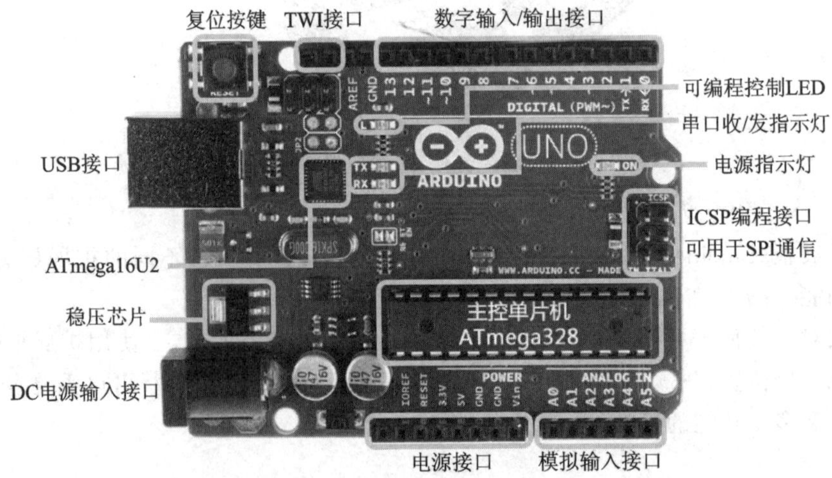

图 1-23　Arduino UNO 解析图

1. 电源(Power)

Arduino UNO 有三种供电方式：

- 通过 USB 接口供电，电压为 5 V；
- 通过 DC 电源输入接口供电，电压要求 7～12 V；
- 通过电源接口处 5 V 或者 VIN 端口供电，5 V 端口处供电必须为 5 V，VIN 端口处供电为 7～12 V。

2. 指示灯(LED)

Arduino UNO 带有 4 个 LED 指示灯，作用分别是：

- ON，电源指示灯。当 Arduino 通电时，ON 灯会点亮。
- TX，串口发送指示灯。当使用 USB 连接到计算机且 Arduino 向计算机传输数据时，TX 灯会点亮。
- RX，串口接收指示灯。当使用 USB 连接到计算机且 Arduino 接收到计算机传来的数据时，RX 灯会点亮。
- L，可编程控制指示灯。该 LED 通过特殊电路连接到 Arduino 的 13 号引脚，当 13 号引脚为高电平或高阻态时，该 LED 会点亮；当为低电平时，不会点亮。因此可以通过程序或者外部输入信号来控制该 LED 的亮灭。

3. 复位按键(Reset Button)

按下该按键可以使 Arduino 重新启动，从头开始运行程序。

4. 存储空间(Memory)

Arduino 的存储空间即是其主控芯片所集成的存储空间。也可以通过使用外设芯片的方式来扩展 Arduino 的存储空间。Arduino UNO 的存储空间分三种：

- Flash，容量为 32 KB。其中 0.5 KB 作为 BOOT 区用于储存引导程序，实现通过串口下载程序的功能；另外的 31.5 KB 作为用户储存程序的空间。相对于现在动辄几百 GB 的硬盘，可能觉得 32 KB 太小了，但是在单片机上，32 KB已经可以存储很大的程序了。
- SRAM，容量为 2 KB。SRAM 相当于计算机的内存，当 CPU 进行运算时，需要在其中开辟一定的存储空间。当 Arduino 断电或复位后，其中的数据都会丢失。
- EEPROM，容量为 1 KB。EEPROM 的全称为电可擦写的可编程只读存储器，是一种用户可更改的只读存储器，其特点是在 Arduino 断电或复位后，其中的数据不会丢失。

5. 输入/输出端口(Input/Output Port)

如图 1-20 所示，Arduino UNO 有 14 个数字输入/输出端口，6 个模拟输入端口。其中一些带有特殊功能，这些端口如下：

- UART 通信,为 0(RX)和 1(TX)引脚,被用于接收和发送串口数据。这两个引脚通过连接到 ATmega16U2 来与计算机进行串口通信。
- 外部中断,为 2 和 3 引脚,可以输入外部中断信号。
- PWM 输出,为 3、5、6、9、10 和 11 引脚,可用于输出 PWM 波。
- SPI 通信,为 10(SS)、11(MOSI)、12(MISO)和 13(SCK)引脚,可用于 SPI 通信。
- TWI 通信,为 A4(SDA)、A5(SCL)引脚和 TWI 接口,可用于 TWI 通信,兼容 IIC 通信。
- AREF,模拟输入参考电压的输入端口。
- Reset,复位端口。接低电平会使 Arduino 复位。当复位键被按下时,会使该端口接到低电平,从而使 Arduino 复位。

可以在 http://arduino. cc/en/Main/ArduinoBoardUno 上找到 Arduino UNO 更多的相关信息及下载最新的原理图及 PCB 文件。

1.5 Arduino 软件

1.5.1 下载配置 Arduino 开发环境

在开始使用 Arduino 之前,需要在电脑上安装 Arduino 的集成开发环境(此后简称 IDE)。如图 1-24 所示,可以在 http://arduino. cc/en/Main/Software 网址下看到各版本 IDE 的下载方式。

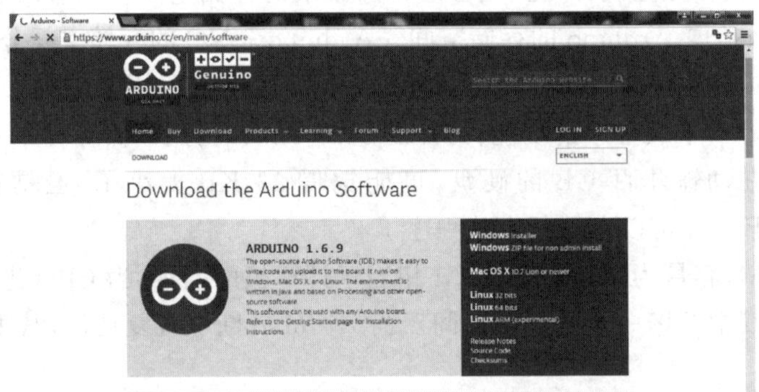

图 1-24　Arduino IDE 下载页面

在 Windows 系统下,可以单击 Windows Installer 下载安装包,并指定地址安装 Arduino IDE;也可以下载 ZIP 压缩包,解压文件到任意位置,然后双击 Arduino. exe 文件进入 Arduino IDE。

在 Mac OS X 系统下,下载并解压 ZIP 文件,双击 Arduino. app 文件进入

Arduino IDE。如果还没有安装过 JAVA 运行库，则系统会提示进行安装，安装完成后即可运行 Arduino IDE。

在 Linux 系统下，需要使用 make install 命令进行安装，如果使用的是 Ubuntu 系统，则推荐直接使用 Ubuntu 软件中心来安装 Arduino IDE。

1.5.2　认识 Arduino IDE

如图 1－25 所示，进入 Arduino IDE 之后，首先出现的是 Arduino IDE 的启动画面。

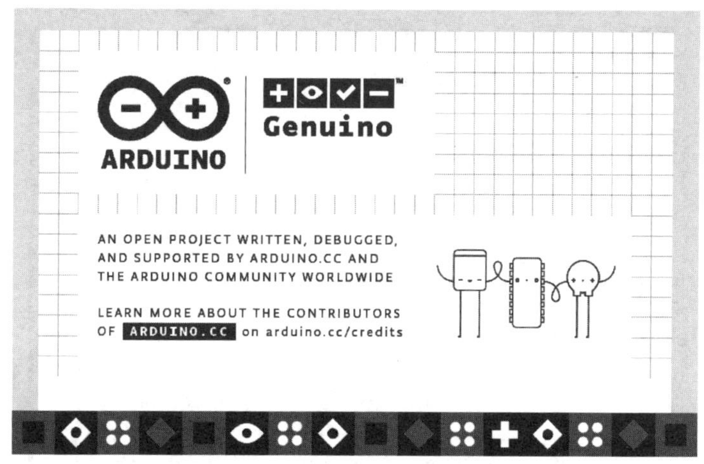

图 1－25　Arduino IDE 启动画面

如图 1－26 所示，几秒后，可以看到一个简单明了的窗口。

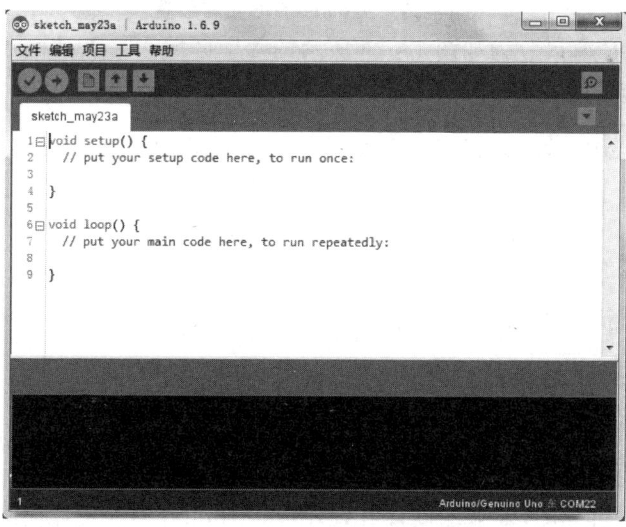

图 1－26　Arduino IDE 界面

新版本 IDE 默认语言为系统预设语言，若下载老版本则需修改系统语言，方法为：选择 File→Preferences 菜单项，在弹出的 Preferences 窗口(图 1－27)中设置 IDE 语言，如简体中文(Chinese Simplified)。关闭 IDE 并重启，界面会变成中文显示 1.5X 以上版本新增加了行号显示，1.6X 以上版本新增加了代码折叠功能详见图 1－26。

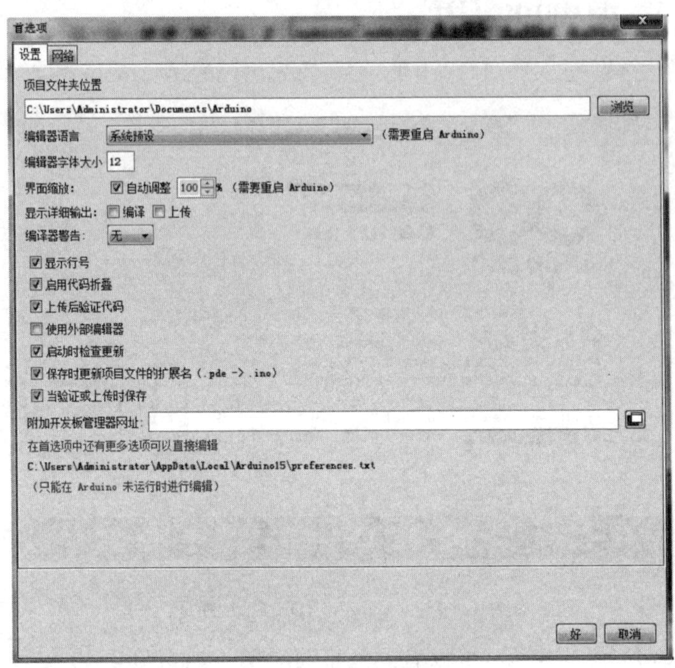

图 1－27　Arduino IDE 语言设置

Arduino IDE 窗口分为如图 1－28 所示的几个区域。在工具栏上，Arduino IDE 提供了常用功能的快捷键：

校验(Verify)，验证程序是否编写无误，若无误则编译该项目。

下载(Upload)，下载程序到 Arduino 控制器上。

新建(New)，新建一个项目。

打开(Open)，打开一个项目。

保存(Save)，保存当前项目。

串口监视器(Serial Monitor)，IDE 自带的一个简单的串口监视器程序，用它可以查看串口发送或接收到的数据。

相对于 IAR、Keil 等专业的硬件开发环境，Arduino 的开发环境给人以简单明了的感觉，但正是这种简单，省去了很多不常用的功能，使得基础知识不多的使用者更容易上手。

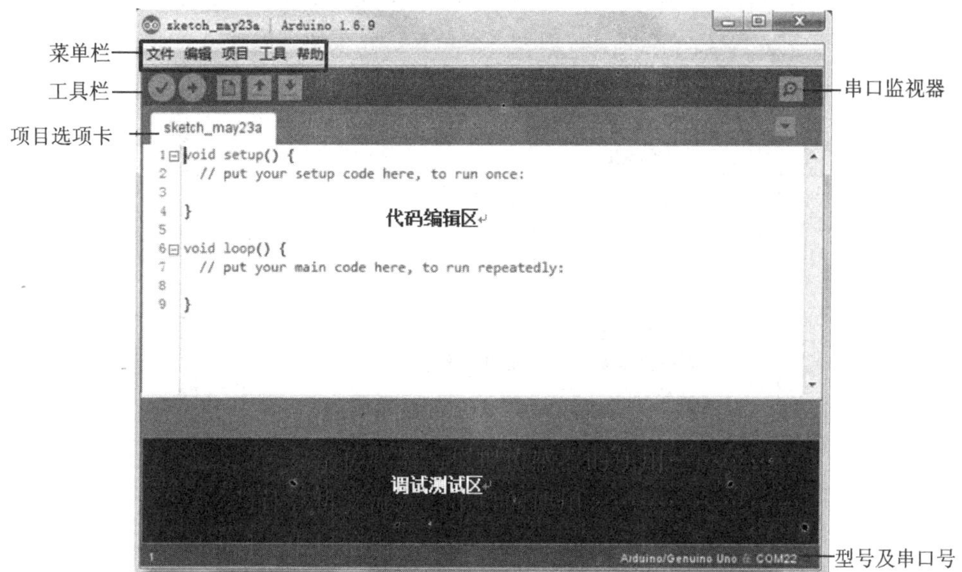

图 1-28　Arduino IDE 界面功能解析

对于一个专业的开发人员，或者正准备使用 Arduino 开发一个大型项目的人来说，笔者推荐使用 Visual Studio、Eclipse 等更为专业的开发环境进行开发。当然，第三方的开发环境都需要下载相应的 Arduino 插件并进行配置，具体的使用方法会在以后的章节中介绍。

1.5.3　安装 Arduino 驱动程序

如果使用的是 Arduino UNO、Arduino MEGA r3、Arduino Leonardo 或者这些型号对应的兼容控制器，并且计算机系统为 Mac OS 或者 Linux，那么只需要使用 USB 连接线，并插上 Arduino 控制器，系统会自动安装驱动，安装完成后即可使用。

其他型号的控制器或者 Windows 系统则需要手工安装驱动程序。

在 Windows 中安装驱动的方法如下：

① 如图 1-29 所示，当使用 USB 线缆连接上 Arduino 后，计算机右下角会弹出气泡提示。

② 通过右击选择“计算机”→“属性”→“设备管理器”打开设备管理器界面，这时会看到一个如图 1-30 所示的“未知设备”。

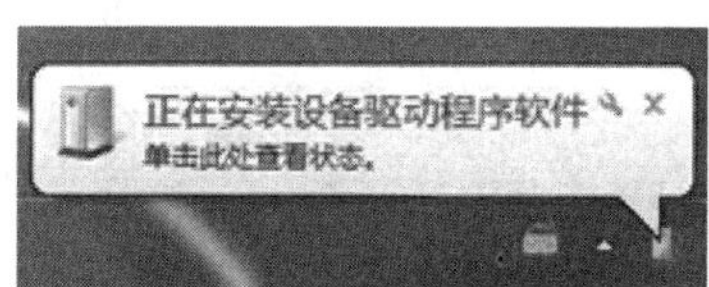

图 1-29　Arduino 驱动安装提示

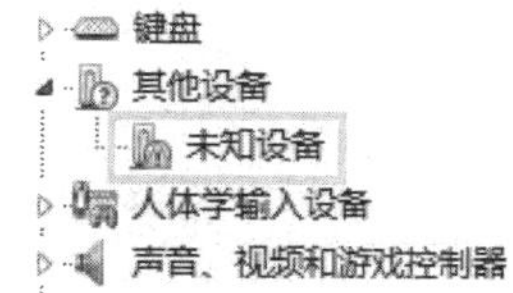

图 1-30　设备管理器显示“未知设备”

③ 双击“未知设备”,并单击“更新驱动程序”按钮,如图 1-31 所示。

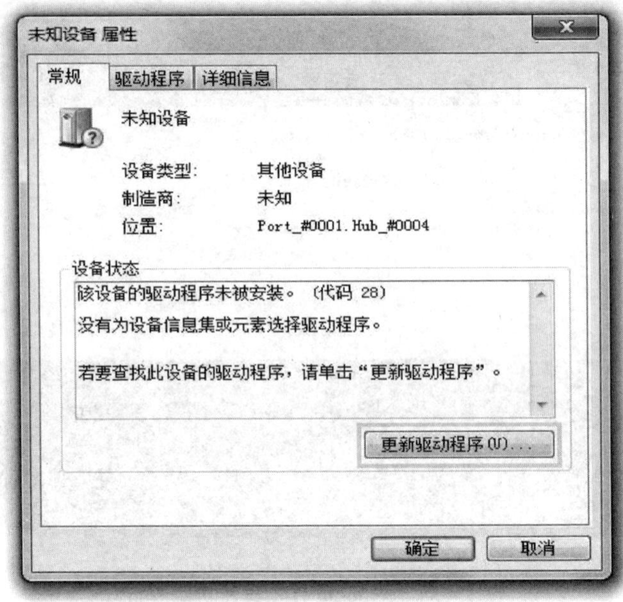

图 1-31　驱动安装步骤 1

④ 如图 1-32 所示,在弹出的对话框中单击“浏览计算机以查找驱动程序软件”。

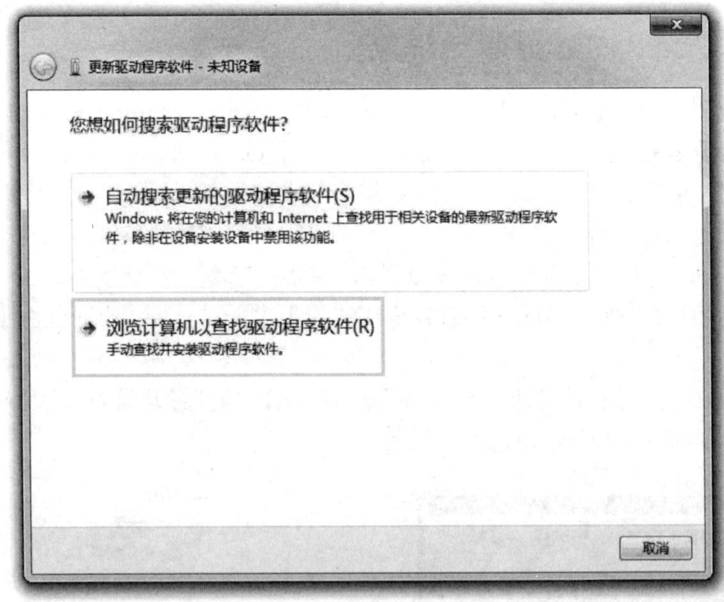

图 1-32　驱动安装步骤 2

⑤ 如图 1－33 所示，选择驱动所在的地址（即 Arduino 安装目录下的 drivers 文件夹），并单击“下一步”按钮，开始安装驱动。

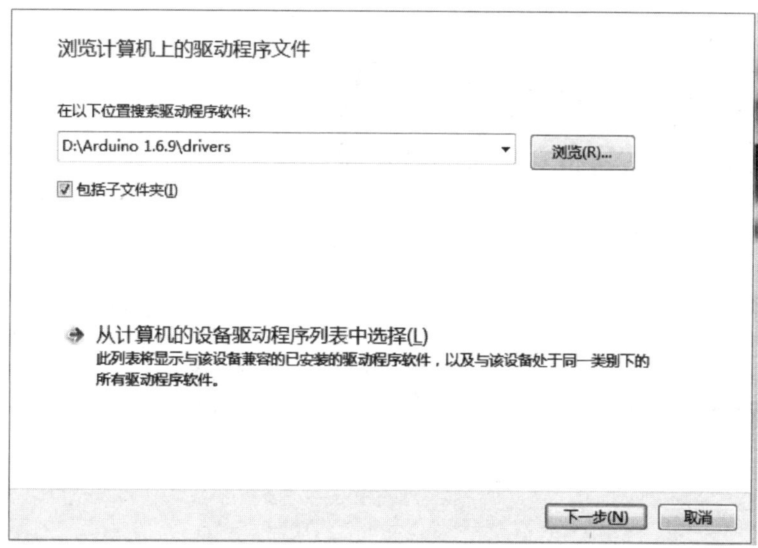

图 1－33　驱动安装步骤 3

⑥ 如果要安装的 Arduino IDE 版本较老，则在安装过程中会弹出如图 1－34 所示的 Windows 安全提示，此时单击“始终安装此驱动程序软件”。

图 1－34　驱动安装步骤 4

⑦ 如图 1－35 所示,安装完成后会显示提示信息。

⑧ 如图 1－36 所示,此时在设备管理器中可以看到 Arduino 控制器所对应的 COM 口。记下该串口号,后面很快就会用到它。

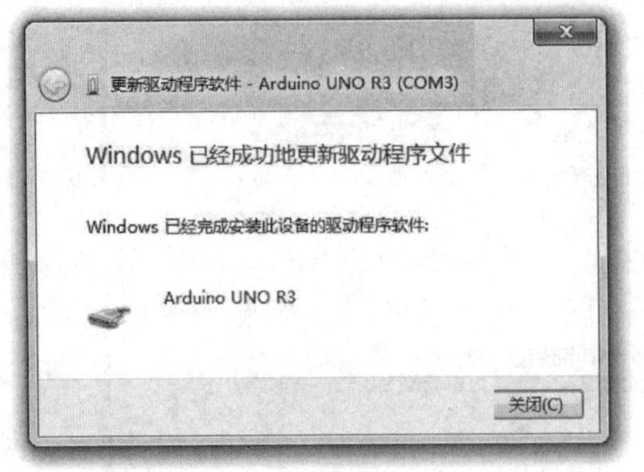

图 1－35　驱动安装成功提示

图 1－36　设备管理器显示

1.6　Blink——Arduino 的 Hello World!

Hello World 是所有编程语言的第一课,不过在 Arduino 中,Hello World 叫做 Blink。Arduino 提供了很多示例代码,使用这些示例代码,可以很轻松地开始 Arduino的学习之旅。

如图 1－37 所示,在 Arduino 窗口中可以选择“文件”→“示例”→01. Basics→

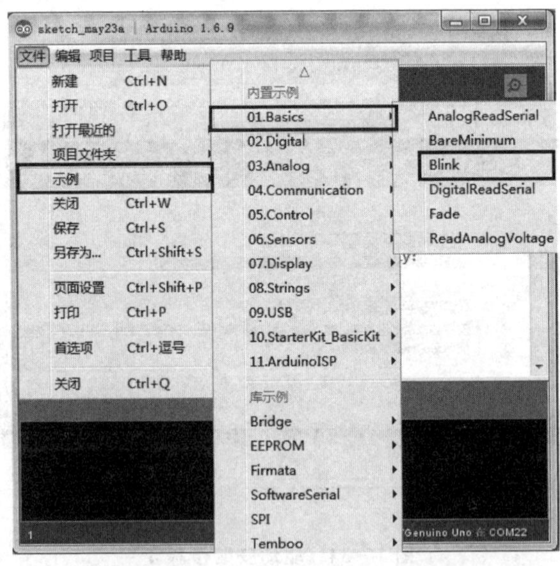

图 1－37　打开 Arduino 的示例程序

Blink 菜单项打开要使用的例程。

打开示例程序后可以看到以下代码：

```
/*
  Blink
  Turns an LED on for one second, then off for one second, repeatedly.
  This example code is in the public domain.
 */
// 在大多数 Arduino 控制板上,13 号引脚都连接了一个标有“L”的 LED 灯
// 给 13 号引脚设置一个别名“led”
int led = 13;

// 在板子启动或者复位重启后,setup 部分的程序只会运行一次
void setup()
{
  // 将“led”引脚设置为输出状态
  pinMode(led, OUTPUT);
}

//setup 部分的程序运行完后,loop 部分的程序会不断重复运行
void loop()
{
  digitalWrite(led, HIGH);    // 点亮 LED
  delay(1000);                //等待一秒钟
  digitalWrite(led, LOW);     //通过将引脚电平拉低,关闭 LED
  delay(1000);                //等待一秒钟
}
```

这些代码的具体含义将在第 2 章中进行讲解。

在编译或下载该程序之前，需要先在“工具”→“板卡”菜单中选择正在使用的 Arduino 控制器型号，如图 1－38 所示。

如图 1－39 所示，接着在“工具”→“串口”菜单中选择 Arduino 控制器对应的串口。在 Windows 系统中，串口名称为“COM”加数字编号，如 COM3。在选择串口时，需要查看设备管理器中所选 Arduino 控制器对应的串口号。

如图 1－40 所示，在 Mac OS 或者 Linux 中，串口名称一般为 /dev/tty. usbmodem 加数字编号或/dev/cu. usbmodem 加数字编号。

板卡和串口设置完成后，就可以在 IDE 的右下角看到当前设置的 Arduino 控制器型号及对应串口了。

接着单击校验(Verify)工具按钮，IDE 会自动检测程序是否正确，如果程序无误，则调试提示区会依次显示“编译程序中”和“编译完毕”。

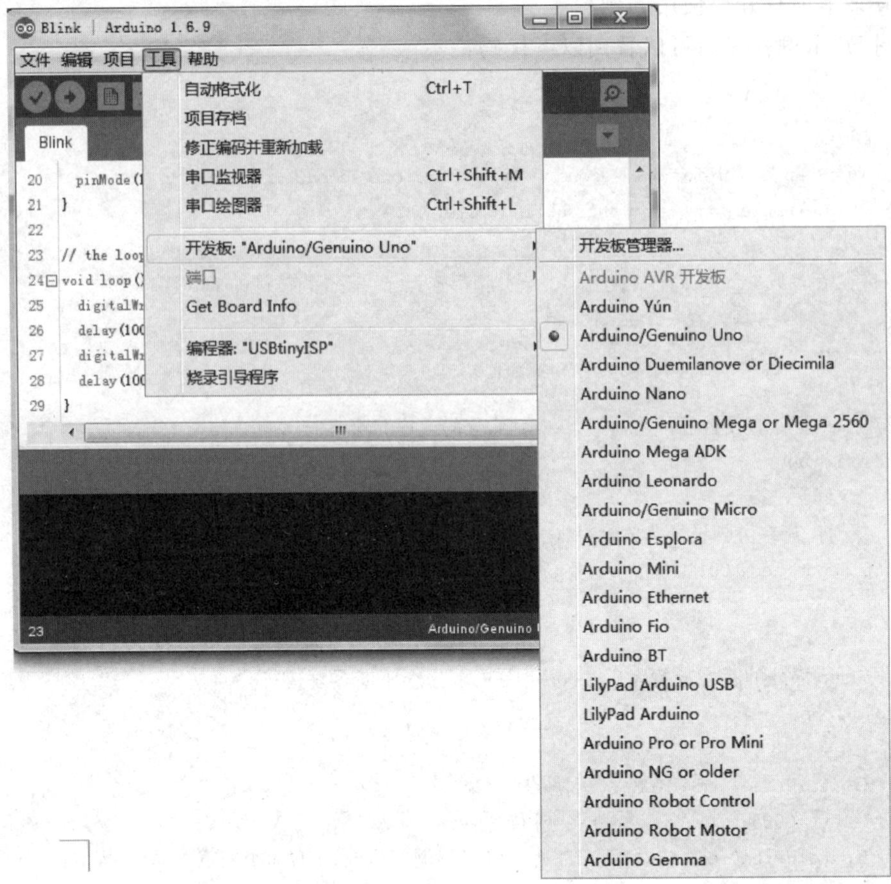

图 1-38 选择 Arduino 控制器型号

当编译完成后,将会看到如图 1-41 所示的提示信息。

在图 1-41 中,“1,084 字节”为当前程序编译后的大小,括号中的“最大 32,256 字节”表示当前控制器可使用的 Flash 程序存储空间的大小。如果程序有误,则调试提示区会显示相关错误提示。

单击下载(Upload)工具按钮,调试提示区会显示“编译程序中”,很快该提示会变成“下载中”,此时 Arduino 控制器上标有 TX、RX 的两个 LED 会快速闪烁,这说明当前程序正在被写入 Arduino 控制器中。

当显示“下载完毕”时,会看到如图 1-42 所示的提示。

此时就可以看到该段程序的效果了——板子上标有 L 的 LED 正在按照设定的程序闪烁。

若下载过程出现其他问题,可以查阅本书附录获取解决方案。

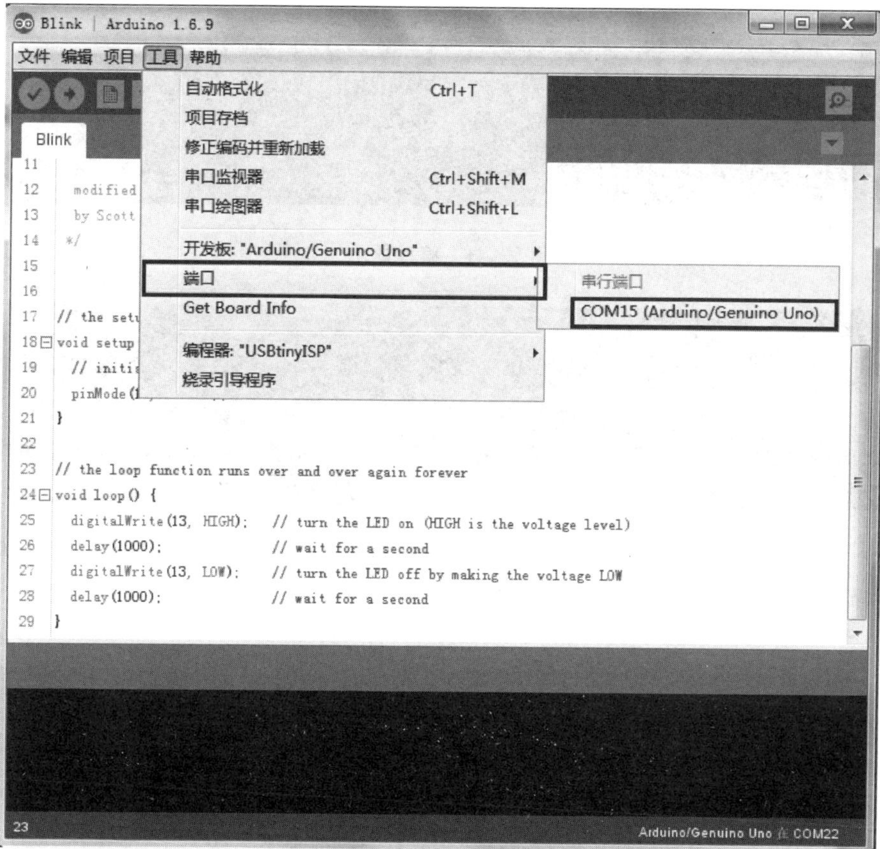

图 1-39　选择串口

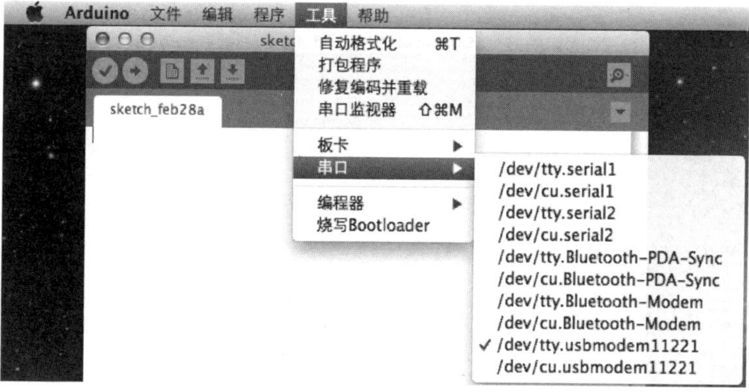

图 1-40　Mac OS 下串口选择

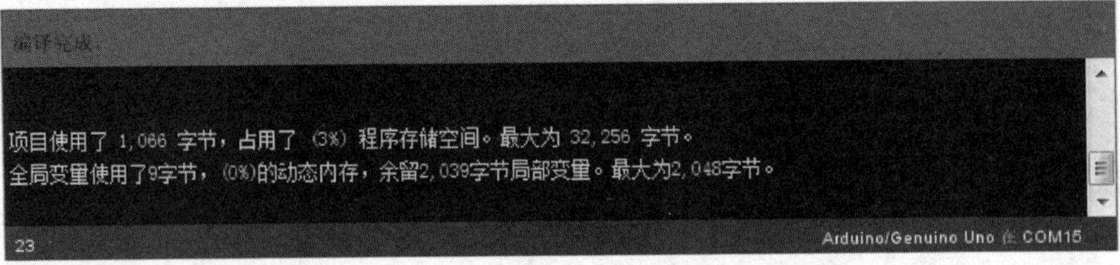

图 1 - 41　编译提示

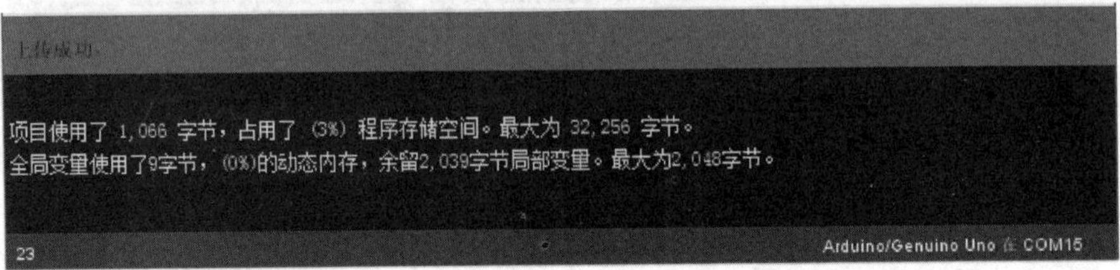

图 1 - 42　下载提示

第 2 章

基础篇

本章将由浅入深,详细介绍 Arduino 的开发方法。

2.1 Arduino 语言及程序结构

2.1.1 Arduino 语言

Arduino 使用 C/C++语言编写程序,虽然 C++兼容 C 语言,但是这两种语言又有所区别。C 语言是一种面向过程的编程语言,C++是一种面向对象的编程语言。早期的 Arduino 核心库使用 C 语言编写,后来引进了面向对象的思想,目前最新的 Arduino 核心库采用 C 与 C++混合编程。

通常所说的 Arduino 语言,是指 Arduino 核心库文件提供的各种应用程序编程接口(Application Programming Interface,简称 API)的集合。这些 API 是对更底层的单片机支持库进行二次封装所形成的。例如,使用 AVR 单片机的 Arduino 核心库是对 AVR-Libc(基于 GCC 的 AVR 支持库)的二次封装。

在传统 AVR 单片机开发中,将一个 I/O 口设置为输出高电平状态需要以下操作:

```
DDRB |= ( 1 << 5 );
PORTB |= ( 1 << 5 );
```

其中 PORTB 和 DDRB 都是 AVR 单片机中的寄存器。在传统开发方式中,需要理清每个寄存器的意义及其之间的关系,然后通过配置多个寄存器来达到目的。

在 Arduino 中的操作写为:

```
pinMode(13,OUTPUT);
digitalWrite(13,HIGH);
```

这里 pinMode 即是设置引脚的模式,这里设定了 13 脚为输出模式;而 digitalWrite(13,HIGH)则是使 13 脚输出高电平数字信号。这些封装好的 API 使得程序中的语句更容易被理解,因此可以不用理会单片机中繁杂的寄存器配置就能直观地控制 Arduino,在增强了程序可读性的同时,也提高了开发效率。

2.1.2 Arduino 程序结构

在第 1 章中已经看到了第一个 Arduino 程序 Blink,如果曾经使用过 C/C++语言就会发现,Arduino 的程序结构与传统 C/C++的程序结构有所不同——Arduino 程序中没有 main()函数。

其实并不是 Arduino 程序中没有 main()函数,而是 main()函数的定义隐藏在了 Arduino 的核心库文件中。在进行 Arduino 开发时一般不直接操作 main()函数,而是使用 setup()和 loop()这两个函数。

可以通过选择"文件"→"示例"→01. Basics→BareMinimum 菜单项来看Arduino 程序的基本结构,如下:

```
void setup()
{
  // 在这里填写 setup()函数代码,它只会运行一次
}
void loop()
{
  // 在这里填写 loop()函数代码,它会不断重复运行
}
```

Arduino 程序的基本结构由 setup()和 loop()两个函数组成。

1. setup()

Arduino 控制器通电或复位后,即会开始执行 setup()函数中的程序,该程序只会执行一次。

通常是在 setup()函数中完成 Arduino 的初始化设置,如配置 I/O 口状态和初始化串口等操作。

2. loop()

setup()函数中的程序执行完毕后,Arduino 会接着执行 loop()函数中的程序。而 loop()函数是一个死循环,其中的程序会不断地重复运行。

通常是在 loop()函数中完成程序的主要功能,如驱动各种模块和采集数据等。

2.2 C/C++语言基础

C/C++语言是国际上广泛流行的计算机高级语言。在进行绝大多数的硬件开发时,均使用 C/C++语言,Arduino 也不例外。使用 Arduino 时需要有一定的 C/C++基础,由于篇幅有限,在此仅对 C/C++语言基础进行简单介绍。在此后的章节中还会穿插介绍一些特殊用法。

2.2.1　数据类型

在 C/C++语言程序中，对所有数据都必须指定其数据类型。数据有常量和变量之分。需要注意的是，Arduino 中的部分数据类型与计算机中的有所不同。

1. 常　量

在程序运行过程中，其值不能改变的量称为常量。常量可以是字符，也可以是数字，通常使用语句

```
#define 常量名 常量值
```

定义常量。

如在 Arduino 核心库中已定义的常量 PI，即是使用语句

```
#define PI 3.1415926535897932384626433832795
```

定义的。

2. 变　量

程序中可变的值称为变量。其定义方法是：

```
类型 变量名;
```

例如，定义一个整型变量 i 的语句是：

```
int i;
```

可以在定义变量的同时为其赋值，也可以在定义之后，再对其赋值，例如：

```
int i = 95;
```

和

```
int i;
i = 95;
```

两者是等效的。

(1) 整　型

整型即整数类型。Arduino 可使用的整数类型及其取值范围如表 2-1 所列。

在 Arduino Due 中，int 型及 unsigned int 型占用 4 字节(32 位)。

(2) 浮点型

浮点数其实就是平常所说的实数。在 Arduino 中有 float 和 double 两种浮点类型，但在使用 AVR 作为控制核心的 Arduino(UNO、MEGA 等)上，两者的精度是一样的，都占用 4 字节(32 位)内存空间。在 Arduino Due 中，double 类型占用 8 字节(64 位)内存空间。

浮点型数据的运算较慢且有一定误差，因此，通常会把浮点型转换为整型来处理

相关运算。如 9.8 cm,通常会换算为 98 mm 来计算。

表 2-1　整型与取值范围

类　型	取值范围	说　明
int	−32 768～32 767 ($-2^{15}\sim2^{15}-1$)	整型
unsigned int	0～65 535 ($0\sim2^{16}-1$)	无符号整型
long	−2 147 483 648 ～2 147 483 647 ($-2^{31}\sim2^{31}-1$)	长整型
unsigned long	0～4 294 967 295 ($0\sim2^{32}-1$)	无符号长整型
short	−32 768～32 767 ($-2^{15}\sim2^{15}-1$)	短整型

(3) 字符型

字符型,即 char 类型,其占用 1 字节的内存空间,主要用于存储字符变量。在存储字符时,字符需要用单引号引用,如

```
char col = 'C';
```

字符都是以数字形式存储在 char 类型变量中的,数字与字符的对应关系请参照附录中的 ASCII 码表。

(4) 布尔型

布尔型变量即 boolean 类型。它的值只有两个:false(假)和 true(真)。boolean 类型会占用 1 字节的内存空间。

2.2.2　运算符

C/C++语言中有多种类型的运算符,常见运算符如表 2-2 所列。

表 2-2　常见 C/C++语言运算符

运算符类型	运算符	说　明
算术运算符	=	赋值
	+	加
	−	减
	*	乘
	/	除
	%	取模

续表 2-2

运算符类型	运算符	说　明
比较运算符	==	等于
	!=	不等于
	<	小于
	>	大于
	<=	小于或等于
	>=	大于或等于
逻辑运算符	&&	逻辑“与”运算
	||	逻辑“或”运算
	!	逻辑“非”运算
复合运算符	++	自加
	--	自减
	+=	复合加
	-=	复合减

2.2.3　表达式

通过运算符将运算对象连接起来的式子称为表达式，如 5+3、a-b、1<9 等。

2.2.4　数　组

数组是由一组具有相同数据类型的数据构成的集合。数组概念的引入，使得在处理多个相同类型的数据时程序更加清晰和简洁。

定义方式如下：

```
数据类型　数组名称[数组元素个数];
```

如，定义一个有 5 个 int 型元素数组的语句为：

```
int a[5];
```

如果要访问一个数组中的某一个元素，则需要使用语句

```
数组名称[下标]
```

需要注意的是，数组下标是从 0 开始编号的。如，将数组 a 中的第 1 个元素赋值为 1 的语句为：

```
a[0] = 1;
```

除了使用以上方法对数组赋值外，也可以在数组定义时对数组进行赋值。如语句

```
int a[5] = {1,2,3,4,5};
```

和语句

```
int a[5];
a[0] = 1; a[1] = 2; a[2] = 3; a[3] = 4; a[4] = 5;
```

是等效的。

2.2.5 字符串

字符串的定义方式有两种,一种是以字符型数组方式定义,另一种是使用 String 类型定义。

以字符型数组方式定义的语句为

```
char 字符串名称[字符个数];
```

使用字符型数组方式定义的字符串,其使用方法与数组的使用方法一致,有多少个字符便占用多少字节的存储空间。

而在大多数情况下是使用 String 类型来定义字符串,该类型提供了一些操作字符串的成员函数,使得字符串使用起来更为灵活。定义语句是:

```
String 字符串名称;
```

如语句

```
String abc;
```

即可定义一个名为 abc 的字符串。可以在定义字符串时为其赋值,也可以在定义以后为其赋值,如语句

```
String abc;
abc = "Arduino";
```

和语句

```
String abc = "Arduino";
```

是等效的。

相较于数组形式的定义方法,使用 String 类型定义字符串会占用更多的存储空间。

2.2.6 注 释

"/ * "与" * /"之间的内容及"//"之后的内容均为程序注释,使用它们可以更好地管理代码。注释不会被编译到程序中,因此不影响程序的运行。

为程序添加注释的方法有两种:

① 单行注释，语句为

```
// 注释内容
```

② 多行注释，语句为

```
/*
注释内容 1
注释内容 2
……
*/
```

2.2.7 用流程图表示程序

流程图采用一些图框来表示各种操作。用图形表示算法，直观形象，易于理解。特别是对于初学者来说，使用流程图有助于更好地理清思路，从而顺利编写出相应的程序。ANSI 规定了一些常用的流程图符号，如图 2-1 所示。

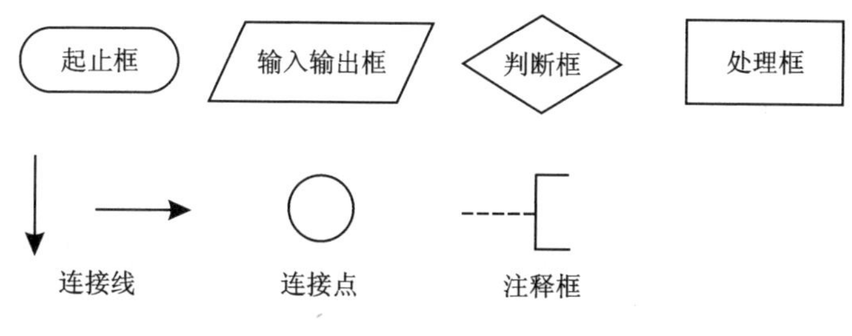

图 2-1 常用流程图符号

2.2.8 顺序结构

顺序结构是三种基本结构之一，也是最基本、最简单的程序组织结构。在顺序结构中，程序按语句的先后顺序依次执行。一个程序或者一个函数，在整体上是一个顺序结构，它由一系列语句或者控制结构组成，这些语句与结构都按先后顺序运行。

如图 2-2 所示，虚线框内是一个顺序结构，其中 A、B 两个框是顺序执行的，即在执行完 A 框中的操作后，接着会执行 B 框中的操作。

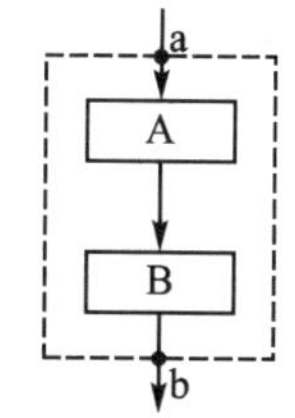

图 2-2 顺序结构

2.2.9 选择结构

选择结构又称选取结构或分支结构。在编程中，经常需要根据当前数据做出判断，以决定下一步的操作。例如，Arduino 可以通过气体传感器检测出室内的煤气浓度，然后需要在程序中对煤气浓度做出判断，如果煤气浓度过高，就要发出警报信号，这时便会用到选择结构。

如图 2-3 所示,虚线框中是一个选择结构,该结构中包含一个判断框。根据判断框中的条件 p 是否成立来选择执行 A 框或者 B 框。执行完 A 框或者 B 框的操作后,都会经过 b 点而脱离该选择结构。

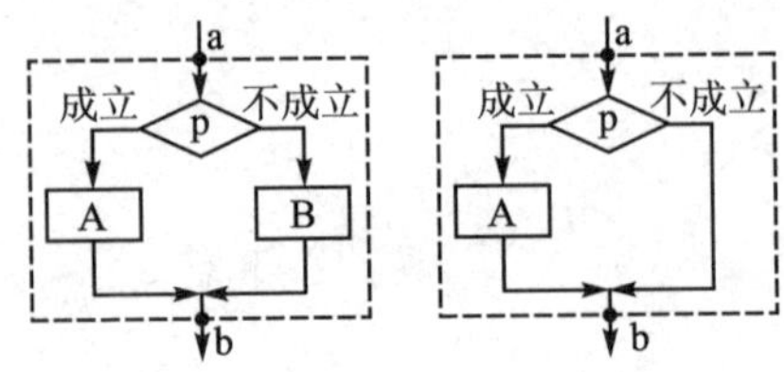

图 2-3 选择结构

选择语句有以下两种形式。

1. if 语句

if 语句是最常用的选择结构实现方式,当给定的表达式为真时,就会运行其后的语句。if 语句有三种结构形式。

(1) 简单分支结构

语句为

```
if(表达式)
{
    语句;
}
```

(2) 双分支结构

双分支结构增加了一个 else 语句,当给定表达式的结果为假时,便运行 else 后的语句,即

```
if(表达式)
{
    语句 1;
}
else
{
    语句 2;
}
```

(3) 多分支结构

将 if 语句嵌套使用,即形成多分支结构,以判断多种不同的情况,即

```
if(表达式 1)
{
    语句 1;
}
else if(表达式 2)
{
    语句 2;
}
else if(表达式 3)
{
    语句 3;
}
else if(表达式 4)
{
    语句 4;
}
……
```

2. switch...case 语句

当处理比较复杂的问题时，可能会存在有很多选择分支的情况，如果还使用 if...else 的结构编写程序，则会使程序显得冗长，且可读性差。

此时可以使用 switch...case 语句，其一般形式为：

```
switch(表达式)
{
    case  常量表达式 1:
          语句 1
          break;
    case  常量表达式 2:
          语句 2
          break;
    case  常量表达式 3:
          语句 3
          break;
    ……
    default  :
          语句 n
          break;
}
```

需要注意的是，switch 后的表达式的结果只能是整型或字符型，如果使用其他类型，则必须使用 if 语句。

switch 结构会将 switch 语句后的表达式与 case 后的常量表达式比较,如果相符就运行常量表达式所对应的语句;如果都不相符,则会运行 default 后的语句;如果不存在 default 部分,程序将直接退出 switch 结构。

在进入 case 判断,并执行完相应程序后,一般要使用 break 语句退出 switch 结构。如果没有使用 break 语句,则程序会一直执行到有 break 的位置才退出或运行完该 switch 结构退出。

switch...case 结构的流程图的表示方法如图 2-4 所示。

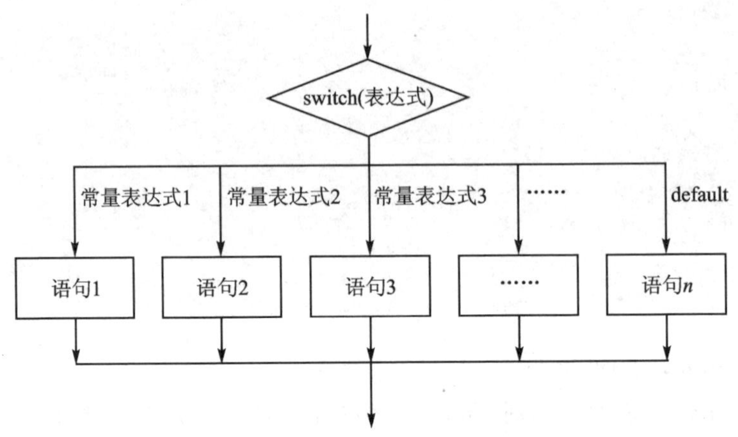

图 2-4　Switch...case 结构

2.2.10　循环结构

循环结构又称重复结构,即反复执行某一部分的操作。有两类循环结构:“当”(while)循环和“直到”(until)循环。

如图 2-5 所示,“当”型循环结构会先判断给定条件,当给定条件 p1 不成立时,即从 b 点退出该结构,当 p1 成立时,执行 A 框,执行完 A 框操作后,再次判断条件 p1 是否成立,如此反复。“直到”型循环结构会先执行 A 框,然后判断给定的条件 p2 是否成立,若成立即从 b 点退出循环,若不成立则返回该结构的起始位置 a 点,重新执行 A 框,如此反复。

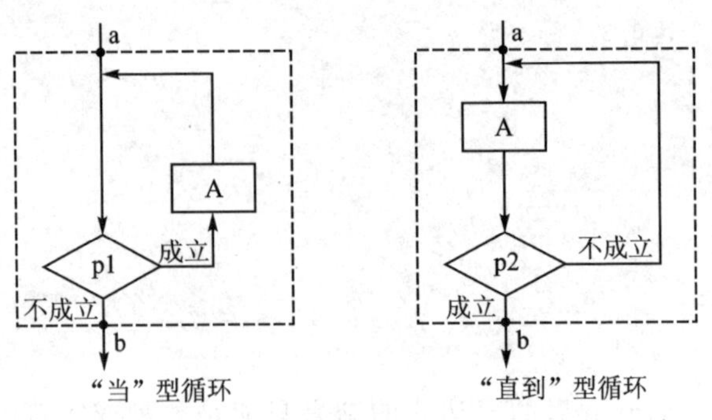

图 2-5　循环结构

1. 循环语句

(1) while 循环

while 循环是一种“当”型循环。当满足一定条件后,才会执行循环体中的语句,其一般形式为:

```
while(表达式)
{
    语句;
}
```

在某些 Arduino 应用中,可能需要建立一个死循环(无限循环)。当 while 后的表达式永远为真或者为 1 时,便是一个死循环,即

```
while(1)
{
    语句;
}
```

(2) do...while 循环

do...while 循环与 while 循环不同,是一种“直到”循环,它会一直循环到给定条件不成立时为止。它会先执行一次 do 语句后的循环体,再判断是否进行下一次循环,即

```
do
{
    语句;
}
while(表达式);
```

(3) for 循环

for 循环比 while 循环更灵活,且应用广泛,它不仅适用于循环次数确定的情况,也适用于循环次数不确定的情况。while 和 do...while 都可以替换为 for 循环。其一般形式为:

```
for(表达式 1;表达式 2;表达式 3)
{
    语句;
}
```

在一般情况下,表达式 1 为 for 循环初始化语句,表达式 2 为判断语句,表达式 3 为增量语句。如语句

```
for (i = 0; i<5; i++) { }
```

表示初始值 i 为 0,当 i 小于 5 时运行循环体中的语句,每循环完一次,i 自加 1,因此这个循环会循环 5 次。

for 循环的流程图表示如图 2 - 6 所示。

2. 循环控制语句

循环结构中都有一个表达式用于判断是否进入循环。在通常情况下,当该表达式的结果为 false(假)时会结束循环。但有时候却需要提前结束循环,或是已经达到了一定条件,可以跳过本次循环,此时可以使用循环控制语句 break 和 continue 实现。

(1) break

break 语句只能用于 switch 多分支选择结构和循环结构中,使用它可以终止当前的选择结构或者循环结构,使程序转到后续的语句运行。break 一般会搭配 if 语句使用,其一般形式为:

```
if(表达式)
{
  break;
}
```

(2) continue

continue 语句用于跳过本次循环中剩下的语句,并且判断是否开始下一次循环。同样,continue 一般搭配 if 语句使用,其一般形式为:

```
if(表达式)
{
  continue;
}
```

在编写程序之前可以先画出流程图,以帮助理清思路。第 1 章中的例程 Blink,用流程图可表示为如图 2 - 7 的形式。

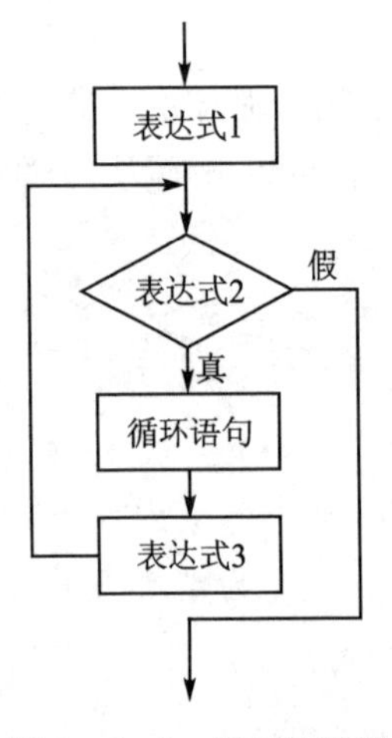

图 2 - 6　for 循环流程图

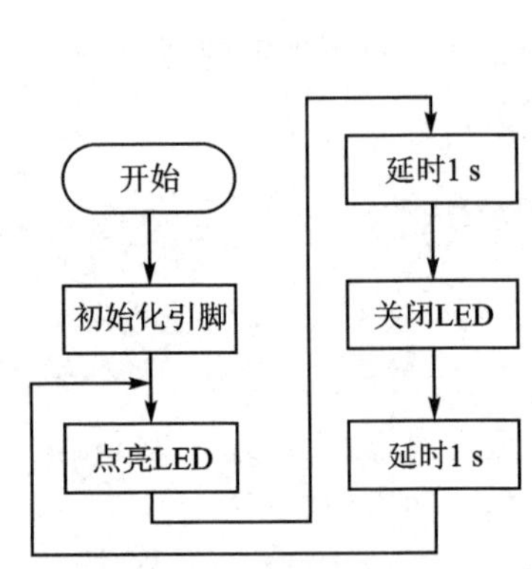

图 2 - 7　Blink 例程的流程图

2.3 电子元件和 Arduino 扩展模块

在学习 Arduino 的过程中，会使用到许多电子元件及模块。通过搭配不同的元件和模块，即可制作出自己的 Arduino 作品。

这里对常见的元件和模块进行简单的介绍。需要注意的是，同样的元件和模块可能会有不同的型号和不同的封装形式（即不同的外观），但一般情况下，它们的原理和使用方法都是相同的。

1. 面包板

面包板（图 2－8）是专为进行各种电子实验所设计的工具。在面包板上可以根据自己的想法搭建各种电路，对于众多电子元器件，都可以根据需要随意插入或拔出，免去了焊接的烦恼，节省了电路的组装时间。同时，免焊接使得元件可以重复使用，避免了浪费和多次购买元件。

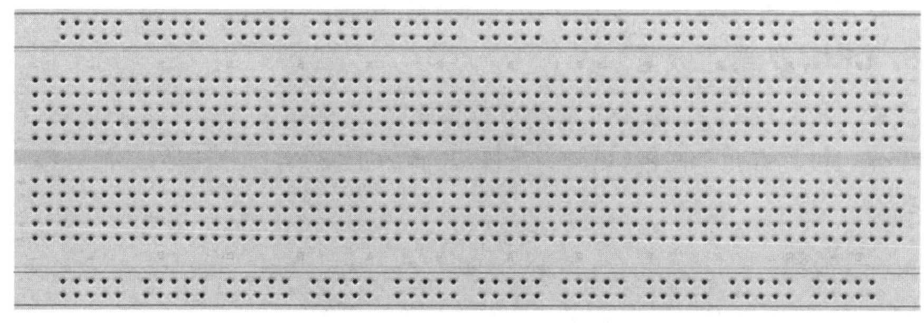

图 2－8 面包板

面包板的内部结构如图 2－9 所示。

对于两边的插孔，是数个横向插孔连通，而纵向插孔不连通。

对于中间的插孔，是纵向的 5 个插孔相互连通，而横向的都不连通。

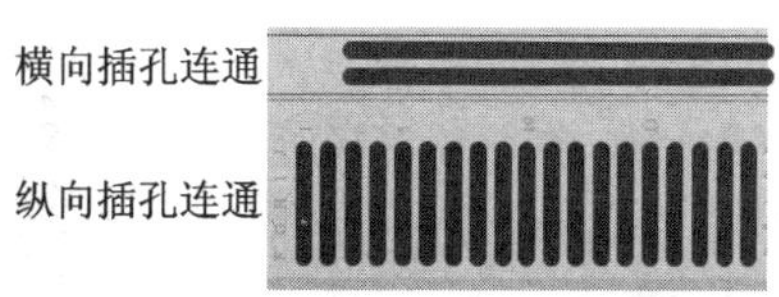

图 2－9 面包板内部结构

2. 电 阻

电阻（图 2－10）是对电流起阻碍作用的元件。

电阻在电路中的使用极其广泛，用法也很多。此外，还有很多特殊的电阻，在后面的实验中将给大家介绍。

3. 电 容

电容（图 2－11），顾名思义，装电的容器。

除电阻以外,最常见的元件应该就是电容了。电容也有很多作用,如旁路、去耦、滤波、储能等。

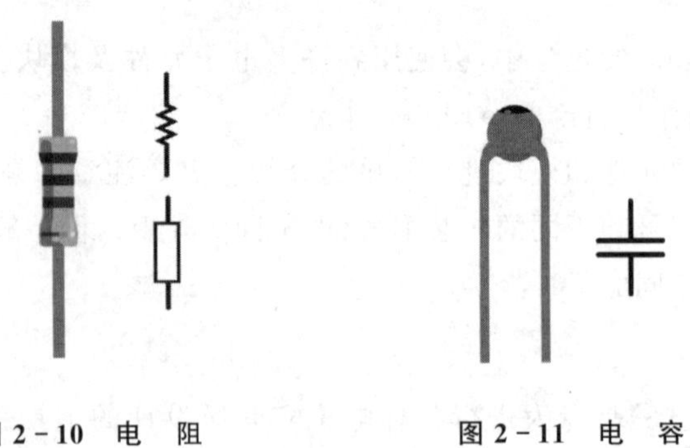

图 2-10 电 阻　　　　图 2-11 电 容

4. 二极管

二极管(图 2-12)是单向传导电流的元件。

二极管在电路中使用广泛,作用众多,如整流、稳压等。

5. LED(发光二极管)

发光二极管(图 2-13)是可以发光的二极管。

发光二极管有正负两极,短脚为负极、长脚为正极。它广泛应用于信号指示和照明等领域。

6. 三极管

三极管(图 2-14)是能够起放大、振荡或开关等作用的元件。

三极管有发射极 E(Emitter)、基极 B(Base)和集电极 C(Collector)三极。有 PNP 和 NPN 两种类型的三极管。

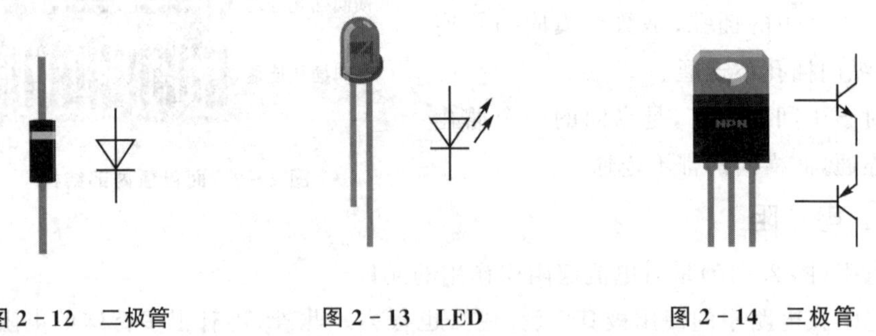

图 2-12 二极管　　图 2-13 LED　　图 2-14 三极管

使用面包板和众多电子元件可以搭建出各种电路,如图 2-15 所示。

图 2-15 在面包板上做实验

2.4 传感器扩展板的使用

在面包板上接插元件固然方便，但却需要有一定的电子知识来搭建各种电路。而使用传感器扩展板则只需要通过连接线，把各种模块接插到扩展板上即可。使用传感器扩展板可以更快速地搭建出自己的项目。

传感器扩展板（图 2-16）是最常用的 Arduino 外围硬件之一。

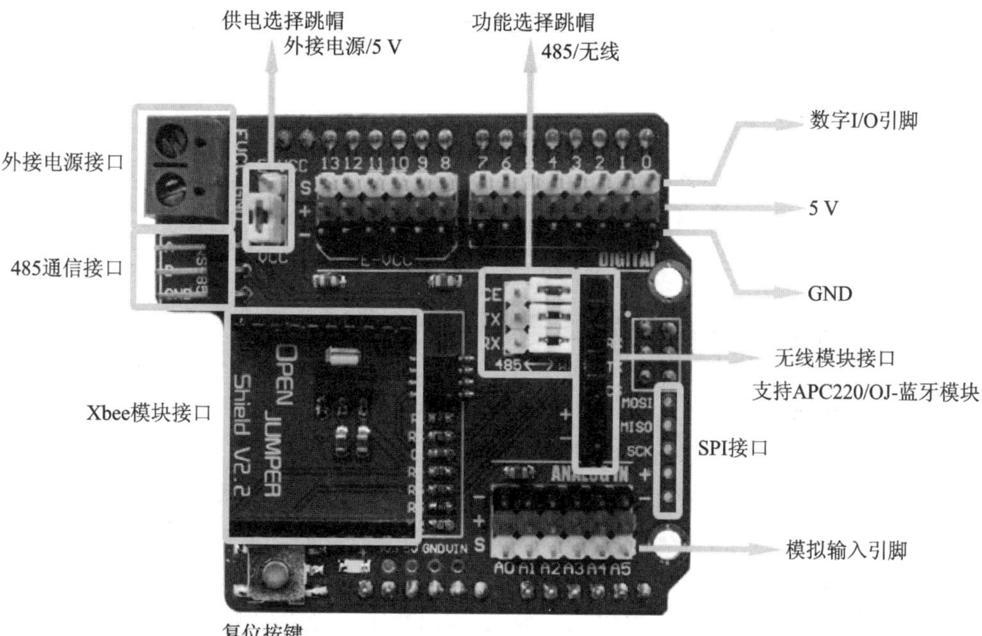

图 2-16 Arduino 兼容扩展板

通过扩展板转换,各个引脚的排座变为更方便接插的排针。数字 I/O 引脚和模拟输入引脚处有红黑两排排针,以"+"、"−"号标识。"+"表示 VCC,"−"表示 GND。在一些厂家的扩展板上,VCC 和 GND 也可能会以"V"、"G"标识。

通常习惯用红色代表电源(VCC),黑色代表地(GND),其他颜色代表信号(signal)。传感器与扩展板间的连接线也遵守这样的习惯。

如图 2-17 所示,在使用其他模块时,只需对应颜色将模块插到相应的引脚便可使用了。

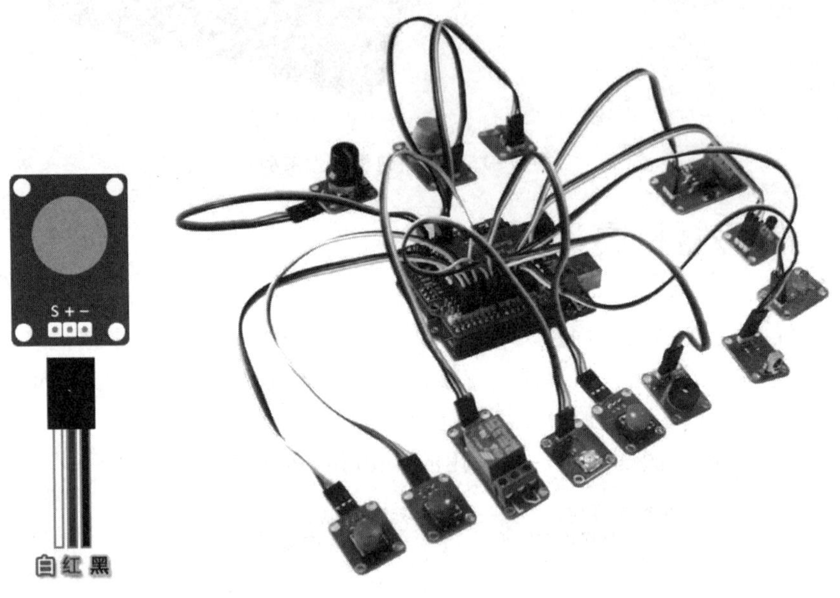

图 2-17　使用 Arduino 外围模块

2.5　Arduino I/O 口的简单控制

2.5.1　数字 I/O 口的使用

1. 数字信号

数字信号是以 0、1 表示的不连续信号,也就是以二进制形式表示的信号。在 Arduino 中数字信号用高低电平来表示,高电平为数字信号 1,低电平为数字信号 0(图 2-18)。

Arduino 上每一个带有数字编号的引脚都是数字引脚,包括写有"A"编号的模拟输入引脚。使用这些引脚可以完成输入/输出数字信号的功能。

在使用输入或输出功能前,需要先通过 pinMode()函数配置引脚的模式为输入

模式或输出模式，即

```
pinMode(pin, mode);
```

其中参数 pin 为指定配置的引脚编号，参数 mode 为指定的配置模式。可使用的三种模式如表 2-3 所列。

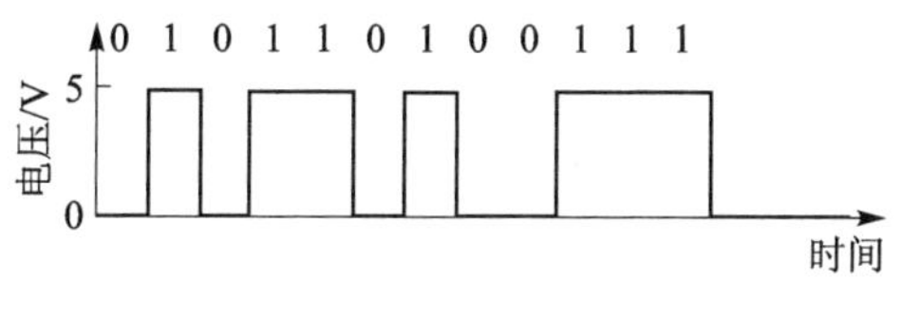

图 2-18　数字信号

表 2-3　Arduino 引脚可配置的模式

模式名称	说　明
INPUT	输入模式
OUTPUT	输出模式
INPUT_PULLUP	输入上拉模式

如之前在 Blink 程序中使用到的 pinMode(13, OUTPUT)语句，就是把 13 号引脚配置为输出模式。

配置为输出模式以后，还需要使用 digitalWrite()函数使该引脚输出高电平或低电平。其调用形式为：

```
digitalWrite(pin, value);
```

其中参数 pin 为指定输出的引脚编号。参数 value 为要指定的输出电平，使用 HIGH 指定输出高电平，使用 LOW 指定输出低电平。

Arduino 中输出的低电平为 0 V，输出的高电平为当前 Arduino 的工作电压，例如 UNO 的工作电压为 5 V，则其高电平输出也是 5 V。

数字引脚除了用于输出信号外，还可用 digitalRead()函数读取外部输入的数字信号，其调用形式为：

```
digitalRead(pin);
```

其中参数 pin 为指定读取状态的引脚编号。

当 Arduino 以 5 V 供电时，会将范围为－0.5～1.5 V 的输入电压作为低电平识别，而将范围在 3～5.5 V 的输入电压作为高电平识别。所以，即使输入电压不太准确，Arduino 也可以正常识别。需要注意的是，过高的输入电压会损坏 Arduino。

在 Arduino 核心库中，OUTPUT 被定义为 1，INPUT 被定义为 0，HIGH 被定义为 1，LOW 被定义为 0。因此这里也可用数字替代这些定义。如：

```
pinMode(13,1);
digitalWrite(13,1);
```

在学习流水灯实验之前，先回到最初的 Blink 程序，可以通过选择“文件”→“示例”→01. Basics→Blink 菜单项找到它。程序如下。

```
/*
  Blink
等待一秒钟,点亮 LED,再等待一秒钟,熄灭 LED,如此循环
*/

// 在大多数 Arduino 控制板上,13 号引脚都连接了一个标有"L"的 LED 灯
//给 13 号引脚连接的设备设置一个别名"led"
int led = 13;

//在板子启动或者复位重启后,setup 部分的程序只会运行一次
void setup(){
  // 将"led"引脚设置为输出状态
  pinMode(led, OUTPUT);
}

//setup 部分程序运行完后,loop 部分的程序会不断重复运行
void loop()
{
  digitalWrite(led, HIGH);     // 点亮 LED
  delay(1000);                 // 等待一秒钟
  digitalWrite(led, LOW);      // 通过将引脚电平拉低,关闭 LED
  delay(1000);                 // 等待一秒钟
}
```

在 Blink 程序中,通过新建变量

```
int led = 13;
```

的方法为 13 号引脚连接的设备设置了一个别名"led",在此后的程序中,使用"led"则可代表对应编号的引脚(或者是该引脚上连接的设备)。这种写法可以提高程序的可读性,并且便于修改,若设备需要更换连接引脚,则直接修改该变量对应的数值即可。也可使用 # define 语句,以定义常量的方式来为设备设置一个别名。

delay()为毫秒延时函数,delay(1000)即延时 1 秒(1 000 毫秒),在本程序中用来控制开关 LED 的间隔时间。其中的参数可以自行修改,以便观察实际运行效果。

Blink 是最简单的 Arduino 程序,在此基础上,还可以制作控制多个 LED 逐个点亮、逐个熄灭的流水灯效果。

2. 流水灯实验

(1) 实验所需材料

实验所需材料包括 Arduino UNO、面包板、6 个 LED、6 个 220 Ω 电阻。

(2) 连接示意图

图 2 - 19 为本实验的连接示意图,在各 LED 正极和 Arduino 引脚之间串联了一个限流电阻,并将 LED 负极与 Arduino 的 GND 相连。

本书中的大多数示意图都是使用 Fritzing 软件制作的,可以从网址 http://

fritzing.org/download/下载该软件。

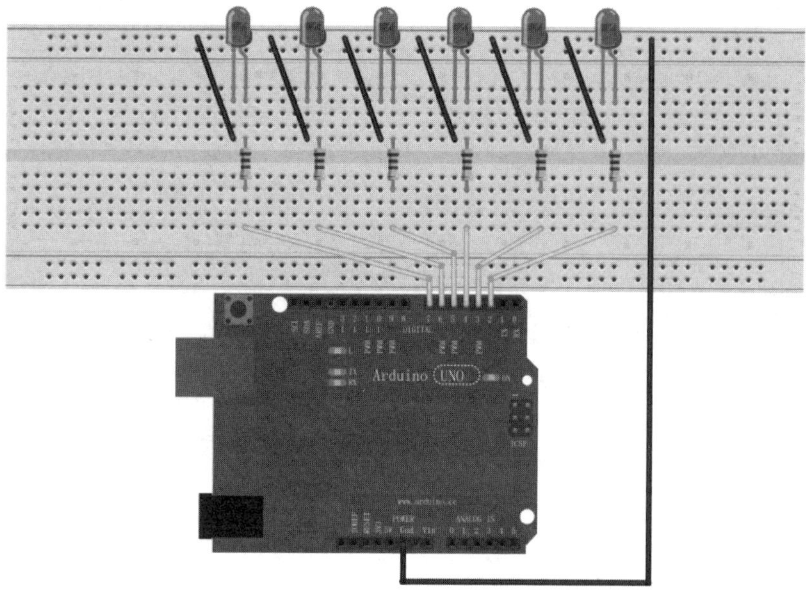

图 2-19　流水灯实验连接示意图

(3) 电路原理图

实验电路原理图如图 2-20 所示。

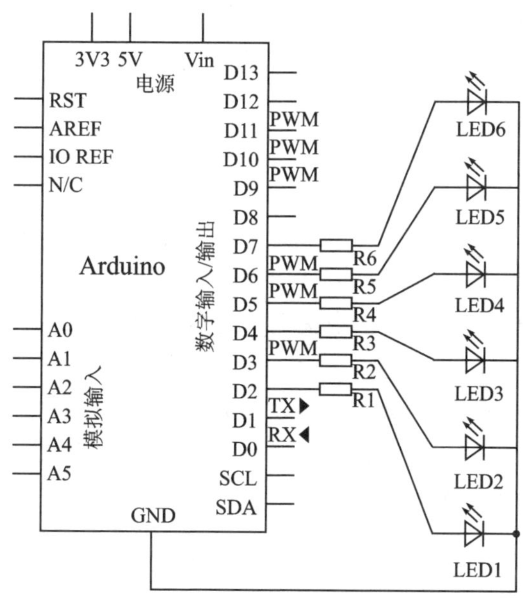

图 2-20　流水灯实验电路原理图

(4) 示例程序代码

示例程序代码如下。

```
/*
OpenJumper LED Module
流水灯效果
www.openjumper.com
*/
void setup()
{
  //初始化 I/O 口
  for(int i=2;i<8;i++)
  pinMode(i,OUTPUT);
}

void loop()
{
  //从引脚 2 到引脚 7,逐个点亮 LED,等待 1 秒再熄灭 LED
  for(int i=2;i<7;i++)
  {
    digitalWrite(i,HIGH);
    delay(1000);
    digitalWrite(i,LOW);
  }
  //从引脚 7 到引脚 2,逐个点亮 LED,等待 1 秒再熄灭 LED
  for(int i=7;i>2;i--)
  {
    digitalWrite(i,HIGH);
    delay(1000);
    digitalWrite(i,LOW);
  }
}
```

运行代码后即可看到流水灯的效果,还可以通过修改程序中引脚的输出顺序来尝试更多不同的点亮 LED 的方式。

实验中使用了 Arduino 的数字输出功能来控制 LED,通电后,LED 就会按照设定的程序亮灭。下面将使用数字输入功能把 LED 的亮灭变成人为可控制的。

3. 按键控制 LED 实验

现在要结合数字输入功能制作一个可控制的 LED。该实验将实现当按住按键时点亮 LED,当放开按键后熄灭 LED 的效果。

实验中将用到按键或者按键模块,常见的有 2 脚按键和 4 脚按键,其内部结构如

图 2－21 所示。当按下按键时就会接通按键两端，当放开时两端会断开。

(1) 实验所需材料

实验所需材料包括 Arduino UNO、面包板、1 个 LED、1 个按键、1 个 220 Ω 电阻、1 个 10 kΩ 电阻。

(2) 连接示意图

连接示意图如图 2－22 所示。

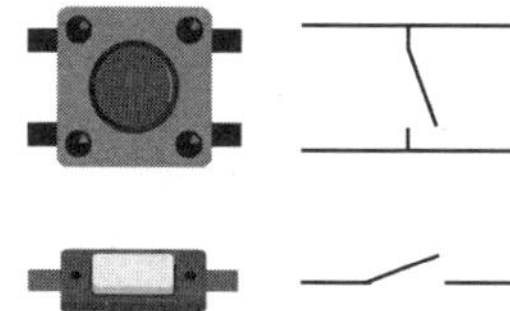

图 2－21　按键结构

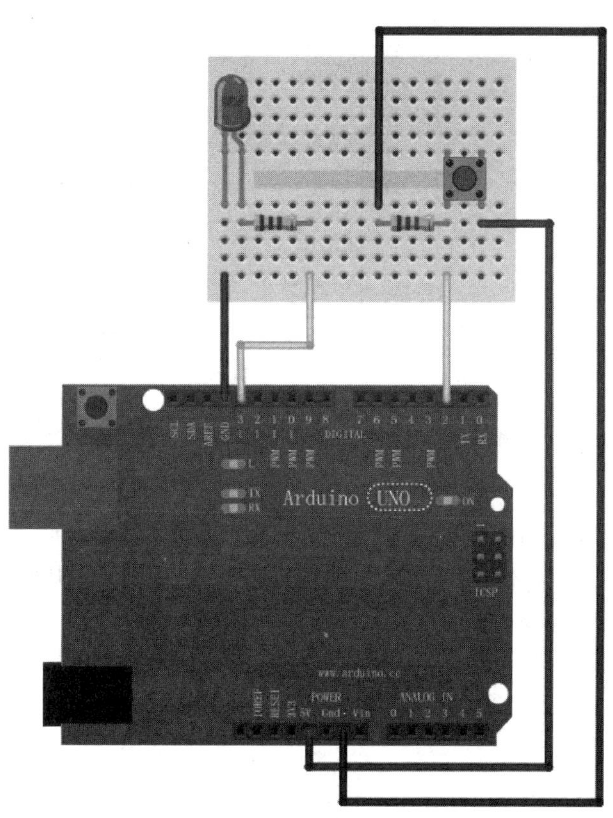

图 2－22　按键控制 LED 实验连接示意图

(3) 电路原理图

实验电路原理图如图 2－23 所示。

如图 2－22 和图 2－23 所示，电路中使用了两个电阻。在 LED 的一端使用了 220 Ω 的电阻，在按键一端使用了 10 kΩ 的电阻，两个电阻的作用分别是：

① 限流电阻。一般的 LED 最大能承受的电流为 25 mA，但若直接将 LED 连接到电路中，则当点亮 LED 时很容易将其烧毁。如图 2－23 所示，在 LED 一端串联了一个电阻 R2，这样做可以减小流过 LED 的电流，防止 LED 损坏。这个电阻就称为

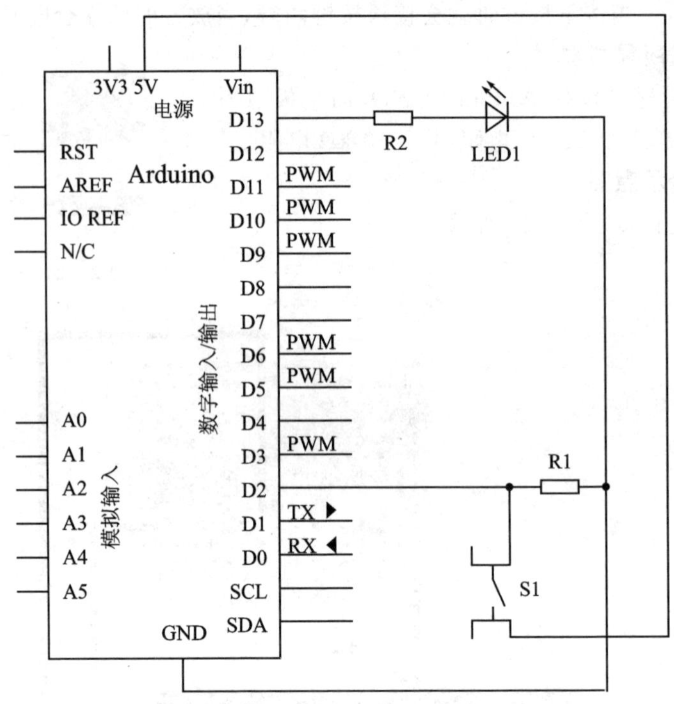

图 2-23　按键控制 LED 实验电路原理图

限流电阻。

② 下拉电阻。在 Arduino 控制器的 2 号引脚到 GND 之前,连接了一个阻值很大(10 kΩ)的电阻。如果没有该电阻,则当未按下按键时,2 号引脚会一直处于悬空*状态,此时使用 digitalRead()函数读取 2 号引脚的状态会得到一个不稳定的值(可能是高,也可能是低),添加这个 R1 电阻到 GND 就是为了稳定引脚的电平,当该引脚悬空时,就会识别为低电平。而这种将某节点通过电阻接地的做法叫做下拉,这个电阻叫做下拉电阻。

(4) 实现方法分析

当未按下按键时,2 号引脚检测到的输入电压为低电平;当按下按键时,会导通 2 号引脚和 VCC,此时 2 号引脚检测到的输入电压为高电平。通过判断按键是否被按下来控制 LED 的亮灭。

可以通过在 IDE 中选择"文件"→"示例"→02. Digital→Button 菜单项找到以下程序:

```
/*
  Button
通过 2 号引脚连接的按键来控制 13 号引脚连接的 LED
```

* 悬空:没有连接任何电路。

```
备注:大多数 Arduino 的 13 号引脚上都连接了名为"L"的 LED.

 created 2005
 by DojoDave <http://www.0j0.org>
 modified 30 Aug 2011
 by Tom Igoe

 This example code is in the public domain.

 http://www.arduino.cc/en/Tutorial/Button
 */

// 设置各引脚别名
const int buttonPin = 2;          // 连接按键的引脚
const int ledPin =  13;           // 连接 LED 的引脚

// 变量定义
int buttonState = 0;              // 存储按键状态的变量

void setup() {
  // 初始化 LED 引脚为输出状态
  pinMode(ledPin, OUTPUT);
  // 初始化按键引脚为输入状态
  pinMode(buttonPin, INPUT);
}

void loop(){
  // 读取按键状态并存储在变量中
  buttonState = digitalRead(buttonPin);

  // 检查按键是否被按下
  // 如果按键被按下,则 buttonState 应该为高电平
  if (buttonState == HIGH) {
    //点亮 LED
    digitalWrite(ledPin, HIGH);
  }
  else {
    // 熄灭 LED
    digitalWrite(ledPin, LOW);
  }
}
```

下载并运行程序,当按下按键时会观察到 LED 被点亮,当松开按键时,LED 又会熄灭。

对于以上的项目,还可以做如下修改。

(5) 修改的连接示意图

如图 2-24 所示,去掉了原来电路中 2 号引脚连接的下拉电阻,并将按键的一端

连接到 GND。

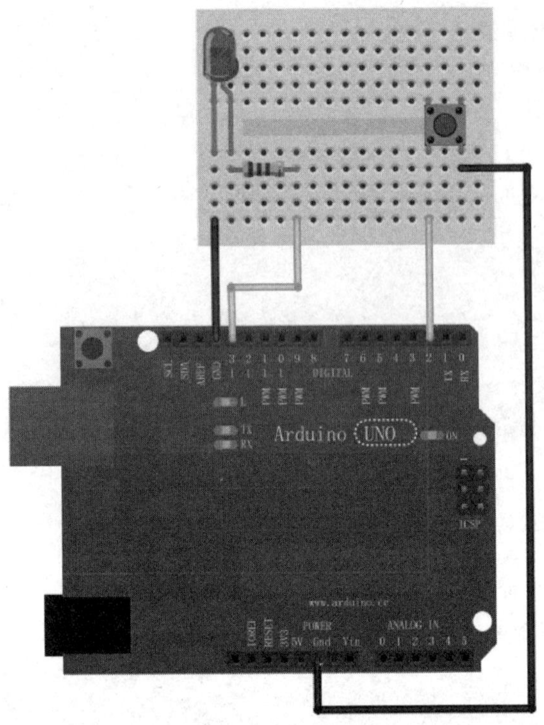

图 2－24 按键控制 LED 实验修改后的连接示意图

(6) 修改的电路原理图

修改后的实验电路原理图如图 2－25 所示。

同时将原来的程序 setup()部分中的

```
pinMode(buttonPin,INPUT);
```

修改为

```
pinMode(buttonPin,INPUT_PULLUP);
```

这样就可使能该引脚上的内部上拉电阻,等效于在该引脚与 VCC 之间连接了一个阻值为 20 kΩ～50 kΩ 的电阻。

同下拉电阻一样,上拉电阻也可以稳定 I/O 口的电平,不同的是上拉电阻连接到 VCC 上,并将引脚稳定在高电位,这种电阻叫做上拉电阻。这里使用的是内部上拉电阻,也可以使用外部上拉电阻来替代。

稳定悬空引脚电平所用的电阻应该尽量选择阻值较大的,一般使用 10 kΩ 电阻。

修改后的程序代码如下。

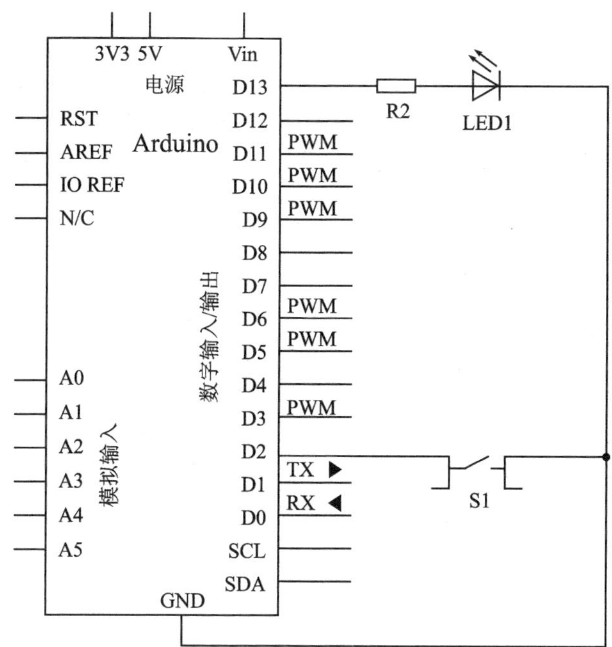

图 2-25 按键控制 LED 实验修改后的实验电路原理图

```
/*
OpenJumper Button Module
www.openjumper.com
*/
int buttonPin = 2;
int ledPin = 13;
int buttonState = 0;
void setup()
{
  //初始化 I/O 口
  pinMode(buttonPin,INPUT_PULLUP);
  pinMode(ledPin,OUTPUT);
}
void loop()
{
  buttonState = digitalRead(buttonPin);
  //按住按键时点亮 LED;放开按键后熄灭 LED
  if(buttonState == HIGH)
  {
    digitalWrite(ledPin,LOW);
  }
```

```
  else
  {
    digitalWrite(ledPin,HIGH);
  }
}
```

4. 新的按键控制方式实验

接下来要对控制程序做一个升级,实现一个新的控制效果,即按一下按键点亮 LED,再按一下按键熄灭 LED。

连线图与图 2-24 相同。

程序代码如下。

```
/*
OpenJumper Button Module
按键控制 LED
www.openjumper.com
*/
int buttonPin = 2;
int ledPin = 13;
boolean ledState = false;           // 记录 LED 状态
void setup()
{
  //初始化 I/O 口
  pinMode(buttonPin, INPUT_PULLUP);
  pinMode(ledPin,OUTPUT);
}
void loop()
{
  //等待按键按下
  while(digitalRead(buttonPin) == HIGH){}
  //当按键按下时,点亮或熄灭 LED
  if(ledState == true)
  {
    digitalWrite(ledPin,LOW);
    ledState = !ledState;
  }
  else
  {
    digitalWrite(ledPin,HIGH);
    ledState = !ledState;
  }
  delay(500);
}
```

下载该程序。每按一下按键,LED 状态都会改变。

在以上程序中使用了语句

```
while(digitalRead(buttonPin) == HIGH){}
```

因为在初始化时已经将 buttonPin 引脚设为了输入上拉状态，所以，当没有按下按键时，使用 digitalRead(buttonPin)函数读出的值始终为高电平，这个循环也将一直运行；当按下按键时，digitalRead(buttonPin)读出了低电平，while 循环的判断条件为假，程序会退出该循环，并开始运行此后的语句。这样就实现了一个等待用户按下按键的效果。

程序末尾有一个 delay(500)的延时，它在这里极其重要。也可以尝试删去该延时操作后再下载程序到 Arduino，就会发现按键经常出现控制失灵的情况。这是因为程序运行得非常快，如果没有了延时操作，虽然从按下按键到放开按键的间隔时间极短，但是 loop 中的语句可能已经运行了很多次，所以很难确定放开按键时正在运行的 loop()循环是点亮还是熄灭 LED。正是这样的原因使得程序变得不那么好用了。

上面程序中使用延时操作来使两次按键间产生一定的间隔时间，在间隔时间内 Arduino 会忽略按键按下的情况，从而达到区分两次按键的目的。

2.5.2　项目:人体感应灯(继电器模块与数字传感器)

生活中经常可以看到一些自动化的设备，例如自动门，当检测到门前有人时，它便会自动打开；自动水龙头，当手靠近时，便会自动流出水来，在手拿开后，又会自动关闭。

这类设备都是通过一个传感器来检测环境的，当环境满足一定条件时，便执行某个操作。

下面将制作一个人体感应灯，当人靠近时，灯就会点亮。这个项目中将用到继电器模块和人体热释电红外传感器。

1. 继电器模块

继电器(图 2-26)是一种可控的电子开关，可以使用 Arduino 发出一个控制信号来闭合或断开这个开关。

继电器有多个种类，这里使用的是电磁继电器，其工作原理如图 2-27 所示。

图 2-26　继电器模块

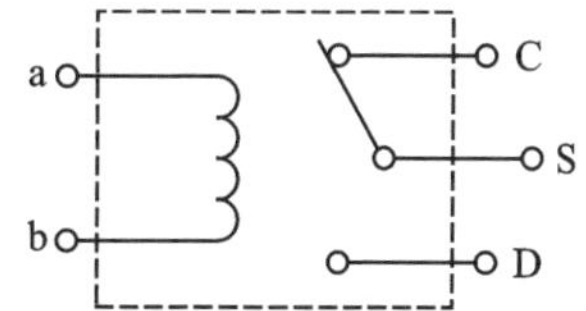

图 2-27　继电器内部结构示意图

ab 之间是线圈，只要在 ab 两端加上一定的电压，线圈中就会流过一定的电流，从而产生电磁效应。S 端上的衔铁开关也会在电磁力吸引的作用下克服弹簧的拉力,吸向 D 端所连接的铁芯,从而导通 S 端和 D 端。当线圈断电后,电磁的吸力也随之消失,衔铁开关就会在弹簧的反作用力作用下返回原来的位置,将 S 端与 C 端导通。如此吸合、释放衔铁开关,便达到了闭合、断开电路的目的。

2. 人体热释电红外传感器

人体热释电红外传感器(图 2-28)是一种对人体辐射出的红外线敏感的传感器。当无人在其检测范围内运动时,模块保持输出低电平;当有人在其检测范围内运动时,模块输出一个高电平脉冲信号。

人体热释电红外传感器的检测范围如图 2-29 所示,也可以通过传感器上的电位器来调节其检测范围和高电平脉冲的持续时间。

图 2-28 人体热释电红外传感器

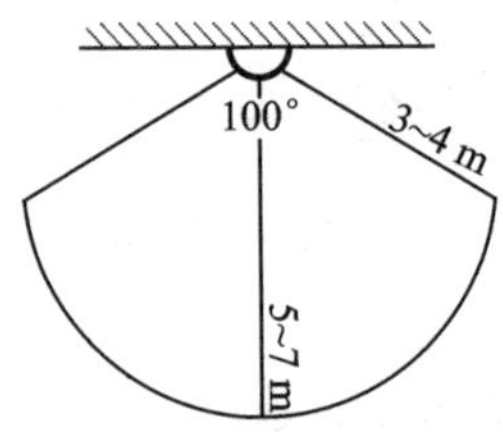

图 2-29 人体热释电红外传感器的检测范围

3. 连接示意图

如图 2-30 所示,根据项目需要,将继电器模块、人体热释电红外传感器、电灯和 Arduino 连接起来。其中人体热释电红外传感器的 OUT 引脚连接到 Arduino 的 2 号引脚,继电器的控制信号引脚连接到 Arduino 的 3 号引脚。

要下载的程序如下。

```
/*
OpenJumper Example
Pyroelectric Infrared Sensor And Relay
人体感应灯
http://www.openjumper.com/
*/
int PIRpin = 2;
int RELAYpin = 3;
```

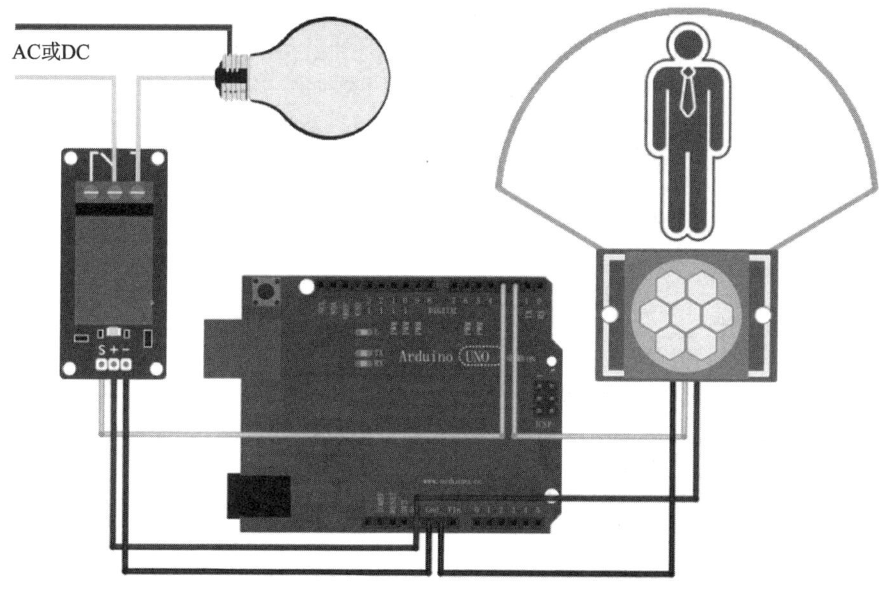

图 2-30　人体感应灯项目连接示意图

```
void setup() {
  Serial.begin(9600);
  pinMode(PIRpin,INPUT);
  pinMode(RELAYpin,OUTPUT);
}
void loop() {
  // 等待传感器检测到人
  while(!digitalRead(PIRpin)){}
  // 将灯打开 10 秒,然后关闭
  Serial.println("turn on");
  digitalWrite(RELAYpin,HIGH);
  delay(10000);
  digitalWrite(RELAYpin,LOW);
  Serial.println("turn off");
}
```

下载完以上程序后，即可在 Arduino IDE 的右上角单击图标打开串口监视器，如图 2-31 所示 。

从图 2-31 中可以观察到，当人体热释电红外传感器检测到人时，Arduino 便会将灯打开，同时串口输出“turn on”提示(图 2-31)；10 秒后，灯将自动关闭，串口输出“turn off”提示。

这样便完成了一个获取外部数据，再根据外部数据做出不同动作的小项目。此

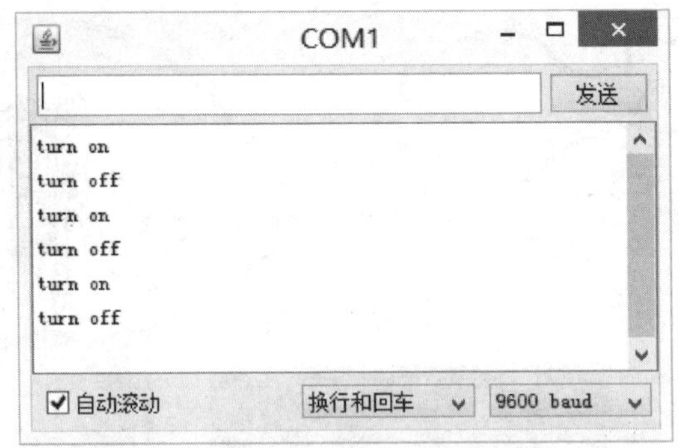

图 2-31 Arduino 返回的开关灯提示

后的很多项目均是以这种模式完成的,程序的编写思路也大体相同。

2.5.3 模拟 I/O 口的使用

1. 模拟信号

生活中接触到的大多数信号都是模拟信号,如声音和温度的变化等。如图 2-32 所示,模拟信号是用连续变化的物理量来表示信息的,信号随时间作连续变化,在 Arduino 中,常用 0~5 V 的电压来表示模拟信号。

如图 2-33 所示,在 Arduino 控制器中,编号前带有"A"的引脚是模拟输入引脚。Arduino 可以读取这些引脚上输入的模拟值,即读取引脚上输入的电压大小。

图 2-32 模拟信号

图 2-33 Arduino 的模拟输入引脚

模拟输入引脚是带有 ADC(Analog-to-Digital Converter,模/数转换器)功能的引脚。它可以将外部输入的模拟信号转换为芯片运算时可以识别的数字信号,从而实现读入模拟值的功能。

使用 AVR 芯片作主控器的 Arduino 模拟输入功能有 10 位精度,即可以将 0~5 V的电压转换为 0~1 023 的整数形式表示。

模拟输入功能需要使用 analogRead()函数,用法是:

```
analogRead(pin);
```

其中参数 pin 是要读取模拟值的引脚,被指定的引脚必须是模拟输入引脚,如

analogRead(A0)即是读取 A0 引脚上的模拟值。

与模拟输入功能对应的是模拟输出功能，要使用 analogWrite()函数来实现模拟输出功能。但是该函数并不是输出真正意义上的模拟值，而是以一种特殊的方式来达到输出模拟值的效果，这种方式叫做 PWM——脉冲宽度调制(Pulse Width Modulation)。

当使用 analogWrite()函数时，指定引脚会通过高低电平的不断转换来输出一个周期固定(约 490 Hz)的方波，通过改变高低电平在每个周期中所占的比例(占空比)，而得到近似输出不同电压的效果，如图 2-34 所示。

需要注意的是，这里仅仅得到了近似模拟值输出的效果，如果要输出真正的模拟值，还需要加上外围滤波电路。

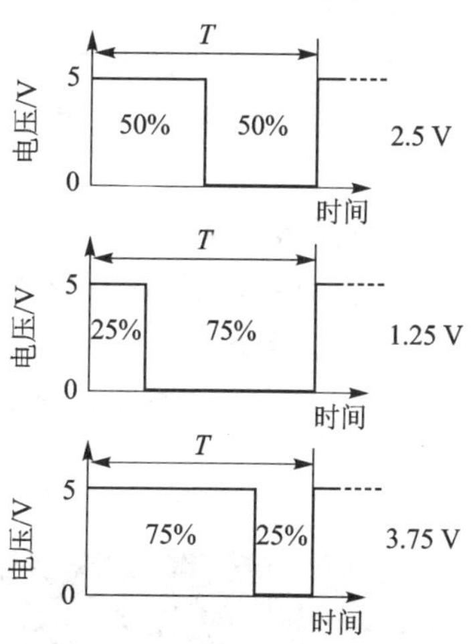

图 2-34　PWM 输出

analogWrite()函数的用法是：

```
analogWrite(pin,value);
```

其中参数 pin 是要输出 PWM 波的引脚；参数 value 是 PWM 的脉冲宽度，范围为 0～255。

大多数 Arduino 控制器的 PWM 引脚都会用"～"标识，如图 2-35 所示。

图 2-35　Arduino PWM 输出引脚

不同型号的 Arduino 对应有不同位置和不同数量的 PWM 引脚，常见的几款控制器 PWM 资源情况如表 2-4 所列。

表 2-4　常见 Arduino 控制器的 PWM 引脚位置

Arduino 控制器型号	PWM 引脚
UNO、Ethernet、Duemilanove	3、5、6、9、10、11
MEGA	2～13，44～46
Leonardo	3、5、6、9、10、11、13

2. 呼吸灯实验

现在已经学会了多种方法控制 LED,但仅仅是开关 LED 未免显得过于单调,除此之外,还可以尝试用 analogWrite()函数输出 PWM 波来制作一个带呼吸效果的 LED 灯。

(1) 实验所需材料

实验所需材料包括 Arduino UNO、面包板、1 个 LED、1 个 220 Ω 电阻。

(2) 连接示意图

呼吸灯实验连接示意图如图 2 - 36 所示。

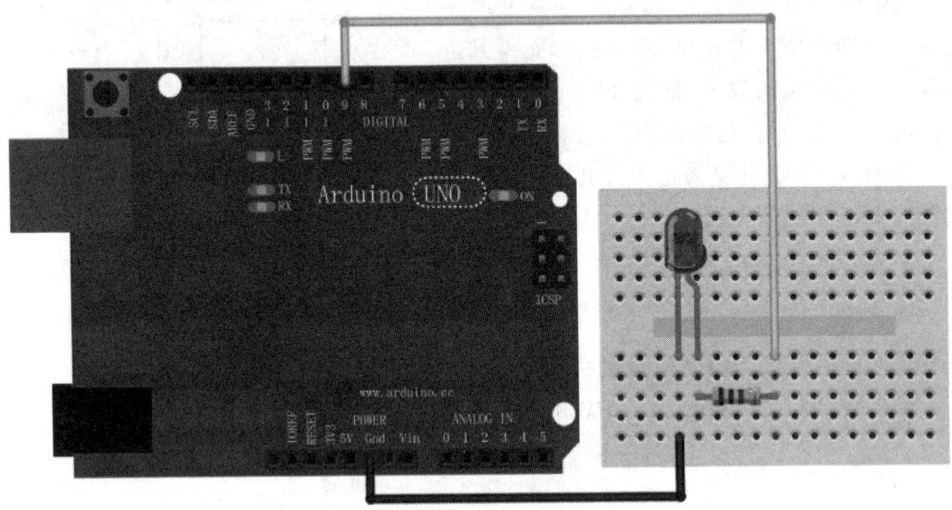

图 2 - 36　呼吸灯实验连接示意图

(3) 电路原理图

呼吸灯实验电路原理图如图 2 - 37 所示。

如图 2 - 36 和图 2 - 37 所示,实验中将 LED 连接到了带 PWM 功能的 D9 引脚上。

可以通过在 Arduino IDE 中选择"文件"→"示例"→03. Analog→Fading 菜单项找到实验相关程序如下。

```
/*
Fading
通过 analogWrite()函数实现呼吸灯效果
 */
int ledPin = 9;     // LED 连接在 9 号引脚上
void setup()  {
```

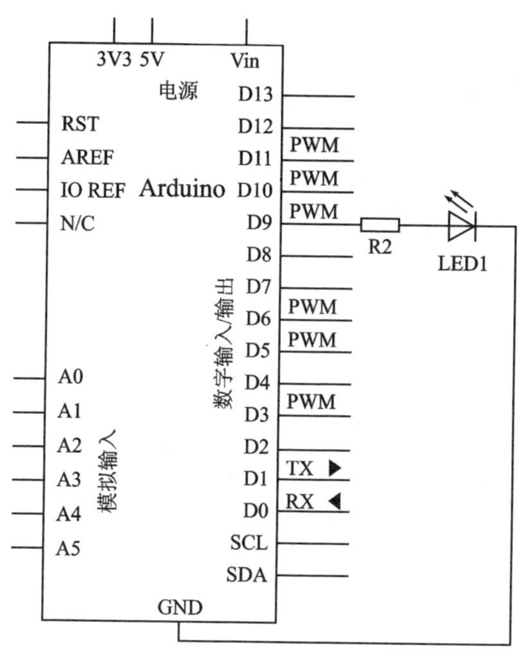

图 2－37　呼吸灯实验电路原理图

```
  // setup 部分不进行任何处理
}

void loop()  {
  // 从暗到亮,以每次亮度值加 5 的形式逐渐亮起来
  for(int fadeValue = 0 ; fadeValue <= 255; fadeValue += 5) {
    // 输出 PWM
    analogWrite(ledPin, fadeValue);
    // 等待 30 ms,以便观察到渐变效果
    delay(30);
  }

  //从亮到暗,以每次亮度值减 5 的形式逐渐暗下来
  for(int fadeValue = 255 ; fadeValue >= 0; fadeValue -= 5) {
    //输出 PWM
    analogWrite(ledPin, fadeValue);
    //等待 30 ms,以便观察到渐变效果
    delay(30);
  }
}
```

下载程序到 Arduino 上后,即可以观察到 LED 的亮灭交换渐变,好似呼吸一般的效果。

在以上程序中,通过 for 循环逐渐改变 LED 的亮度,达到显示呼吸的效果。在两个 for 循环中都有 delay(30)的延时语句,这是为了使肉眼能够观察到亮度调节的效果。如果没有这条语句,整个变化效果将一闪而过。

在 analogWrite()和 analogRead()函数内部已经完成了引脚的初始化,因此就不用在 setup()函数中进行初始化操作了。

在编程开发中,可以用多种不同的程序写法实现近似的效果。这里再提供一种呼吸灯程序的写法,供大家研究学习。

```
/*
另一种呼吸灯写法
感谢 PPeach 推荐
*/
int led = 9;                // LED 灯连接在 9 号引脚
int brightness = 0;         // LED 灯亮度
int fadeAmount = 5;         // 亮度渐变值
void setup() {
    pinMode(led, OUTPUT);
}
void loop() {
    analogWrite(led, brightness);
    brightness = brightness + fadeAmount;
    if (brightness == 0 || brightness == 255) {
        fadeAmount =- fadeAmount ;
    }
    delay(30);
}
```

3. 使用电位器调节呼吸灯的呼吸频率实验

现在要添加一个电位器,以便用电位器来调节呼吸灯的呼吸频率。

(1) 电位器

电位器是一个可调电阻,其原理如图 2-38 所示。通过旋转旋钮改变 2 号引脚的位置,从而改变 2 号引脚到两端的阻值。

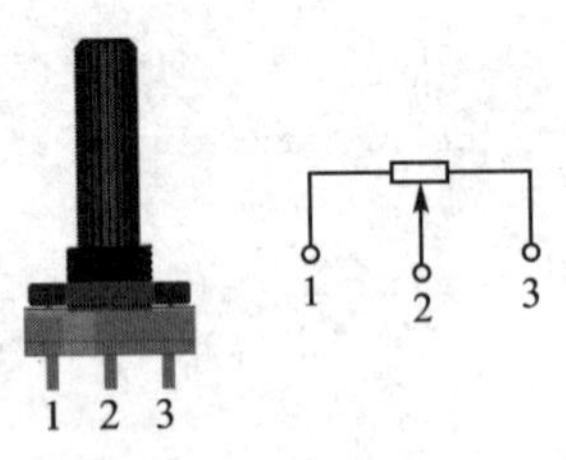

图 2-38 电位器

实验中需要将电位器的 1、3 号引脚分别接到 5 V 和 GND 上,再通过模拟输入引脚读取电位器 2 号引脚输出的电压,根据旋转电位器的情况,2 号引脚的电压会在 0～5 V 之间变化。

(2) 实验所需材料

实验所需材料包括 Arduino UNO、面包板、1 个

LED、1 个 220 Ω 电阻、1 个 10 kΩ 电位器。

(3) 连接示意图

调节呼吸灯频率实验连接示意图如图 2-39 所示。

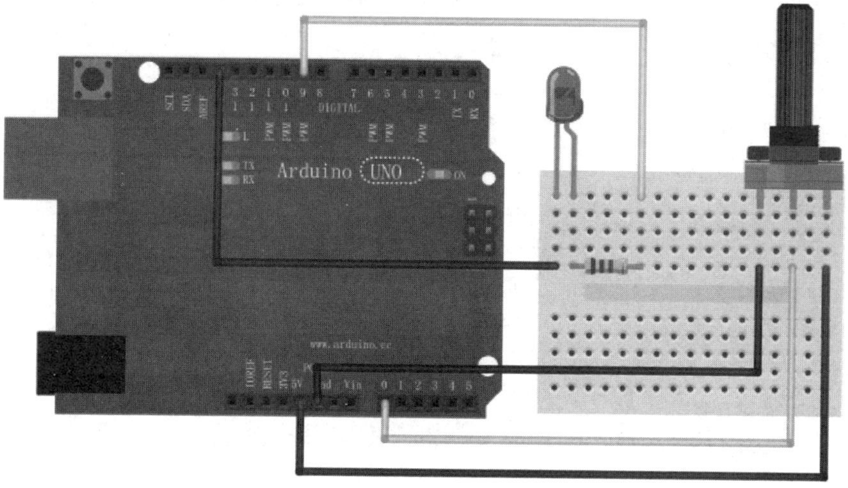

图 2-39　调节呼吸灯频率实验连接示意图

(4) 电路原理图

调节呼吸灯频率实验电路原理图如图 2-40 所示。

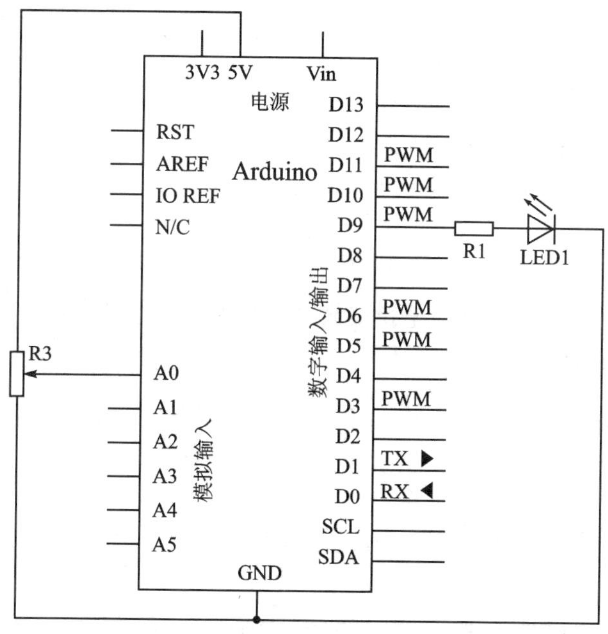

图 2-40　调节呼吸灯频率实验电路原理图

如图 2-39 和图 2-40 所示,Arduino 通过模拟输入口 A0 读入经过电位器分压的电压,程序通过判断电压的大小来调节 LED 的闪烁频率。

对呼吸频率的修改,就是修改每次亮度改变后的延时长短。因此可将原有延时函数中固定的参数替换为变量 time,通过 time 的变化来调节 LED 呼吸频率的变化。

实现程序代码如下。

```
/*
OpenJumper LEDModule
www.openjumper.com
*/
int ledPin = 9;          //9 号引脚控制 LED
int pot = A0;            //A0 引脚读取电位器输出电压
void setup(){}
void loop(){
  //LED 逐渐变亮
  for(int fadeValue = 0 ; fadeValue <= 255; fadeValue += 5)
  {
    analogWrite(ledPin, fadeValue);
    //读取电位器输出电压,除以 5 是为了缩短延时时间
    int time = analogRead(pot)/5;
    delay(time);  //将 time 用于延时
  }
  //LED 逐渐变暗
  for(int fadeValue = 255 ; fadeValue >= 0; fadeValue -= 5)
  {
    analogWrite(ledPin, fadeValue);
    delay(analogRead(pot)/5); //读取电位器输出电压,并用于延时
  }
}
```

下载该程序后,便可以通过电位器来调节呼吸灯的呼吸频率了。

注意,程序中的语句

```
delay(analogRead(pot)/5);
```

等效于语句

```
int time = analogRead(pot)/5;
delay(time);
```

4. 通过光敏电阻检测环境光亮度实验

之前的例子中使用了人体热释电红外传感器来检测人体的运动,实际上一些简

单的电子元件也可以用做传感器，例如下面要用到的光敏电阻。

(1) 光敏电阻

光敏电阻(图 2－41)是一种电阻值随照射光强度增加而下降的电阻。

光敏电阻的使用方法很简单，只需将其作为一个电阻接入电路中，然后使用 analogRead()函数读取电压即可。由于光敏电阻的阻值一般较大，直接接入电路后观察到的电压变化并不明显，所以这里将光敏电阻与一个普通电阻串联(图 2－42)，再根据串联分压的方法来读取光敏电阻上的电压。

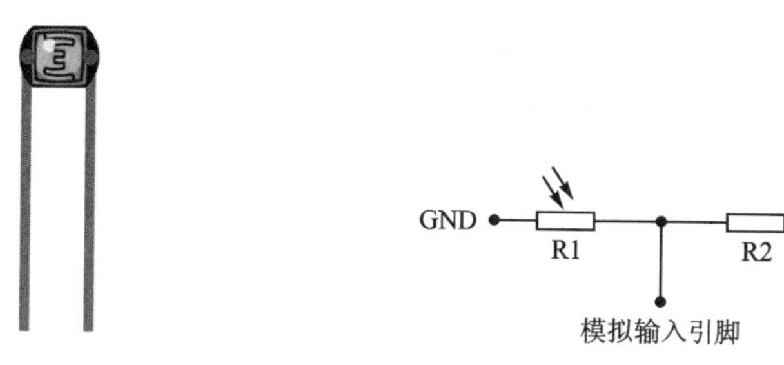

图 2－41　光敏电阻　　　图 2－42　光敏电阻使用方法

(2) 实验所需材料

实验所需材料包括 Arduino UNO、面包板、1 个光敏电阻、1 个 1 kΩ 电阻。

(3) 连接示意图

光敏电阻实验连接示意图如图 2－43 所示。

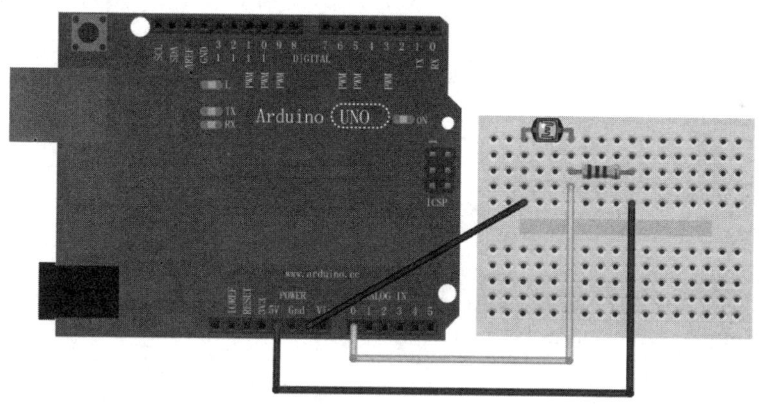

图 2－43　光敏电阻实验连接示意图

(4) 电路原理图

光敏电阻实验电路原理图如图 2－44 所示。

如图 2－43 和图 2－44 所示，可以通过模拟输入口 A0 读取分压后得到的电压。完整的实验程序代码如下。

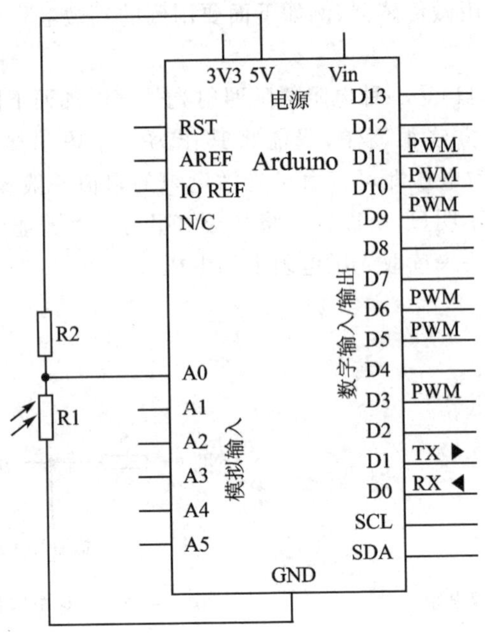

图 2 - 44　光敏电阻实验电路原理图

```
/*
OpenJumper light sensor
www.openjumper.com
 */
void setup()
{
  // 初始化串口
  Serial.begin(9600);
}
void loop()
{
// 读出当前光线强度,并输出到串口显示
  int sensorValue = analogRead(A0);
  Serial.println(sensorValue);
  delay(1000);
}
```

运行以上程序,打开串口监视器即能看到如图 2 - 45 所示的输出信息,从图中看到,Arduino 通过串口输出了当前从光敏电路读到的模拟值。

程序中用到了 Serial.begin()和 Serial.println()函数,它们的作用分别是初始化串口及从串口输出数据,在此后的章节中将会深入讲解有关内容。

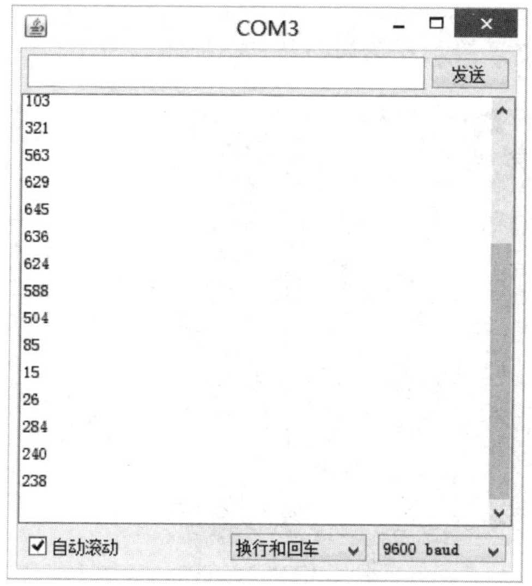

图 2-45　Arduino 输出读到的模拟值

如果需要了解当前环境下光敏电阻的阻值，则可用以下公式计算，即

$$\text{读出电压} = \frac{R1}{R1 + R2} \times 5\ \text{V}$$

2.5.4　项目：电子温度计

Arduino 可以通过结合各种传感器来检测环境数据。本项目将使用 LM35 温度传感器制作一个电子温度计。

(1) LM35 模拟温度传感器

LM35(图 2-46)是一个常用的温度检测传感器，其输出电压线性地与温度成正比，因此根据电压便可计算出当前环境的温度。

LM35 温度传感器有多种型号，这里使用的是 LM35DZ，其相关参数如表 2-5 所列。

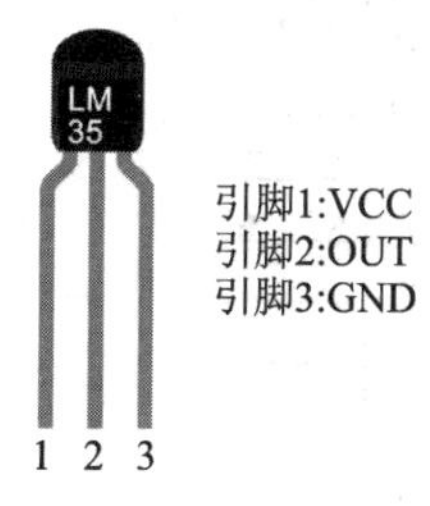

图 2-46　LM35 模拟温度传感器

表 2-5　LM35DZ 温度传感器参数

参　数	取　值
工作电压	4～30 V
工作电流	133 μA
检测范围	0～100 ℃
检测精度	0.5 ℃
比例因数	线性+10.0 mV/℃

(2) 连接示意图

LM35 温度传感器连接示意图如图 2-47 所示。

图 2-47　LM35 温度传感器连接示意图

(3) 使用电路原理图

LM35 温度传感器使用电路原理图如图 2-48 所示。

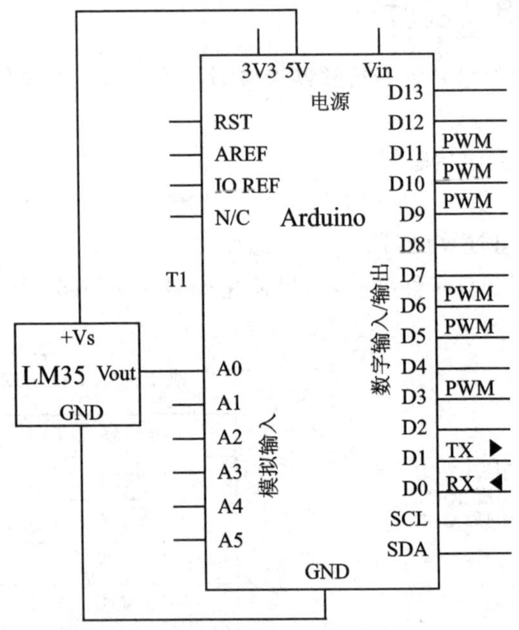

图 2-48　LM35 温度传感器使用电路原理图

如图 2-47 和图 2-48 所示，本项目将 LM35 的 Vout 脚连接到 Arduino 的模拟输入 I/O 口 A0 上，以读取其输出的模拟值。

LM35 温度传感器在生产制作时已经过了校准，输出电压与摄氏温度值成正比——温度每上升 1℃，输出电压上升 10 mV。因此，可以使用 Arduino 的模拟输入口读取 LM35 温度传感器输出的模拟值，再使用以下公式将其换算为对应的摄氏温度值，即

```
temp = (5.0×analogRead(LM35)×100.0) / 1024;
```

项目程序代码如下。

```
/*
OpenJumper LM35Module
www.openjumper.com
*/
int LM35 = A0;
void setup()
{
  // 初始化串口通信
  Serial.begin(9600);
}
void loop()
{
  // 读取传感器模拟值，并计算出当前温度
  float temp = (5.0 * analogRead(LM35) * 100.0) / 1024;
  // 将温度输出至串口显示
  Serial.print("temperature    " );
  Serial.print(temp);
  Serial.println("C");
  delay(1000);
}
```

下载以上程序，通过串口监视器可以看到 Arduino 输出了当前的温度信息，如图 2-49 所示。

由于电源波动等原因，使得输出的数据可能会受到一定影响，如果电源波动较大，则可以通过多次读取传感器的数值而求平均数的方法来减小数据的波动。

2.5.5　数字传感器与模拟传感器的使用

类似于人体热释电红外传感器和 LM35 温度传感器的器件还有很多，根据其输出信号的形式可以分为数字传感器和模拟传感器。这些传感器的使用都大同小异，只需知道它是输出数字值还是模拟值，然后对应使用 digitalRead()或者 analogRead()函数读取即可。

下面列举几个常见的数字传感器和模拟传感器。

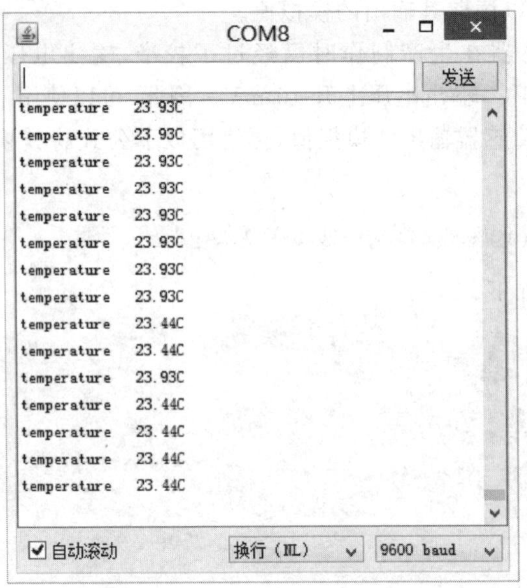

图 2-49　Arduino 输出测得的温度

1. 五向倾斜模块

五向倾斜模块(图 2-50)内部由一个金属球和 4 个触点组成,用来检测倾斜方向。相较于陀螺仪,它的成本更低,更简单易用,可以检测 4 个倾斜方向和水平位置共 5 种状态,因此可以满足很多互动场合的要求。

2. 触摸模块

触摸模块(图 2-51)是通过电容触摸感应原理来检测人体接触的模块,当有人触摸时输出高电平,当无人触摸时输出低电平。

图 2-50　五向倾斜模块

图 2-51　触摸模块

3. 模拟声音传感器

模拟声音传感器(图 2-52)可以检测周围环境声音的大小。Arduino 可以通过模拟输入接口对其输出信号进行采集。使用它可以制作声控开关等有趣的互动作品。

4. MQx 系列气体传感器

MQx 系列气体传感器(图 2-53)所使用的气敏材料是在清洁空气中电导率较低的二氧化锡(SnO_2)。当传感器所处环境中存在可燃气体时,传感器的电导率随空气中可燃气体浓度的增加而增大。使用简单的电路就可将电导率的变化转换为与该气体浓度相对应的输出信号。

图 2-52　模拟声音传感器

图 2-53　MQx 系列气体传感器

MQx 系列气体传感器有多种型号,被广泛应用于家庭和工厂的气体泄漏监测,常见的型号如表 2-6 所列。

表 2-6　MQx 系列气体传感器型号

型　号	检测气体
MQ—2	液化气、丙烷、氢气
MQ—3	酒精
MQ—5	丁烷、丙烷、甲烷

2.6　与计算机交流——串口的使用

前面的示例中用到了 Serial.begin()和 Serial.print()等语句,这些语句就是在操作串口。Arduino 与计算机通信最常用的方式就是串口通信,这在之前的学习中已经接触多次。

在 Arduino 控制器上,串口都是位于 0(RX)和 1(TX)的两个引脚,Arduino 的 USB 口通过一个转换芯片(通常为 ATmega16u2)与这两个串口引脚连接。该转换芯片会通过 USB 接口在计算机上虚拟出一个用于与 Arduino 通信的串口。

因此当使用 USB 线将 Arduino 与计算机连接时,两者之间便建立了串口连接。通过此连接,Arduino 便可与计算机互传数据了。

要想使串口与计算机通信,需要先使用 Serial.begin()函数初始化 Arduino 的串口通信功能,即

```
Serial.begin(speed);
```

其中参数 speed 指串口通信波特率,它是设定串口通信速率的参数。串口通信的双方必须使用同样的波特率方能正常进行通信。

波特率是一个衡量通信速度的参数,它表示每秒传送的 bit 的个数。例如 9 600 波特表示每秒发送 9 600 bit 的数据。通信双方需要使用一致的波特率才能正常通信。Arduino 串口通信通常会使用以下波特率:300、600、1 200、2 400、4 800、9 600、14 400、19 200、28 800、38 400、57 600、115 200。

波特率越大,说明串口通信的速率越高。

2.6.1 串口输出

串口初始化完成后,便可以使用 Serial.print()或 Serial.println()函数向计算机发送信息了。函数用法是:

```
Serial.print(val);
```

其中参数 val 是要输出的数据,各种类型的数据均可。

```
Serial.println(val);
```

Serial.println(val)语句也是使用串口输出数据,不同的是 Serial.println()函数会在输出完指定数据后,再输出一组回车换行符。

下面是使用串口输出数据到计算机的示例程序。

```
int counter = 0;     // 计数器

void setup() {
//初始化串口
  Serial.begin(9600);
}

void loop() {
//每 loop 循环一次,计数器变量加 1
counter = counter + 1;
// 输出变量
Serial.print(counter);
// 输出字符
Serial.print(':');
```

```
// 输出字符串；
Serial.println("Hellow World");
delay(1000);
}
```

下载该程序到 Arduino，然后可以通过单击 Arduino IDE 右上角的图标打开串口监视器，看到的信息如图 2-54 所示。

图 2-54　串口输出信息

串口监视器是 Arduino IDE 自带的一个小工具，可用来查看串口传来的信息，也可向连接的设备发送信息。需要注意的是，在串口监视器的右下角有一个波特率设置下拉菜单，此处波特率的设置必须与程序中的设置一致才能正常收/发数据。

通过 Serial.print()语句将传感器获得的数据输出到计算机上的方法已经在 2.5.4 小节中进行过演示。

2.6.2　串口输入

除了输出，串口同样可以接收由计算机发出的数据。接收串口数据需要使用 Serial.read()函数，用法是：

```
Serial.read();
```

调用该语句，每次都会返回 1 字节的数据，该返回值便是当前串口读到的数据。

下载以下程序到 Arduino。

```
void setup() {
  //初始化串口
  Serial.begin(9600);
}

void loop() {
  // 读取输入的信息
  char ch = Serial.read();
  // 输出信息
  Serial.print(ch);
  delay(1000);
}
```

程序下载成功后,运行串口监视器,如图 2-55 所示,在“发送”按钮左侧的文本框中输入要发送的信息,如“arduino”,则会看到 Arduino 在输出了所输入信息的同时,还输出了很多乱码。这些乱码是在串口缓冲区中没有可读数据造成的。当缓冲区中没有可读数据时,Serial.read()函数会返回 int 型值-1,而 int 型值-1 对应的 char 型数据便是该乱码。

在使用串口时,Arduino 会在 SRAM 中开辟一段大小为 64 B 的空间,串口接收到的数据都会被暂时存放在该空间中,称这个存储空间为缓冲区。当调用 Serial.read()函数时,Arduino 便会从缓冲区中取出 1 B 的数据。

通常在使用串口读取数据时,需要搭配使用 Serial.available()函数,用法是:

```
Serial.available();
```

Serial.available()的返回值便是当前缓冲区中接收到的数据字节数。

Serial.available()可以搭配 if 或者 while 语句来使用,先检测缓冲区中是否有可读数据,如果有数据,则再读取;如果没有数据,则跳过读取或等待读取。如:

```
if( Serial.available()>0 )
```

或

```
while( Serial.available()>0 )
```

示例程序代码如下。

```
void setup() {
  //初始化串口
  Serial.begin(9600);
}

void loop() {
  //如果缓冲区中有数据,则读取并输出
  if(Serial.available()>0)
  {
    char ch = Serial.read();
```

```
    Serial.print(ch);
  }
}
```

程序下载完成后，打开串口监视器，键入并发送任意信息，则会看到Arduino输出了刚发送过去的信息，并且不再出现乱码了，如图2-56所示。

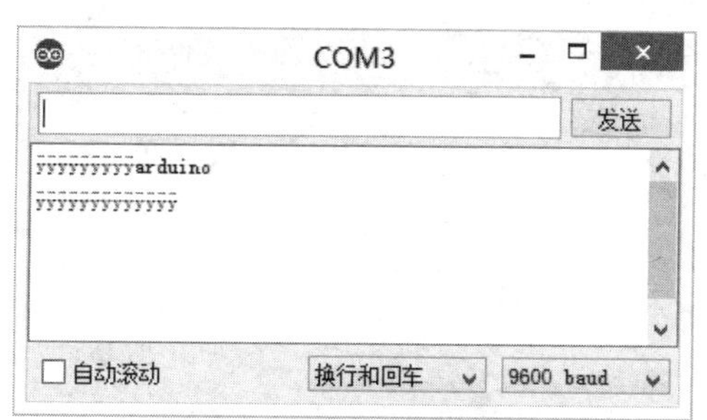

图2-55 串口输入信息

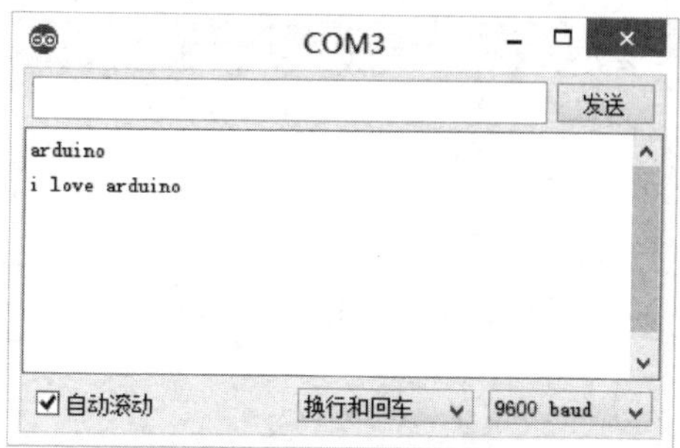

图2-56 结合Serial.available()函数的输入效果

需要注意的是，在串口监视器右下角有两个下拉菜单，一个是设置结束符，另一个是设置波特率。如果已设置了结束符，则在最后发送完数据后，串口监视器会自动发送一组已设定的结束符，如回车符和换行符。

另外可能已经注意到，当进行串口通信时，Arduino控制器上标有RX和TX的2个LED灯会闪烁提示。当接收数据时，RX灯会点亮；当发送数据时，TX灯会点亮。

利用串口通信功能，可以使用计算机控制Arduino来执行特定的操作。

2.6.3 实验：串口控制开关灯

本实验将完成简单的串口控制功能，即使用计算机发送串口指令来实现开关Arduino上的L灯。

程序中使用Serial.read()语句接收数据并进行判断，当接收到的数据为“a”时，便点亮LED，并输出提示；当为“b”时，便关闭LED，并输出提示。

示例程序代码如下。

```
/*
串口控制开关灯
奈何 col
*/

void setup() {
  // 初始化串口
  Serial.begin(9600);
  pinMode(13,OUTPUT);
```

```
}

void loop() {
  // 如果缓冲区中有数据,则读取并输出
  if(Serial.available()>0)
  {
    char ch = Serial.read();
    Serial.print(ch);
    //开灯
    if(ch == 'a')
    {
      digitalWrite(13,HIGH);
      Serial.println("turn on");
    }
    //关灯
    else if(ch == 'b')
    {
      digitalWrite(13,LOW);
      Serial.println("turn off");
    }
  }
}
```

下载程序后,打开串口监视器,发送“a”或“b”便可控制 LED 灯的亮灭了。

2.7 时间控制函数

2.7.1 运行时间函数

使用运行时间函数 millis()或 micros()能够获取 Arduino 从通电(或复位)后到现在的时间,用法是:

```
millis();
```

该函数返回系统运行时间,单位为毫秒。返回值是 unsigned long 类型,大概 50 天会溢出*一次。

```
micros();
```

该函数返回系统运行时间,单位为微秒。返回值是 unsigned long 类型,约 70 分钟会溢出一次。在使用 16 MHz 晶振的 Arduino 上,精度为 4 微秒;在使用 8 MHz 晶振

* 溢出:当要表示的数据超出该数据类型的表示范围时,就会产生溢出。

的 Arduino 上，精度为 8 微秒。

使用以下程序会将系统运行时间输出到串口，并可通过串口监视器观察到程序运行的时间。

```
/*
Get the run time
http://www.arduino.cn/
*/
unsigned long time1;
unsigned long time2;

void setup(){
  Serial.begin(9600);
}

void loop(){
  time1 = millis();
  time2 = micros();
  //输出系统运行时间
  Serial.print(time1);
  Serial.println("ms");
  Serial.print(time2);
  Serial.println("us");
  //等待 1 秒开始下一次 loop 循环
  delay(1000);
}
```

2.7.2　延时函数

使用延时函数 delay()或 delayMicroseconds()可以暂停程序，并可通过参数来设定延时时间，用法是：

```
delay();
```

此函数为毫秒级延时。参数的数据类型为 unsigned long。

```
delayMicroseconds()
```

此函数为微秒级延时。参数的数据类型为 unsigned int。

在之前的 Blink 程序中，通过使用延时函数使 LED 按照一定频率闪烁。

第3章

I/O口高级应用

掌握了数字 I/O 和模拟 I/O 的基本操作方法后，就已经可以完成很多 Arduino 的制作了。除此之外，Arduino 还提供了一些 I/O 口的高级操作。

3.1 调声函数

调声函数 tone()主要用于 Arduino 连接蜂鸣器或扬声器发声的场合，其实质是输出一个频率可调的方波，以此驱动蜂鸣器或扬声器振动发声。

1. tone()

功能：可以让指定引脚产生一个占空比为50%的指定频率的方波。

语法：

tone(pin, frequency)

tone(pin, frequency, duration)

参数：

pin，需要输出方波的引脚。

frequency，输出的频率，为 unsigned int 型。

duration，频率持续的时间，单位为毫秒。如果没有该参数，Arduino 将持续发出设定的音调，直到改变了发声频率或者使用 noTone()函数停止发声。

返回值：无。

tone()和 analogWrite()函数都可以输出方波，所不同的是：tone()函数输出方波的占空比固定(50%)，所调节的是方波的频率；而 analogWrite()函数输出的频率固定(约 490 Hz)，所调节的是方波的占空比。

需要注意的是，使用 tone()函数会干扰 3 号和 11 号引脚的 PWM 输出功能(Arduino MEGA 控制器除外)，并且同一时间的 tone()函数仅能作用于一个引脚，如果有多个引脚需要使用 tone()函数，则必须先使用 noTone()函数停止之前已经使用了 tone()函数的引脚，再使用 tone()函数开启下一个指定引脚的方波输出。

2. noTone()

功能:停止指定引脚上的方波输出。

语法:noTone(pin)

参数:

pin,需要停止方波输出的引脚。

返回值:无。

下面将使用 tone()函数驱动蜂鸣器播放曲子。

3. 无源蜂鸣器模块

无源蜂鸣器模块(图 3-1)是一种一体化结构的电子讯响器,采用直流电压供电,广泛应用于计算机、报警器和电子玩具等电子设备中。

蜂鸣器发声需要有外部振荡源,即一定频率的方波。不同频率的方波输入,会产生不同的音调。这里也可以使用扬声器替代无源蜂鸣器。

下面利用蜂鸣器的这种特性,采用 tone()函数输出不同频率的方波,实现 Arduino 播放简单曲子的目的。

图 3-1　无源蜂鸣器模块

如果使用的是模块,则可直接连接到扩展板;如果使用的是独立扬声器或者蜂鸣器,则只需在其正极与 Arduino 数字引脚之间连接一个 100 Ω 的限流电阻即可,连接方法如图 3-2 所示。

图 3-2　扬声器、蜂鸣器模块使用连接示意图

示例程序中使用两个数组 melody[]和 noteDurations[]来记录整个曲谱,然后遍历这两个数组便可实现输出曲子的功能。

可以通过选择“文件”→“示例”→Digital→toneMelody 菜单项找到以下程序。

```
/*
Melody

Plays a melody
This example code is in the public domain.
http://arduino.cc/en/Tutorial/Tone
*/

#include "pitches.h"

// 记录曲子的音符
int melody[] = {
  NOTE_C4, NOTE_G3,NOTE_G3, NOTE_A3, NOTE_G3,0, NOTE_B3, NOTE_C4};

// 音符持续时间:4 为四分音符, 8 为八分音符
int noteDurations[] = {
  4, 8, 8, 4,4,4,4,4 };

void setup() {
  // 遍历整个曲子的音符
  for (int thisNote = 0; thisNote < 8; thisNote++) {

    // noteDurations[]数组中存储的是音符的类型
    // 需要将其换算为音符持续时间,方法如下:
    // 音符持续时间 = 1000 ms / 音符类型
    //例如,四分音符 = 1000 / 4,八分音符 = 1000/8
    int noteDuration = 1000/noteDurations[thisNote];
    tone(8, melody[thisNote],noteDuration);

    // 为了能辨别出不同的音调,需要在两个音调间设置一定的延时
    // 增加 30%延时时间比较合适
    int pauseBetweenNotes = noteDuration * 1.30;
    delay(pauseBetweenNotes);
    // 停止发声
    noTone(8);
  }
}

void loop() {
  // 程序并不重复,因此这里为空
}
```

使用以上程序来驱动蜂鸣器,还需要一个定义了音调对应频率的头文件“pitches.h”,其中记录了不同频率所对应的音调,在程序 toneMelody 中便调用了这些定义。如果是通过示例程序打开的该程序,则会在选项卡中看到这个头文件,如图 3-3 所示。

如果是新建的相关程序,则在调用这些音调定义之前,需要先建立一个名为“pitches.h”的头文件。

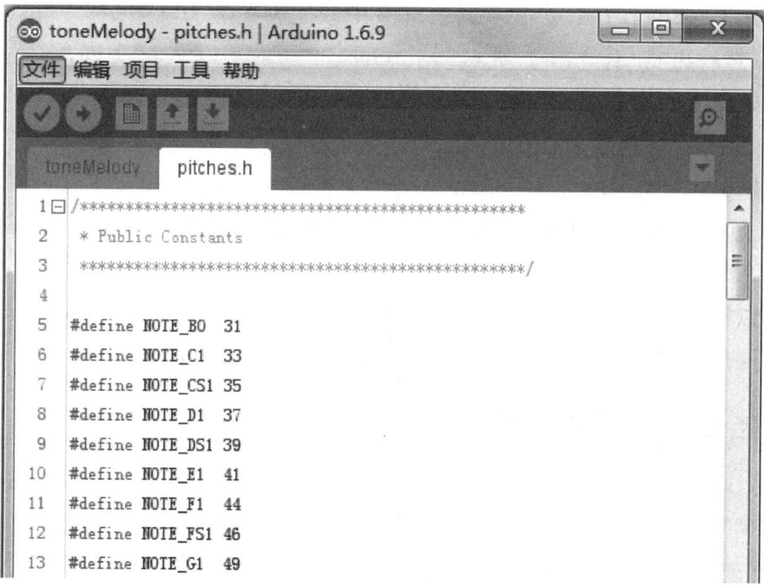

图3-3 pitches.h头文件

如图3-4所示，在IDE窗口中单击串口监视器中的下三角图标打开快捷菜单，选择“新建标签”菜单项，并在窗口下方的文本框中输入新文件名“pitches.h”，然后单击OK按钮。

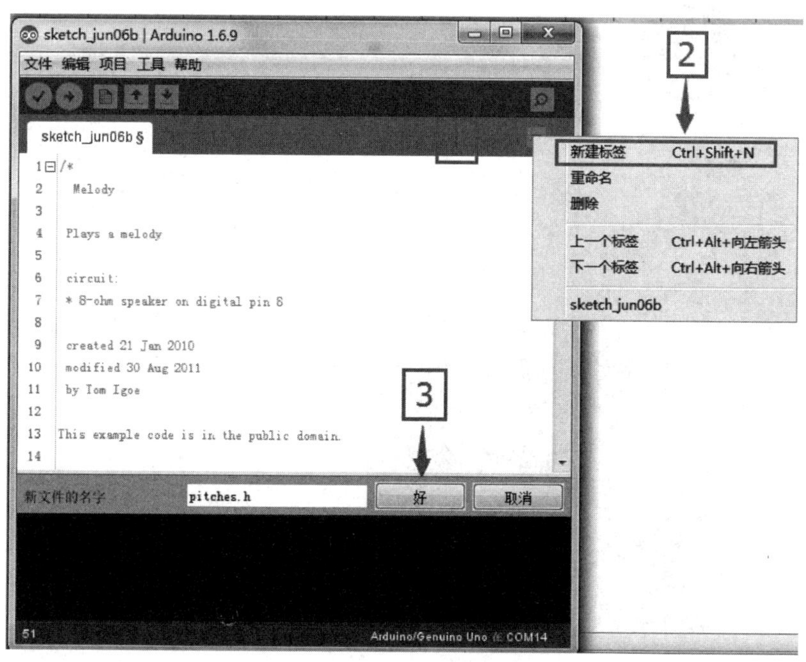

图3-4 向项目中添加新文件

单击 OK 按钮后,IDE 会在项目文件夹中新建一个名为“pitches. h”的文件,并打开该文件,然后再将如图 3－3 所示的 pitches. h 的内容写入该文件,这样就可以在 Arduino 安装目录中找到 pitches. h 文件了。(pitches. h 所在路径为 Arduino 安装目录\examples\02. Digital\toneMelody\ pitches. h)

现在回到刚才的示例程序,单击“下载”工具按钮,在检查无误后,编译器即会编译主程序及 pitches. h 文件。程序下载成功后便可听到蜂鸣器或扬声器发出的声音了。

也可以试着使用按键和其他一些传感器结合蜂鸣器制作一个 Arduino 电子琴,当按下不同的按键或者触发不同的传感器时,蜂鸣器便发出各种不同的音调。

3.2 项目:简易电子琴

通过无源蜂鸣器和按键的组合可以制作一个简易的电子琴。当按下不同的按键时,蜂鸣器就会发出不同的音调,以此达到模拟琴键的效果。

如图 3－5 所示,本项目使用了 7 个按键分别连接到 7 个引脚,并给每个引脚加上 10 kΩ 的下拉电阻以稳定引脚上的电平。Arduino 通过依次检查各按键的状态来控制 10 号引脚上输出的方波,以驱动蜂鸣器发出各种不同的音调。

简易电子琴项目连接示意图如图 3－5 所示。

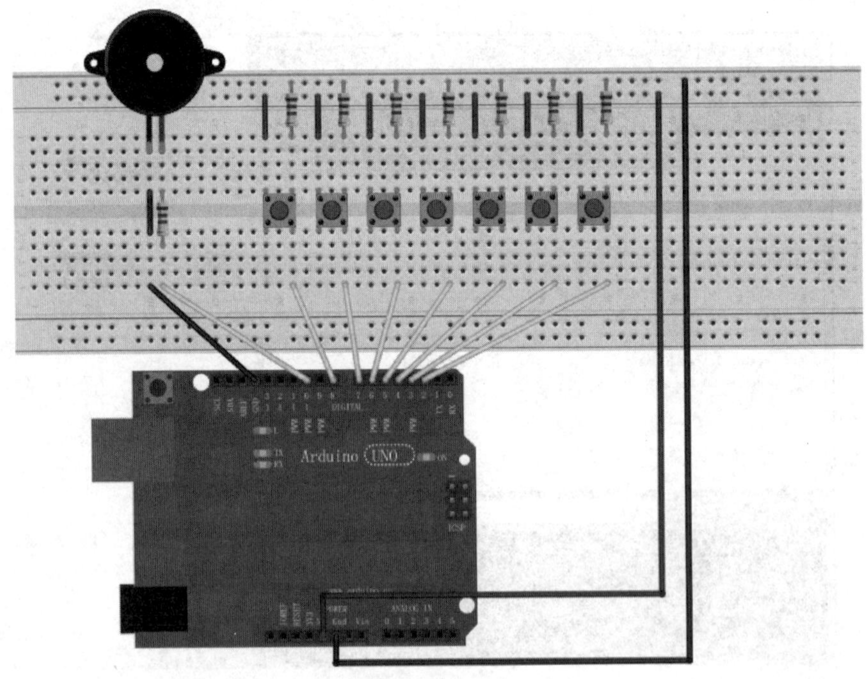

图 3－5 简易电子琴项目连接示意图

示例程序代码如下。

```
/*
OpenJumper
蜂鸣器 + 触摸模块制作简易电子琴
奈何 col
*/
#include "pitches.h"

void setup() {
  //初始化触摸模块连接引脚
  pinMode(2,INPUT);
  pinMode(3,INPUT);
  pinMode(4,INPUT);
  pinMode(5,INPUT);
  pinMode(6,INPUT);
  pinMode(7,INPUT);
  pinMode(8,INPUT);
}

void loop() {
  // 依次读出各触摸模块的状态
  // 如果模块被触摸,则发出相应的音调
  if(digitalRead(2)){
    tone(10, NOTE_C5,10); //Do(523Hz)
  }
  if(digitalRead(3)){
    tone(10, NOTE_D5,10); //Re (587Hz),
  }
  if(digitalRead(4)){
    tone(10, NOTE_E5, 10); // Mi(659Hz)
  }
  if(digitalRead(5)){
    tone(10, NOTE_F5, 10); //Fa(698Hz)
  }
  if(digitalRead(6)){
    tone(10, NOTE_G5, 10); //So(784Hz)
  }
  if(digitalRead(7)){
    tone(10, NOTE_A5, 10); //La(880Hz)
  }
  if(digitalRead(8)){
    tone(10, NOTE_B5, 10); //Si(988Hz)
  }
}
```

下载程序后便可用这个自制的电子琴演奏一支简单的曲子了。还可将按键换成触摸模块或者其他数字传感器以获得更佳的体验效果。

3.3 脉冲宽度测量函数及超声波测距

Arduino 提供的 pulseIn()函数用于检测指定引脚上脉冲信号的宽度。

3.3.1 脉冲宽度测量函数

pulseIn()

功能:检测指定引脚上的脉冲信号宽度。

例如当要检测高电平脉冲时,pulseIn()函数会等待指定引脚输入的电平变高,在变高后开始计时,直到输入电平变低时,计时停止。pulseIn()函数会返回此脉冲信号持续的时间,即该脉冲的宽度。

pulseIn()函数还可以设定超时时间。如果超过设定时间仍未检测到脉冲,则会退出 pulseIn()函数并返回 0。当没有设定超时时间时,pulseIn()会默认 1 秒钟的超时时间。

语法:

pulseIn(pin, value)

pulseIn(pin, value, timeout)

参数:

pin,需要读取脉冲的引脚。

value,需要读取的脉冲类型,为 HIGH 或 LOW。

timeout,超时时间,单位为微秒,数据类型为无符号长整型。

返回值:换行返回脉冲宽度,单位为微秒,数据类型为无符号长整型。如果在指定时间内没有检测到脉冲,则返回 0。

3.3.2 超声波测距

下面将学习利用 pulseIn()函数和超声波传感器来完成测距工作。

超声波是频率高于 20 000 Hz 的声波,它的指向性强,能量消耗缓慢,在介质中传播的距离较远,因而经常用于测量距离。

超声波传感器的型号众多,这里介绍一款常见的超声波传感器。

1. SR04 超声波传感器

SR04(图 3-6)是利用超声波特性检测距离的传感器。其带有两个超声波探头,分别用做发射和接收超声波。其测量范围是 3～450 cm。

2. 超声波测距的工作原理

如图 3-7 所示,超声波发射器向某一方向发射超声波,在发射的同时开始计时;

超声波在空气中传播，途中碰到障碍物则立即返回，超声波接收器收到反射波则立即停止计时。声波在空气中的传播速度为 340 m/s，根据计时器记录的时间 t，即可计算出发射点距障碍物的距离 s，即 $s=340\ \text{m/s}\times t/2$ 。这就是所谓的时间差测距法。

图 3－6　SR04 超声波传感器

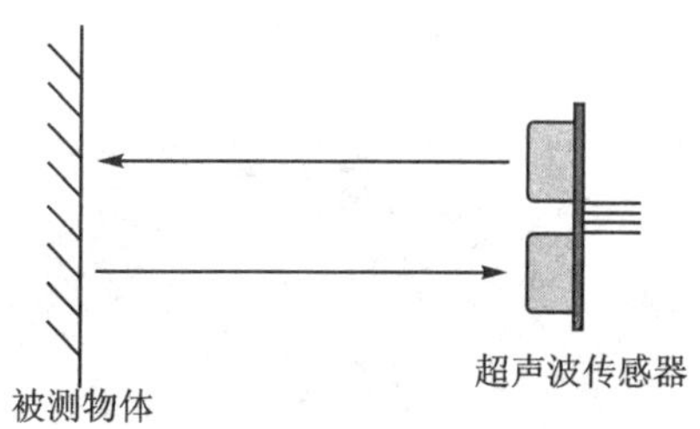

图 3－7　超声波发射/接收示意图

3. 超声波模块引脚

SR04 超声波模块有 4 个引脚，各功能如表 3－1 所列。

表 3－1　SR04 超声波模块引脚

引脚名称	说　明
Vcc	电源 5 V
Trig	触发引脚
Echo	回馈引脚
Gnd	地

4. 超声波模块的使用方法及时序图

如图 3－8 所示，使用 Arduino 的数字引脚给 SR04 模块的 Trig 引脚至少 10 μs 的高电平信号，触发 SR04 模块的测距功能。

图 3－8　Arduino 发送触发信号

如图 3－9 所示，触发测距功能后，模块会自动发送 8 个 40 kHz 的超声波脉冲，并自动检测是否有信号返回。这一步由模块内部自动完成。

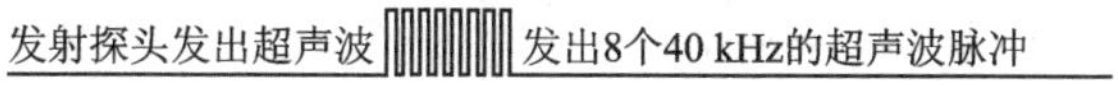

发射探头发出超声波　发出8个40 kHz的超声波脉冲

图 3－9　超声波模块发出超声波脉冲

如图 3－10 所示，若有信号返回，则 Echo 引脚会输出高电平，高电平持续的时间就是超声波从发射到返回的时间。此时可以使用 pulseIn()函数获取测距的结果，并计算出距被测物体的实际距离。

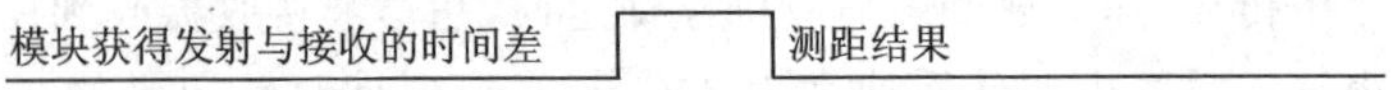

模块获得发射与接收的时间差　　　　测距结果

图 3-10　超声波模块返回测距结果

5. 连接示意图

超声波测距示例连接示意图如图 3-11 所示。

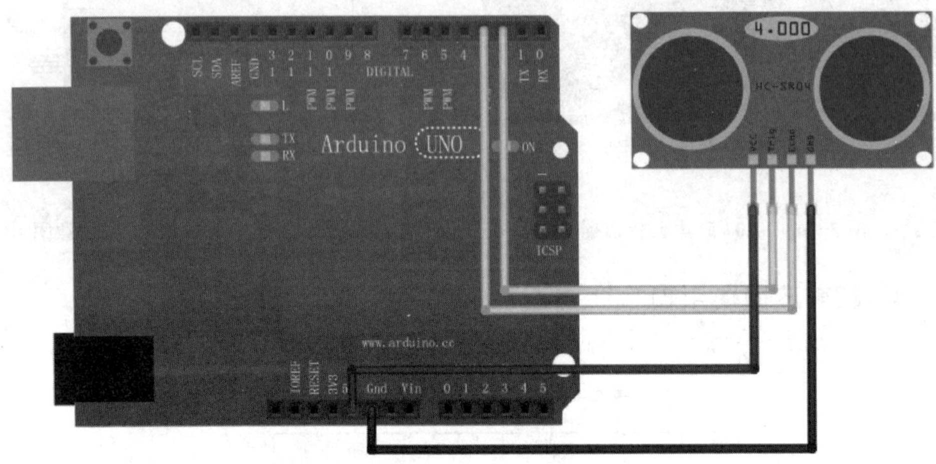

图 3-11　超声波测距示例连接示意图

如图 3-11 所示，本示例将超声波模块的 Trig 引脚连接到 Arduino 的 2 号引脚，Echo 引脚连接到 Arduino 的 3 号引脚。

示例的程序代码如下。

```
/*
SR04 超声波传感器驱动
串口显示检测距离
*/
// 设定 SR04 连接的 Arduino 引脚
const int TrigPin = 2;
const int EchoPin = 3;
float distance;
void setup()
{  //初始化串口通信及连接 SR04 的引脚
   Serial.begin(9600);
   pinMode(TrigPin, OUTPUT);
   // 要检测引脚上输入的脉冲宽度,需要先设置为输入状态
   pinMode(EchoPin, INPUT);
   Serial.println("Ultrasonic sensor:");
```

```
}

void loop()
{
    //产生一个 10 μs 的高脉冲去触发 TrigPin
    digitalWrite(TrigPin, LOW);
    delayMicroseconds(2);
    digitalWrite(TrigPin, HIGH);
    delayMicroseconds(10);
    digitalWrite(TrigPin, LOW);
    // 检测脉冲宽度,并计算出距离
    distance = pulseIn(EchoPin, HIGH)/ 58.00;
    Serial.print(distance);
    Serial.print("cm");
    Serial.println();
    delay(1000);
}
```

下载完程序后，打开串口监视器，并将超声波传感器朝向需要测量的物体，此时即可看到当前超声波传感器与物体的距离，如图 3-12 所示。

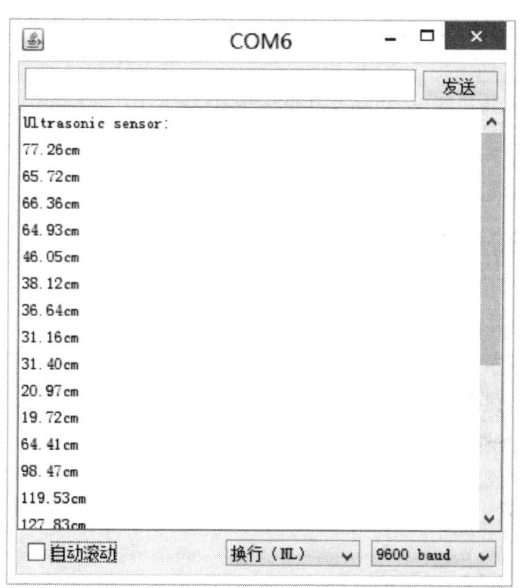

图 3-12 超声波测距结果

环境温度、湿度等对声波的传输速度也有影响，因此可以尝试结合其他的温湿度传感器来校正超声波传感器测出的数据，以得到更准确的测量结果。

3.4 设置 ADC 参考电压

在使用 analogRead()函数读取模拟输入口的电压时，函数返回值的计算方法为

$$\text{analogRead(pin) 函数返回值} = \frac{\text{被测电压}}{\text{参考电压}} \times 1\,023$$

当用户没有设置参考电压时，Arduino 会默认使用工作电压作为参考电压。大多数 Arduino 控制器的工作电压都为 5 V，所以默认参考电压也为 5 V。

当要测量的电压较小时或对测量精度要求较高时，可以通过降低参考电压来使测量结果更精准。Arduino 提供了内部参考电压，但内部参考电压并不准确，如果使用的话反而会使精度降低。在实际应用中，一般通过输入高精度的外部参考电压来提高检测精度。

在 Arduino 控制器上有一个 AREF 引脚，可以从该引脚给 Arduino 输入外部参考电压，同时需要使用 analogReference()函数来设置 Arduino 使用外部参考电压。其调用形式为：

```
analogReference(type);
```

其中参数 type 的可用选项如表 3-2 所列。

表 3-2　ADC 参考电压可用配置

选　项	说　明
DEFAULT	默认当前 Arduino 工作电压作为参考电压
INTERNAL	使用内部参考电压(当使用 UNO 时为 1.1 V，当使用 ATmega8 时为 2.56 V)，该设置并不适用于 Arduino MEGA
INTERNAL1V1	使用内部 1.1 V 参考电压(仅适用于 Arduino MEGA)
INTERNAL2V56	使用内部 2.56 V 参考电压(仅适用于 Arduino MEGA)
EXTERNAL	使用从 AREF 引脚输入的外部参考电压

需要注意的是，外部输入的电压必须大于 0，且小于当前工作电压(Arduino 的工作电压一般为 5 V)，否则可能会损坏 Arduino 控制器。

3.5 外部中断

程序运行过程中时常需要监控一些事件的发生，如对某一传感器的检测结果做出反应。使用轮询的方式进行检测时效率较低，等待时间较长，而使用中断方式进行检测则可以达到实时检测的效果。

如图 3-13 所示，中断程序可以看做是一段独立于主程序之外的程序，当中断被

触发时，控制器会暂停当前正在运行的主程序，而跳转去运行中断程序；当中断程序运行完后，会再回到之前主程序暂停的位置，继续运行主程序。如此便可收到实时响应处理事件的效果。

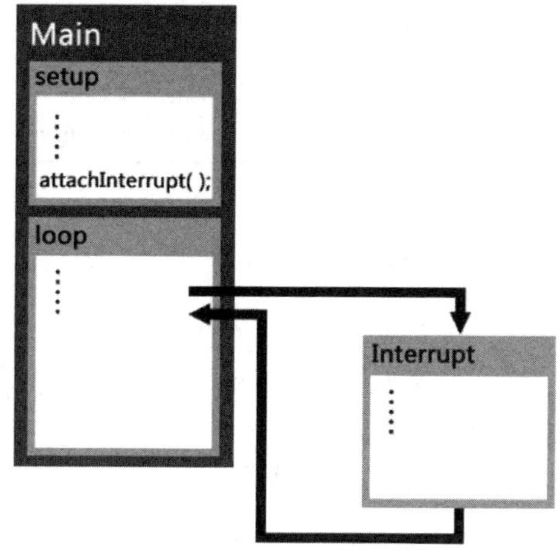

图3-13　中断结构

3.5.1　外部中断的使用

外部中断是由外部设备发起请求的中断。要想使用外部中断，就需了解中断引脚的位置，根据外部设备选择中断模式，以及编写一个中断被触发后需执行的中断函数。

1. 中断引脚与中断编号

在不同型号的Arduino控制器上，中断引脚的位置也不相同，只有中断信号发生在带有外部中断功能的引脚上，Arduino才能捕获到该中断信号并做出响应，表3-3列举了Arduino常见型号控制器的中断引脚所对应的外部中断编号。

表3-3　常见Arduino控制器的中断编号

Arduino型号	int0	int1	int2	int3	int4	int5
UNO	2	3	—	—	—	—
MEGA	2	3	21	20	19	18
Leonardo	3	2	0	1	—	—
Due	所有引脚均可使用外部中断					

表3-3中的int0、int1等都为外部中断的编号。

2. 中断模式

为了设置中断模式，还需要了解设备触发外部中断的输入信号类型。中断模式也就是中断触发的方式。在大多数 Arduino 上支持表 3-4 中的四种中断触发方式。

表 3-4 可用的中断触发模式

模式名称	说 明
LOW	低电平触发
CHANGE	电平变化触发,即高电平变低电平、低电平变高电平
RISING	上升沿触发,即低电平变高电平
FALLING	下降沿触发,即高电平变低电平

在 Arduino Due 中,还可以使用高电平(HIGH)来触发中断,另外 Arduino Due 上的每一个 I/O 口都可以触发中断,其中断编号便是引脚编号。

3. 中断函数

除了设置中断模式外,还需要编写一个响应中断的处理程序——中断函数,当中断被触发后,便可以让 Arduino 运行该中断函数。中断函数就是当中断被触发后要去执行的函数,该函数不能带有任何参数,且返回类型为空,如:

```
void Hello()
{
  Serial.println("hello");
}
```

当中断被触发后,Arduino 便会执行该函数中的语句。

这些准备工作完成后,还需要在 setup()中使用 attachInterrupt()函数对中断引脚进行初始化配置,以开启 Arduino 的外部中断功能,其用法如下。

(1) attachInterrupt(interrupt, function, mode)

功能:对中断引脚进行初始化配置。

参数:

interrupt,中断编号,注意,这里的中断编号并不是引脚编号。

function,中断函数名,当中断被触发后即会运行此函数名称所代表的中断函数。

mode,中断模式。

例如:

```
attachInterrupt(0, Hello,FALLING);
```

如果使用的是 Arduino UNO 控制器,则该语句即会开启 2 号引脚(中断编号 0)上的外部中断功能,并指定下降沿时触发该中断。当 2 号引脚上的电平由高变低后,该中断会被触发,而 Arduino 即会运行 Hello()函数中的语句。

如果不需要使用外部中断了,则可以使用中断分离函数 detachInterrupt()来关闭中断功能。

(2) detachInterrupt(interrupt)

功能:禁用外部中断。

参数：

interrupt，需要禁用的中断编号。

3.5.2　实验：外部中断触发蜂鸣器报警

下面要制作一个防盗报警装置，装置放在需要被看守的物体旁边，通过数字红外障碍传感器来检测前方是否有物体，如果没有检测到物体就触发蜂鸣器报警。

数字红外障碍传感器（图 3－14）是一种通过红外光反射来检测障碍物的传感器。

图 3－14　数字红外障碍传感器

检测模块会发出调制过的 38 kHz 红外光，红外光经障碍物反射后由一体化接收头接收。当检测范围内有障碍物时，模块输出低电平；当无障碍物时，模块输出高电平。

在编写中断程序之前，先要搞清楚适合该实验的中断触发方式，这里将红外障碍传感器连接到 Arduino UNO 的 2 号引脚上，并将中断 0 设为电平变化触发，当电平由低变高时，说明物体被拿走，则触发 8 号引脚连接的蜂鸣器报警；当放回物体后，电平由高变低，蜂鸣器停止报警。

示例程序代码如下。

```
/*
Arduino 外部中断的使用
外部中断触发报警
*/
//默认无遮挡时蜂鸣器发声
boolean RunBuzzer = true;

void setup()
{
  Serial.begin(9600);
  // 初始化外部中断
  // 当 int0 的电平由高变低时，触发中断函数 warning()
  attachInterrupt(0, warning, CHANGE);
}

void loop()
{
  if(RunBuzzer)
```

```
    {
      tone(8,1000);
    }
    else
    {
      noTone(8);
    }
  }

  // 中断函数
  void warning ()
  {
    RunBuzzer = !RunBuzzer;
  }
```

下载该程序后,则会听到蜂鸣器发出警报声,用手或其他物体遮挡住红外障碍传感器后,警报声便会停止。

第 4 章 使用和编写类库

4.1 编写并使用函数，提高程序的可读性

第 3 章学习了超声波模块的使用，已经知道，运行相应的程序可以使串口输出超声波测距的数值。但是否想过，如果程序中需要实现的功能不仅仅是获取超声波传感器的读数和串口输出，那么程序的可读性会变成怎样？或者如果需要同时控制多个超声波模块，那么是否需要多次重复书写语句呢？

为了使程序看起来更清晰明了，可以将超声波驱动对端口的配置过程封装成 Set_SR04 函数。该函数仅完成超声波模块的相关初始化，无需返回值，因此可以使用 void 来声明该函数。而超声波模块的 Trig 引脚和 Echo 引脚，是必须要初始化的两个量，在此将它们设置为两个参数 Trig Pin 和 Echo Pin。

Set_SR04 函数代码如下。

```
void Set_SR04(int TrigPin,int EchoPin)
{
    //初始化超声波
    pinMode(TrigPin, OUTPUT);
    pinMode(EchoPin, INPUT);
}
```

将发送触发信号、获取数据并计算结果的过程封装成 Get_SR04 函数。

函数最后需要返回测出的距离，即一个 float 类型的变量，因此在该函数中使用 float 类型声明，并在函数中添加 return 语句，返回变量值并退出函数。

Get_SR04 函数代码如下。

```
float Get_SR04(int TrigPin,int EchoPin)
{
    //产生一个 10 ms 的高脉冲去触发 TrigPin
    digitalWrite(TrigPin, LOW);
```

```
    delayMicroseconds(2);
    digitalWrite(TrigPin, HIGH);
    delayMicroseconds(10);
    digitalWrite(TrigPin, LOW);
    float distance = pulseIn(EchoPin, HIGH) / 58.00;
    return distance;
}
```

现在只需在 setup()和 loop()函数中调用这两个函数即可完成之前的功能,即

```
float distance;
void setup()
{
    Set_SR04(2,3);
    Serial.begin(9600);
}
void loop()
{
    distance = Get_SR04(2,3);
    Serial.print(distance);
    Serial.print("cm");
    Serial.println();
    delay(1000);
}
```

这样设计后的程序,其整体可读性增强了许多。这是简单的函数建立与调用方法,有了 C 语言的基础后,就应该可以轻松掌握。

完整的程序代码如下。

```
float distance;
void setup()
{
    Set_SR04(2,3);
    Serial.begin(9600);
}
void loop()
{
    distance = Get_SR04(2,3);
    Serial.print(distance);
    Serial.print("cm");
    Serial.println();
    delay(1000);
}
void Set_SR04(int TrigPin,int EchoPin)
{
```

```
    pinMode(TrigPin, OUTPUT);
    pinMode(EchoPin, INPUT);
}
float Get_SR04(int TrigPin,int EchoPin)
{
    digitalWrite(TrigPin, LOW);
    delayMicroseconds(2);
    digitalWrite(TrigPin, HIGH);
    delayMicroseconds(10);
    digitalWrite(TrigPin, LOW);
    float distance = pulseIn(EchoPin, HIGH) / 58.0;
    return distance;
}
```

4.2　使用 Arduino 类库

要想提高代码的编写效率及程序的可读性，还有一个快捷的方法，就是使用他人已经编写好的类库。

仍以 SR04 超声波传感器模块为例，可以从网址 http://clz.me/arduino-book/lib/sr04/下载到它的类库。

在打开的页面的底部可以看到 SR04 lib 的下载链接，下载后会得到一个名为 SR04.zip 的文件。解压该文件，并将解压出的 SR04 文件夹放到 Arduino IDE 所在文件夹中的 libraries 文件夹内，如 E:\arduino-1.0.3\libraries(图 4-1)。

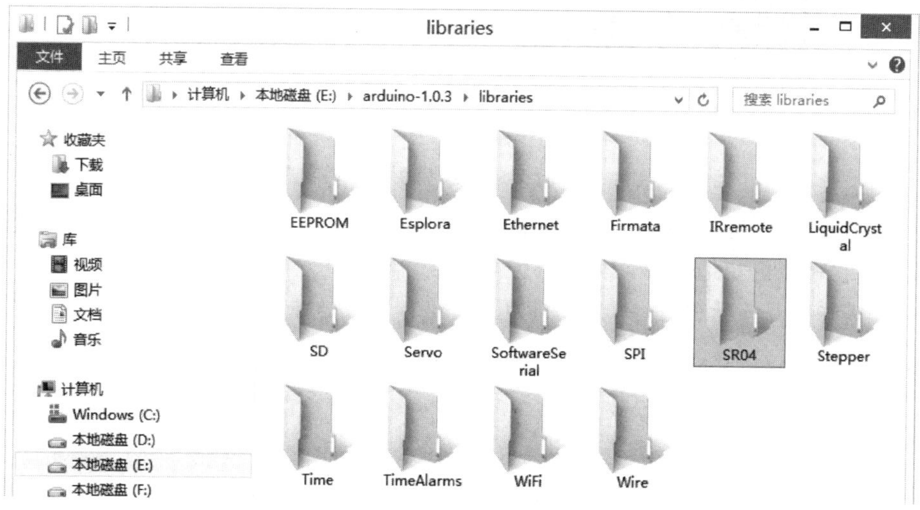

图 4-1　Arduino 第三方类库存放文件夹

libraries 文件夹中存放的是 Arduino 的各种类库,将类库放入其中后,便可以在编写程序时调用它们。

现在,当再打开 Arduino IDE 时就会发现在“文件”→“示例”菜单中增加了一个 SR04 选项,这就是刚才添加的 SR04 类库的示例程序(图 4-2)。

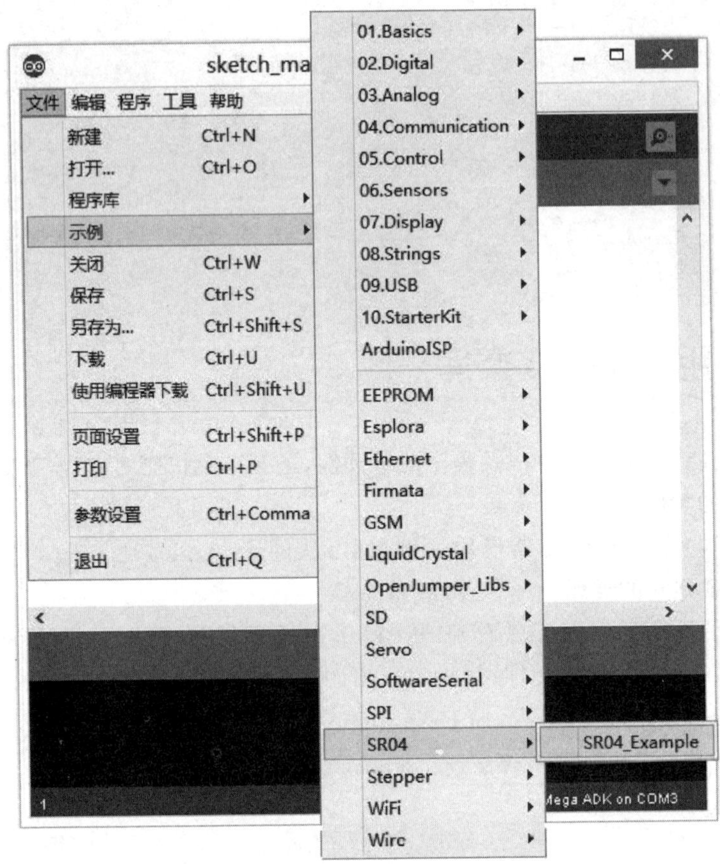

图 4-2 打开超声波模块的示例程序

在图 4-2 中选择 SR04 会看到 SR04_Example 选项,这是 SR04 类库的示例程序,有了它就能更快地了解该类库的使用方法了。

选择并打开该示例程序,会看到如下代码。

```
//2012-4-27 奈何 col From OpenJumper.com

// 声明该程序要使用 SR04 类库
#include "SR04.h"

// 实例化一个 SR04 对象,并初始化连接的引脚
// TrigPin 连接到 2 号引脚,EchoPin 连接到 3 号引脚
SR04 sr04 = SR04(2,3);
```

```
void setup()
{
  // 初始化串口通信
  Serial.begin(9600);
}

void loop()
{
  // 使用 Get()函数获取当前超声波传感器返回的距离值并存入变量 distance 中
  float distance = sr04.Get();
  // 输出测得的距离
  Serial.print(distance);
  Serial.print("cm");
  Serial.println();
}
```

编译并下载程序到 Arduino 中，将获得与之前超声波测距程序一样的效果。

下面再来看看这个示例程序如何调用 SR04 类库。

首先，程序中使用了

```
#include "SR04.h"
```

语句来声明该程序会调用 SR04 类库。接着，使用

```
SR04 sr04 = SR04(2,3);
```

语句建立了一个类型为 SR04、名为 sr04 的对象，该对象代表正在使用的这个超声波传感器。之后调用 SR04 类的构造函数对新建的对象进行了初始化，指定了该传感器与 Arduino 的引脚的连接。

需要注意的是，大写的 SR04 和小写的 sr04 是有区别的，如图 4－3 所示。

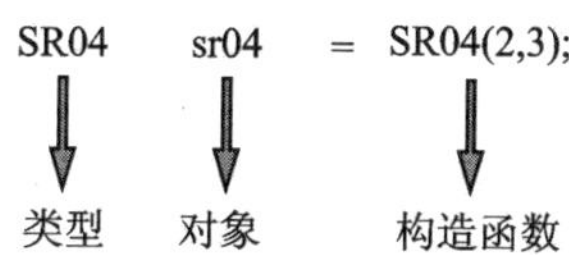

图 4－3　区分类、对象和构造函数

接着，在 loop()函数中还使用了如下语句：

```
float distance = sr04.Get();
```

Get()是 SR04 类中的成员函数，可以返回当前传感器测得的距离。而 sr04.Get()则返回对象 sr04 测得的距离，该返回值为 float 类型，因此，还声明了一个 float 类型的变量，用来存储该返回值，以便在此后的程序中使用。

由以上分析可以看出，使用类库编写程序使得需要编写的代码减少了，程序的可

读性提高了，编程工作更加直观和方便。

一些常见的单片机开发使用的都是纯 C 语言，并不具有面向对象的思想；而 Arduino 引入了面向对象的思想，无疑使程序更加容易理解和编写。可以将 Arduino 上连接的硬件设备都看做是一个对象，然后对其进行编程操作。

例如，当同时操作两个 SR04 超声波传感器时，只需先建立两个 SR04 类型的对象，然后分别调用对象的成员函数即可。

示例程序代码如下。

```
//2012-4-27 奈何 col From OpenJumper.com
#include "SR04.h"
// 实例化两个 SR04 对象，并初始化连接的引脚
SR04 sr04A  = SR04(2,3);
SR04 sr04B  = SR04(4,5 );
void setup()
{
  // 初始化串口通信
  Serial.begin(9600);
}
void loop()
{
  // 分别调用 Get()函数获取当前超声波传感器返回的距离值并存入变量 distance 中
  float distanceA = sr04A.Get();
  float distanceB = sr04B.Get();
  // 分别输出两个超声波传感器测得的距离
  Serial.print(distanceA);
  Serial.print("cm");
  Serial.print(distanceB);
  Serial.print("cm");
  Serial.println();
}
```

通过以上程序便可以同时使用两个超声波传感器了。

Arduino 还有很多第三方的类库可以使用，在 Github.com、Arduino.cc、Arduino.cn 等开源社区上可以找到更多的类库。而 Arduino 的优势就在于此，借助开源社区的资源，即使不了解某个器件的驱动原理，如果该器件有第三方的 Arduino 类库，则通过学习例程便可以使用该器件。

此后的章节中还会用到其他的第三方类库，其安装方法均与本节所讲的方法一致。

4.3　编写 Arduino 类库

在 4.2 节中使用他人编写的类库进行开发，是不是感觉编程变得格外简单了？有了这些库文件，就不必过多地理会各种模块是如何驱动的，而只需调用库提供的类和函数，即可轻松使用各类模块了。

但是一个优秀的 Arduino 玩家或者开发者，当然不能仅仅满足于使用他人提供的类库，纯粹的拿来主义不是开源精神，真正的开源精神在于分享。

掌握本节的内容后，就可以将自己编写的库文件发表到互联网上，让众多 Arduino用户来使用了。

在 4.1 节中，通过编写并调用函数提高了程序的可读性，但这仅仅是使用了 C 语言的方式进行编程。本节将学习使用 C++的面向对象的方式编写 Arduino 的类库。这里仍以 SR04 超声波传感器为例。

4.3.1　编写头文件

首先需要建立一个名为 SR04.h 的头文件，在 SR04.h 文件中需要声明一个 SR04 超声波类。

类的声明方法如下。

```
class SR04 {
public:

private:

};
```

通常一个类包含两个部分——public 和 private。public 中声明的函数和变量可以被外部程序所访问，而 private 中声明的函数和变量则只能在这个类的内部访问。

接着，根据实际需求来设计这个类，SR04 类的结构如图 4-4 所示。

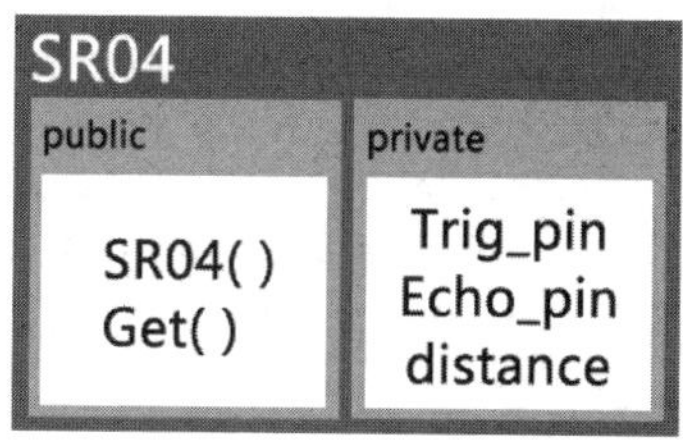

图 4-4　SR04 类的结构图

SR04 类包含两个成员函数和三个成员变量。

SR04()函数是一个与类同名的构造函数，用于初始化对象，它需要在 public 中进行声明。声明语句如下：

```
SR04(int TrigPin,int EchoPin);
```

该构造函数用来替代之前使用的 void Set_SR04(int TrigPin,int EchoPin)函数。需要注意的是，构造函数必须与类同名，且不能有返回类型。

另外还需要一个 Get()函数来获取并处理超声波传感器返回的信息，即：

```
float Get();
```

该函数用来替代之前使用的 float Get_SR04(int TrigPin,int EchoPin)函数。

对于一些在程序运行过程中用到的函数或变量，用户在使用时并不会接触到它们，因此可以将其放在 private 部分中定义，即：

```
// 记录 SR04 使用的引脚
int Trig_pin;
int Echo_pin;
// 记录 SR04 返回的距离
float distance;
```

完整的 SR04.h 代码如下：

```
//2012 - 4 - 27  奈何 col From OpenJumper.com
#ifndef SR04_H
#define SR04_H
#if defined(ARDUINO) && ARDUINO >= 100
    #include "Arduino.h"
#else
    #include "WProgram.h"
#endif
class SR04 {
public:
    SR04(int TrigPin,int EchoPin);
    float Get();
private:
    int Trig_pin;
    int Echo_pin;
    float distance;
};
#endif
```

4.3.2 预处理命令

以“#”开头的语句称为预处理命令。之前包含文件使用的#include 及在常量

定义时使用的 #define 均为预处理命令。

预处理命令并不是 C/C++语言的组成部分，编译器不会直接对其进行编译，而是在编译之前，系统会预先处理这些命令。

4.3.3 宏定义

如程序中使用 #define COL 1112 语句定义了一个名为 COL 的常量，那么在实际编译前，系统会将代码中所有的 COL 替换为 1112，再对替换后的代码进行编译。

这种定义方式称为宏定义，即使用一个特定的标识符来代表一个字符串。宏定义的一般形式为：

```
#define 标识符字符串
```

在 Arduino 中，经常用到的 HIGH、LOW、INPUT、OUTPUT 等参数及圆周率 PI 等常量都是通过宏的方式定义的。

4.3.4 文件包含

若程序中使用 #include 语句包含了一个文件，例如 #include <EEPROM.h>，那么在预处理时系统会将该语句替换成 EEPROM.h 文件中的实际内容，然后再对替换后的代码进行编译。

文件包含命令的一般形式为：

```
#include <文件名>
```

或

```
#include "文件名"
```

两种形式的实际效果是一样的，只是当使用<文件名>形式时，系统会优先在 Arduino库文件中寻找目标文件，若没有找到，系统再到当前 Arduino 项目的项目文件夹中查找；而使用"文件名"形式时，系统会优先在 Arduino 项目文件夹中查找目标文件，若没有找到，再查找 Arduino 库文件。

4.3.5 条件编译

回到 SR04.h 头文件，在其中会看到以下代码：

```
#ifndef SR04_H
#define SR04_H
.
.
.
#endif
```

其中

```
#ifndef 标识符
    程序段
#endif
```

为条件编译命令。#ifndef SR04_H 语句会查找标识符 SR04_H 是否在程序的其他位置被#define 定义过。若没有被定义过,则定义该标识符。这样的写法主要是为了防止重复地包含某文件,避免程序编译出错。

4.3.6 版本兼容

SR04.h 头文件中还有一段条件编译命令,即:

```
#if defined(ARDUINO) && ARDUINO >= 100
    #include "Arduino.h"
#else
    #include "WProgram.h"
#endif
```

以上使用的条件编译预处理命令的一般形式为:

```
#if 表达式
    程序段 1
#else
    程序段 2
#endif
```

以上条件编译命令的目的是增加 Arduino IDE 版本的兼容性。

在 Arduino IDE 1.0 之前的版本中,Arduino 核心库文件使用的主要函数声明的头文件为 WProgram.h,而在 Arduino IDE 1.0 之后的版本中,核心库文件使用的主要函数声明的头文件为 Arduino.h。

ARDUINO 为系统变量,其中保存了该 IDE 的版本号。添加这段预编译语句,可以使编译器自动判断正在使用的 IDE 版本,从而调用正确的头文件。

4.3.7 编写.cpp 文件

下面要建立一个 SR04.cpp 文件。

在 SR04.cpp 文件中,需要写出头文件中声明的成员函数的具体实现代码。

完整的代码如下。

```
//2012-4-27  奈何 col From OpenJumper.com
#if ARDUINO >= 100
  #include "Arduino.h"
#else
  #include "WProgram.h"
#endif
#include "SR04.h"

SR04::SR04(int TP, int EP)
{
   pinMode(TP,OUTPUT);
   pinMode(EP,INPUT);
   Trig_pin=TP;
   Echo_pin=EP;
}

float SR04::Get()
{
   digitalWrite(Trig_pin, LOW);
   delayMicroseconds(2);
   digitalWrite(Trig_pin, HIGH);
   delayMicroseconds(10);
   digitalWrite(Trig_pin, LOW);
   float distance = pulseIn(Echo_pin, HIGH) / 58.00;
   return distance;
}
```

需要注意的是，.cpp 文件中也必须包含需要用到的头文件，即：

```
#if ARDUINO >= 100
  #include "Arduino.h"
#else
  #include "WProgram.h"
#endif
#include "SR04.h"
```

在编写 SR04 类库时，在 SR04.h 文件中声明 SR04 类及其成员函数，在 SR04.cpp 文件中定义其成员函数的实现方法。当在类声明以外定义成员函数时，需要使用域操作符“::”来说明该函数作用于 SR04 类。

4.3.8 关键字高亮显示

至此一个 SR04 超声波类库编写完成了，但它还不是一个完美的 Arduino 类库，因为它还没有一个可以让 Arduino IDE 识别并能够高亮显示关键字的 keywords.txt 文件，因此需要再建立一个 keywords.txt 文件，并键入以下代码：

```
SR04      KEYWORD1
Get       KEYWORD2
```

需要注意的是,“SR04 KEYWORD1”及“Get KEYWORD2”之间的空格应该用键盘上的“Tab”键输入。

在 Arduino IDE 的关键字高亮中,会将 KEYWORD1 识别为数据类型高亮方式,将 KEYWORD2 识别为函数高亮方式。

有了 keywords. txt 文件,当在 Arduino IDE 里使用该类库时,就能看到代码的高亮效果了。

现在,一个完整的 Arduino 类库就建立好了。

在使用该类库时,需要在 Arduino IDE 安装目录下的 libraries 文件夹中新建一个名为 SR04 的文件夹,并将 SR04. h、SR04. cpp、keywords. txt 三个文件放入该文件夹中,如图 4-5 所示。

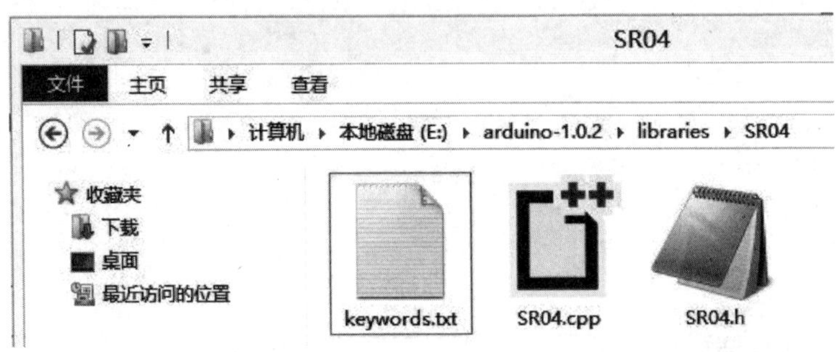

图 4-5 一个完整的 Arduino 类库

4.3.9 建立示例程序

为了方便其他用户学习和使用你编写的类库,还可以在 SR04 文件夹中新建个 examples 文件夹,并放入你提供的示例程序,以便其他使用者学习和使用这个类库。这里,在 examples 文件夹中新建了一个 SR04_Example 文件夹,并放入了一个 SR04_Example. ino 文件(图 4-6)。

需要注意的是,. ino 文件所在的文件夹需要与该. ino 文件同名,如图 4-6 所示。

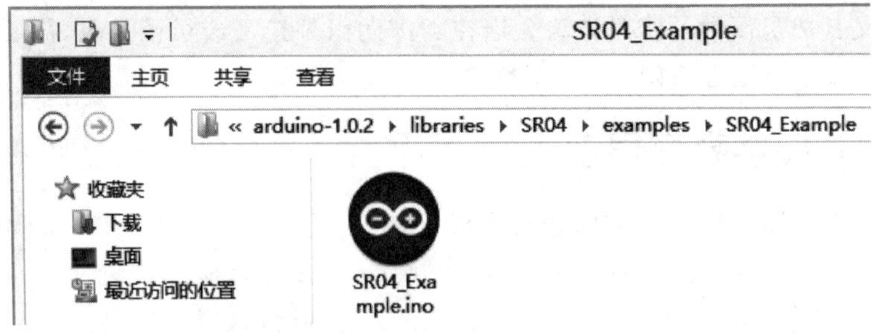

图 4-6 添加示例程序

SR04_Example.ino 文件的完整程序代码如下。

```
//2012-4-27 奈何 col From OpenJumper.com
#include "SR04.h"
SR04 sr04 = SR04(2,3);
void setup()
{
  Serial.begin(9600);
}
void loop()
{
  float distance = sr04.Get();
  Serial.print(distance);
  Serial.print("cm");
  Serial.println();
}
```

至此,一个完整的 Arduino 类库就建立完成了。现在重启 Arduino IDE,在"文件"→"示例"→SR04 菜单中可以找到该示例程序。编译并下载该示例程序到 Arduino控制器,以验证新建的类库是否还需要修改。

4.4 类库优化与发布

为了便于理解和学习 Arduino 类库的编写方法,笔者在教学中将类库进行了一定的简化。在使用类库过程中可能会遇到一些检测出错的情况,例如检测到的距离过大或为零等,这时可以对该类库进行优化,使之达到更好的检测效果。

下面给出三种优化思路,大家可以自己尝试优化该类库:

① 当检测到的距离超出了超声波可检测的范围(3～450 cm)时,输出错误信息或者重新检测。

② 每次检测时检测两次或者多次,将得到的值做比较,如果偏差较大,则认为是检测出错,并放弃检测结果,重新检测距离。

③ 使用 pulseIn(pin, value, timeout)函数取代 pulseIn(pin, value)函数来检测脉冲宽度,通过限定检测脉冲的超时时间来限定超声波传感器的检测距离。

最后,希望大家秉承开源共享的精神,将你的类库发布到 Arduino.cn 或 Github 等社区上与大家分享。

第5章

通信篇

本章将会深入了解 Arduino 与外部设备的通信方式，这些通信方式均属于串行通信。串行通信是相对于并行通信的一个概念。如图 5－1 所示，并行通信虽然可以多位数据同时传输，速度更快，但其占用的 I/O 口较多，而 Arduino 的 I/O 资源较少，因此在 Arduino 中更常使用的是串行通信方式。

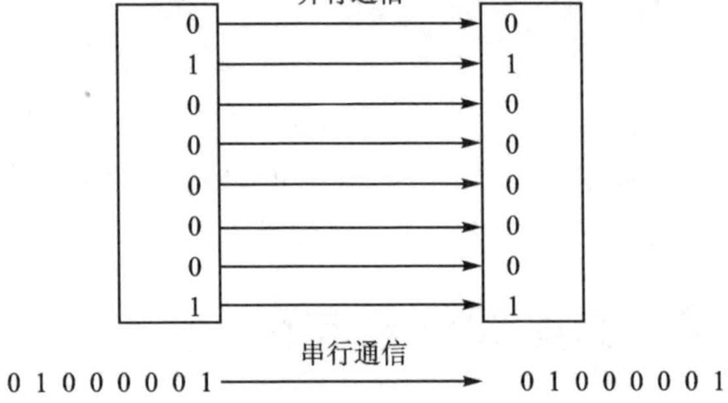

图 5－1　并行通信与串行通信

Arduino 硬件集成了串口、IIC、SPI 三种常见的通信方式，掌握了这三种通信类库的用法，即可与具有相应通信接口的各种设备通信，也可以为基于这些通信方式的传感器或模块编写驱动程序。

5.1　硬件串口通信——HardwareSerial 类库的使用

串口，也称 UART（Universal Asynchronous Receiver Transmitter，通用异步（串行）收/发器）接口，是指 Arduino 硬件集成的串口。

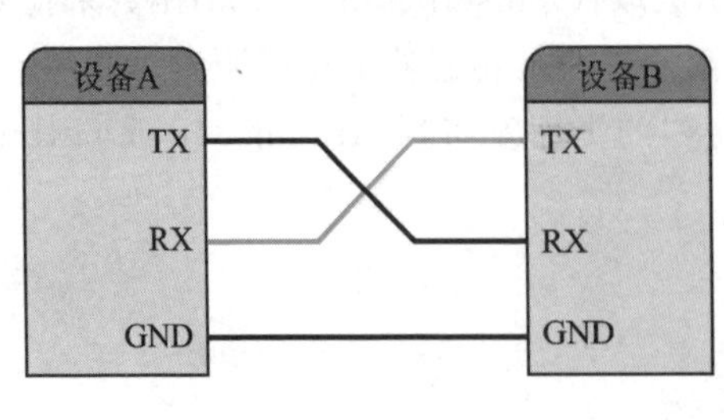

图 5－2　串口通信示意图

在第 2 章中学习了串口的基本用法，通过将 Arduino 上的 USB 接口与计算机连接而进行 Arduino 与计算机之间的串口通信。除此之外，还可以使用串口引脚连接其他的串口设备进行通信。需要注意的是，通常一个串口只能连接一个设备进行通信。

连接示意图如图 5－2 所示，在进行串

口通信时，两个串口设备间需要发送端(TX)与接收端(RX)交叉相连，并共用电源地(GND)。

在 Arduino UNO 及其他使用ATmega328 芯片的 Arduino 控制器中，只有一组串行端口，即位于 0(RX)和 1(TX)的引脚。

1. 其他 Arduino 上的串口位置

如图 5-3 所示，在 Arduino MEGA 和 Arduino Due 上，有 4 组 UART 端口，程序中对应的对象分别为 Serial、Serial1、Serial2 和 Serial3。

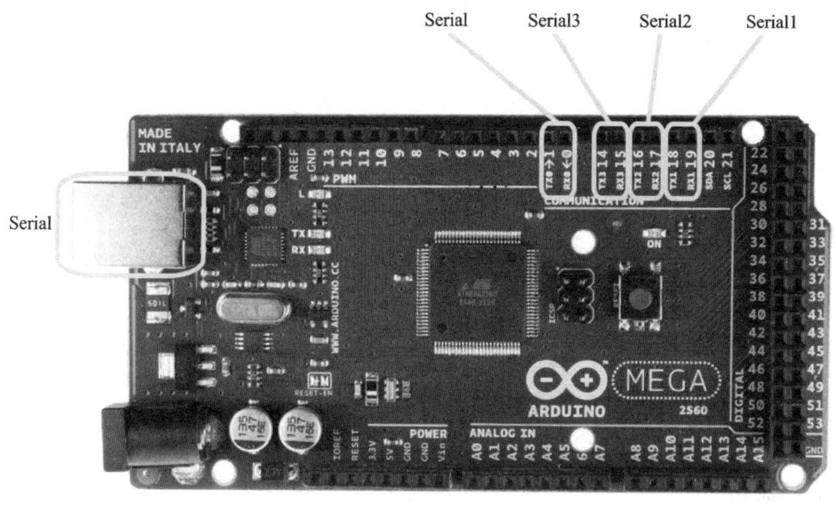

图 5-3　Arduino MEGA 的串口分布

如图 5-4 所示，在 Arduino Leonardo 上，与计算机通信的串口对象为 Serial；0 和 1 号引脚对应的串口对象为 Serial1。

图 5-4　Arduino Leonardo 的串口分布

2. 串口工作原理

在 Arduino 与其他器件通信的过程中,数据传输实际上都是以数字信号(即电平高低变化)的形式进行的,串口通信也是如此。当使用 Serial. print()函数输出数据时,Arduino 的发送端会输出一连串的数字信号,称这些数字信号为数据帧。

例如,当使用 Serial. print('A')语句发送数据时,实际发送的数据帧格式如图 5-5 所示。

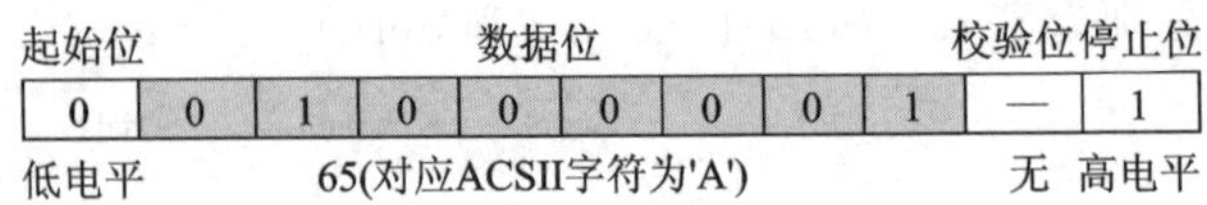

图 5-5 串口数据帧格式

(1) 起始位

起始位总为低电平,是一组数据帧开始传输的信号。

(2) 数据位

数据位是一个数据包,其中承载了实际发送的数据的数据段。当 Arduino 通过串口发送一个数据包时,实际的数据可能不是 8 位的,比如,标准的 ASCII 码是 0～127(7 位)。而扩展的 ASCII 码则是 0～255(8 位)。如果数据使用简单的文本(标准 ASCII 码),那么每个数据包将使用 7 位数据。Arduino 默认使用 8 位数据位,即每次可以传输 1 B 数据。

(3) 校验位

校验位是串口通信中一种简单的检错方式。可以设置为偶校验或者奇校验。当然,没有校验位也可以。Arduino 默认无校验位。

(4) 停止位

每段数据帧的最后都有停止位表示该段数据帧传输结束。停止位总为高电平,可以设置停止位为 1 位或 2 位。Arduino 默认是 1 位停止位。

当串口通信速率较高或外部干扰较大时,可能会出现数据丢失的情况。为了保证数据传输的稳定性,最简单的方式就是降低通信波特率或增加停止位和校验位。在 Arduino 中,可以通过 Serial. begin(speed, config)语句配置串口通信的数据位、停止位和校验位参数。config 的可用配置参见附录 A. 6 的内容。

5.1.1 HardwareSerial 类库成员函数

HardwareSerial 类位于 Arduino 核心库中,Arduino 默认包含了该类,因此可以不再使用 include 语句进行调用。其成员函数如下。

1. available()

功能:获取串口接收到的数据个数,即获取串口接收缓冲区中的字节数。接收缓冲区最多可保存 64 B 的数据。

语法：Serial. available()

参数：无。

返回值：可读取的字节数。

2. begin()

功能：初始化串口。该函数可配置串口的各项参数。

语法：

Serial. begin(speed)

Serial. begin(speed, config)

参数：

speed，波特率。

config，数据位、校验位、停止位配置。可以在附录 A. 6 中查找 config 的可用配置。

例如，Serial. begin(9600，SERIAL_8E2)语句设置串口波特率为 9 600，数据位为 8，偶校验，停止位为 2。

返回值：无。

3. end()

功能：结束串口通信。该操作可以释放该串口所在的数字引脚，使其作为普通数字引脚使用。

语法：Serial. end()

参数：无。

返回值：无。

4. find()

功能：从串口缓冲区读取数据，直至读到指定的字符串。

语法：Serial. find(target)

参数：target，需要搜索的字符串或字符。

返回值：boolean 型值，为 true 表示找到，为 false 表示没有找到。

5. findUntil()

功能：从串口缓冲区读取数据，直至读到指定的字符串或指定的停止符。

语法：Serial. findUntil(target, terminal)

参数：

target，需要搜索的字符串或字符。

terminal，停止符。

返回值：无。

6. flush()

功能：等待正在发送的数据发送完成。

需要注意的是,在早期的 Arduino 版本中(1.0 之前),该函数用做清空接收缓冲区。

语法:Serial. flush()

参数:无。

返回值:无。

7. parseFloat()

功能:从串口缓冲区返回第一个有效的 float 型数据。

语法:Serial. parseFloat()

参数:无。

返回值:float 型数据。

8. parseInt()

功能:从串口流中查找第一个有效的整型数据。

语法:Serial. parseInt()

参数:无。

返回值:int 型数据。

9. peek()

功能:返回 1 字节的数据,但不会从接收缓冲区删除该数据。

与 read()函数不同,read()函数读取数据后,会从接收缓冲区删除该数据。

语法:Serial. peek()

参数:无。

返回值:进入接收缓冲区的第 1 字节的数据;如果没有可读数据,则返回−1。

10. print()

功能:将数据输出到串口。数据会以 ASCII 码形式输出。如果想以字节形式输出数据,则需要使用 write()函数。

语法:

Serial. print(val)

Serial. print(val, format)

参数:

val,需要输出的数据。

format,分两种情况:

① 输出的进制形式,包括:

- BIN(二进制);
- DEC(十进制);
- OCT(八进制);
- HEX(十六进制)。

② 指定输出的 float 型数据带有小数的位数(默认输出 2 位),例如:

- Serial.print(1.23456)输出为"1.23";
- Serial.print(1.23456, 0) 输出为"1";
- Serial.print(1.23456, 2) 输出为"1.23";
- Serial.print(1.23456, 4) 输出为"1.2345"。

返回值:输出的字节数。

11. println()

功能:将数据输出到串口,并回车换行。数据会以 ASCII 码形式输出。

语法:

Serial.println(val)

Serial.println(val, format)

参数:

val,需要输出的数据。

format,分两种情况:

① 输出的进制形式,包括:

- BIN(二进制);
- DEC(十进制);
- OCT(八进制);
- HEX(十六进制)。

② 指定输出的 float 型数据带有小数的位数(默认输出 2 位),例如:

- Serial.println(1.23456) 输出为"1.23";
- Serial.println(1.23456, 0) 输出为"1";
- Serial.println(1.23456, 2) 输出为"1.23";
- Serial.println(1.23456, 4) 输出为"1.2345"。

返回值:输出的字节数。

12. read()

功能:从串口读取数据。

与 peek()函数不同,read()函数每读取 1 字节,就会从接收缓冲区移除 1 字节的数据。

语法:Serial.read()

参数:无。

返回值:进入串口缓冲区的第 1 个字节;如果没有可读数据,则返回−1。

13. readBytes()

功能:从接收缓冲区读取指定长度的字符,并将其存入一个数组中。若等待数据时间超过设定的超时时间,则退出该函数。

语法:Serial. readBytes(buffer, length)

参数:

buffer,用于存储数据的数组(char[]或者 byte[])。

length,需要读取的字符长度。

返回值:读到的字节数;如果没有找到有效的数据,则返回 0。

14. readBytesUntil()

功能:从接收缓冲区读取指定长度的字符,并将其存入一个数组中。如果读到停止符,或者等待数据时间超过设定的超时时间,则退出该函数。

语法:Serial. readBytesUntil(character, buffer, length)

参数:

character,停止符。

buffer,用于存储数据的数组(char[]或者 byte[])。

length,需要读取的字符长度。

返回值:读到的字节数;如果没有找到有效的数据,则返回 0。

15. setTimeout()

功能:设置超时时间。用于设置 Serial. readBytesUntil()函数和 Serial. readBytes()函数的等待串口数据时间。

语法:Serial. setTimeout(time)

参数:

time,超时时间,单位为毫秒。

返回值:无。

16. write()

功能:输出数据到串口。以字节形式输出到串口。

语法:

Serial. write(val)

Serial. write(str)

Serial. write(buf, len)

参数:

val,发送的数据。

str,String 型的数据。

buf,数组型的数据。

len,缓冲区的长度。

返回值:输出的字节数。

5.1.2 print()和 write()输出方式的差异

在 HardwareSerial 类中有 print()和 write()两种输出函数，两者都可以输出数据，但输出形式并不相同。

可以使用以下示例程序来比较两者的差别。

```
/*
串口的高级用法
print()和 write()的使用
Arduino.cn
*/

float FLOAT = 1.23456;
int INT = 123;
byte BYTE[6] = {48,49,50,51,52,53};

void setup(){
  Serial.begin(9600);
  //print 的各种输出形式
  Serial.println("Serial Print:");
  Serial.println(INT);
  Serial.println(INT, BIN);
  Serial.println(INT, OCT);
  Serial.println(INT, DEC);
  Serial.println(INT, HEX);
  Serial.println(FLOAT);
  Serial.println(FLOAT, 0);
  Serial.println(FLOAT, 2);
  Serial.println(FLOAT, 4);

  //write 的各种输出形式
  Serial.println();
  Serial.println("Serial Write:");
  Serial.write(INT);
  Serial.println();
  Serial.write("Serial");
  Serial.println();
  Serial.write(BYTE,6);
}

void loop(){
}
```

运行以上程序，打开串口监视器，输出结果如图 5-6 所示。

当使用 print()发送一个数据时，Arduino 发送的并不是数据本身，而是将数据

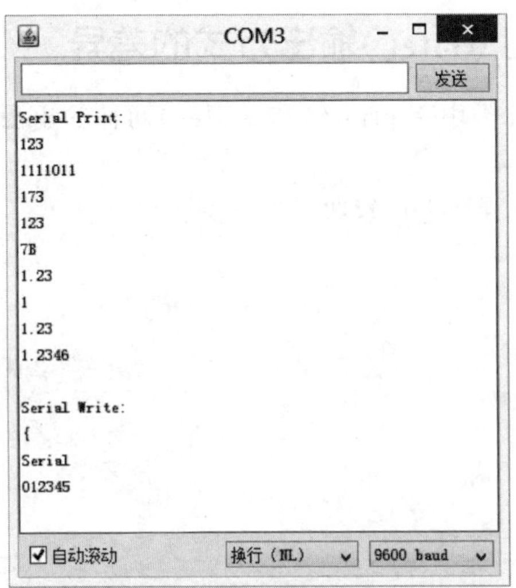

图 5-6　print()和 write()输出的不同数据

转换为字符,再将字符对应的 ASCII 码发送出去,串口监视器收到 ASCII 码,则会显示对应的字符。因此使用 print()函数是以 ASCII 码形式输出数据到串口。

而当使用 write()函数时,Arduino 发送的是数值本身。但串口监视器接收到数据后,会将数值当做 ASCII 码而显示其对应的字符。

因此,当使用 Serial.write(INT)输出一个整型数 123 时,显示出的字符为“{”,因为 ASCII 码 123 对应的字符为“{”;当使用 Serial.write(BYTE,6)输出一个数组时,显示出来的是“012345”,因为数组{48,49,50,51,52,53}中的各元素是字符“0”、“1”、“2”、“3”、“4”、“5”对应的 ASCII 码,而串口监视器会自动将数据作为 ASCII 码,显示出对应的字符。

5.1.3　read()和 peek()输入方式的差异

串口接收到的数据都会暂时存放在接收缓冲区中,使用 read()和 peek()函数都是从接收缓冲区中读取数据。不同的是,当使用 read()读取数据后,会将该数据从接收缓冲区中移除;而当使用 peek()读取数据时,不会移除接收缓冲区中的数据。

下面先来看使用 read()读取数据的结果,示例程序代码如下。

```
//read()函数读取串口数据
char col;
void setup() {
  Serial.begin(9600);
}

void loop() {
  while(Serial.available()>0){
    col = Serial.read();
```

```
    Serial.print("Read: ");
    Serial.println(col);
    delay(1000);
  }
}
```

下载以上程序，打开串口监视器，向 Arduino 发送“hello”，则会看到如图 5-7 所示的信息，串口依次输出了刚才发送的字符，输出完成后，串口便开始等待下一次输出。

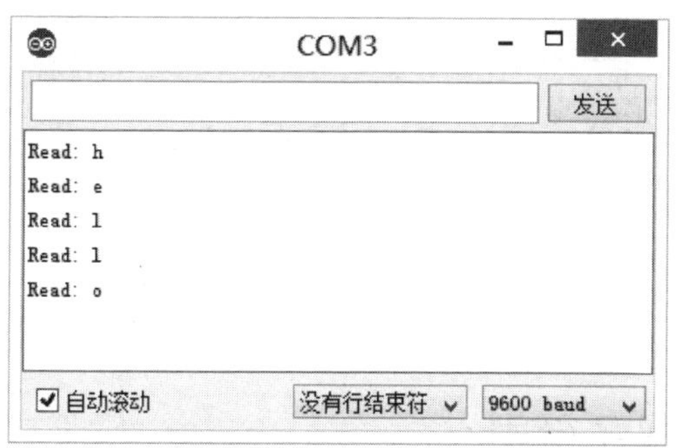

图 5-7　使用 read()函数读取的数据

然后再看使用 peek()读取数据的结果，示例程序代码如下。

```
//peek()函数读取串口数据

char col;
void setup() {
  Serial.begin(9600);
}

void loop() {
  while(Serial.available()>0){
    col = Serial.peek();
    Serial.print("Read: ");
    Serial.println(col);
    delay(1000);
  }
}
```

下载以上程序，打开串口监视器，则可看到如图 5-8 所示的输出信息。

peek()函数在读取数据时，不会移除缓冲区中的数据，因此使用 available()获得的缓冲区可读字节数不会改变，且每次读取时，都是当前缓冲区的第 1 个字节。

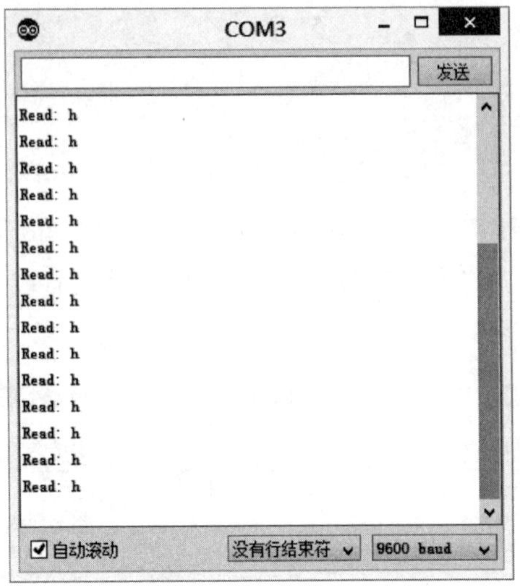

图 5-8　使用 peek()函数读取的数据

5.1.4　串口读取字符串

当使用 read()函数时,每次仅能读取 1 字节的数据,如果要读取一个字符串,则可使用"+="运算将字符依次添加到字符串中。

示例程序代码如下。

```
//Read String
void setup() {
  Serial.begin(9600);
}
void loop() {
  String inString = "";
  while (Serial.available() > 0) {
    char inChar = Serial.read();
    inString += (char)inChar;
    //延时函数用于等待输入字符完全进入接收缓冲区
    delay(10);
  }
  // 检查是否接收到数据,如果接收到,则输出该数据
  if(inString! = ""){
    Serial.print("Input String: ");
    Serial.println(inString);
  }
}
```

下载程序后，打开串口监视器，键入任意字符(图5-9)，则会看到Arduino返回了刚才输入的数据。

以上程序中使用了延时语句delay(10)，它在读取字符串时至关重要。可以尝试删除delay(10)后下载并运行修改后的程序，则可能会得到如图5-10所示的运行结果。这是由于Arduino程序运行速度很快，而当Arduino读完第一个字符，进入下一次while循环时，输入的数据还没有完全传输进Arduino的串口缓冲区，串口还未接收到下一个字符，此时Serial.available()的返回值就会为0，而Arduino是在第二次loop()循环中才检查到下一个字符，因此就输出了这样的错误结果。

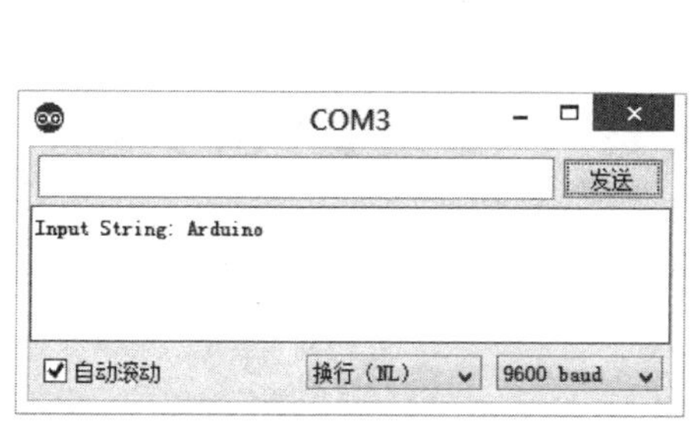

图5-9　串口读取字符串

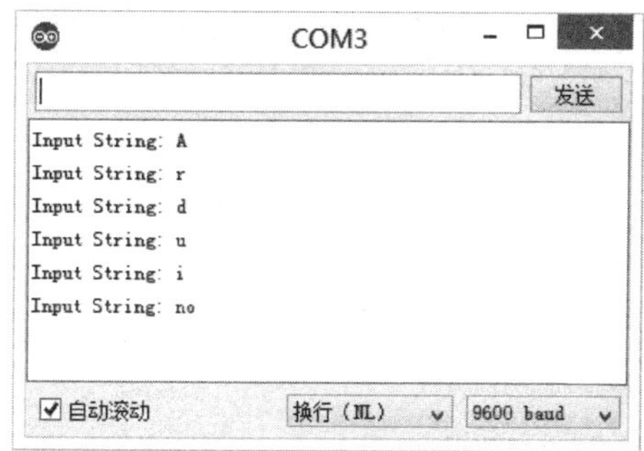

图5-10　删除delay(10)语句后的结果

还有一种避免此类错误的方式，即使用停止符。当读取到指定的停止符时，才结束本次读取，详见5.1.5小节"串口事件"的相关示例程序。

5.1.5　串口事件

在Arduino 1.0版本中，新增加了serialEvent()事件，这是一个从Processing串口通信库中提取的函数。在Arduino中，serialEvent()并非真正意义上的事件，因此无法做到实时响应。

但使用serialEvent()仍可改善程序结构，使程序脉络更为清晰。

serialEvent()事件的功能是：当串口接收缓冲区中有数据时，会触发该事件。用法是：

```
void serialEvent(){}
```

对于Arduino MEGA控制器，还可以使用以下形式。

```
void serialEvent1(){}
void serialEvent2(){}
void serialEvent3(){}
```

当定义了serialEvent()函数，便启用了该事件。当串口缓冲区中存在数据时，该函数便会运行。

需要注意的是,这里的 serialEvent()事件并不能立即做出响应,而仅仅是一个伪事件。当启用该事件时,其实是在两次 loop()循环之间检测串口缓冲区中是否有数据,如果有数据则调用 serialEvent()函数。

可以在 IDE 中通过选择"文件"→示例→04. Communication→SerialEvent 菜单项找到以下程序。

```
/*
  Serial Event example

 When new serial data arrives, this sketch adds it to a String.
 When a newline is received, the loop prints the string and clears it.

 This example code is in the public domain.
 http://www.arduino.cc/en/Tutorial/SerialEvent
 */

String inputString = "";            // 用于保存输入数据的字符串
boolean stringComplete = false;  // 字符串是否已接收完全

void setup() {
  // 初始化串口
  Serial.begin(9600);
  // 设置字符串存储量为 200 字节
  inputString.reserve(200);
}

void loop() {
  // 当收到新的一行字符串时,输出该字符串
  if (stringComplete) {
    Serial.println(inputString);
    // 清空字符串
    inputString = "";
    stringComplete = false;
  }
}

/*
 当一个新的数据被串口接收到时会触发 SerialEvent 事件,
 serialEvent()函数中的程序会在两次 loop()之间运行,
 因此,如果 loop 中有延时程序,则会延迟该事件的响应,
 造成数个字节的数据都可以被接收
 */
void serialEvent() {
  while (Serial.available()) {
    // 读取新的字节
```

```
        char inChar = (char)Serial.read();
        // 将新读到的字节添加到 inputString 字符串中
        inputString += inChar;
        // 如果收到换行符,则设置一个标记
        // 再在 loop()中检查该标记,用以执行相关操作
        if (inChar == '\n') {
          stringComplete = true;
        }
      }
    }
```

打开串口监视器,键入任意字符并发送,如图 5－11 所示,则可看到 Arduino 返回了刚才输入的字符。

因为程序要收到停止符后才会结束一次读字符串的操作,并输出读到的数据,而程序中将换行符"\n"设为了停止符,因此就必须将串口监视器下方的第一个下拉菜单设置为"换行(NL)"才行。

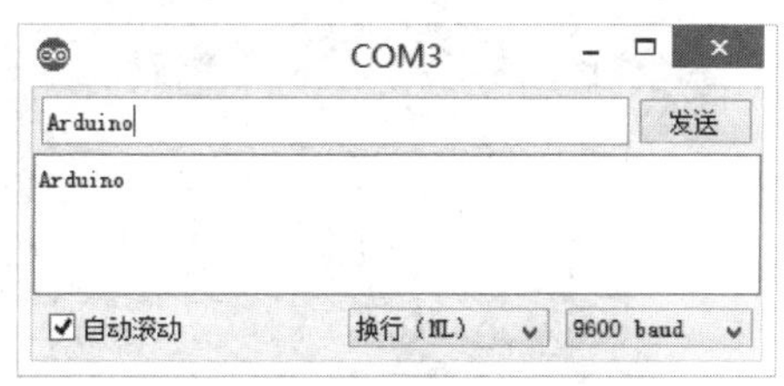

图 5－11　使用停止符的效果

serialEvent()是 Arduino 1.0 版本新增加的内容,使用它能使程序结构更清晰,但需要注意,它仅仅是一个运行在两次 loop()之间的函数。

5.1.6　串口缓冲区

在之前的示例程序中,均采用人工输入数据的方式测试程序效果。该方式的特点是单次输入的数据量不大。Arduino 每接收到一次数据,就会将数据放入串口缓冲区中。但是,当使用其他串口设备或者传输的数据量逐步增加后,可能出现写入的数据有部分丢失的情况。这是因为 Arduino 默认设定了串口缓冲区为 64 字节。当其中数据超过 64 字节后,Arduino 会将之后接收到的数据丢弃。

通过宏定义的方式可以增大串口读写缓冲区的空间,可以在 Arduino 的安装目录下 Arduino\hardware\arduino\avr\cores\arduino\ HardwareSerial.h 中修改 SERIAL_TX_BUFFER_SIZE 和 SERIAL_RX_BUFFER_SIZE 两个宏定义。

缓冲区实际上就是在 Arduino 的 RAM 上开辟临时存储空间。因此在设定缓冲区时,其大小不能超过 Arduino 本身的 RAM 大小。又因为还要在 RAM 上进行其他数据的存储,所以并不能将所有 RAM 空间都分配给串口缓冲区。如果项目开发中,有增大串口缓冲区的必要,可以酌情修改缓冲区的大小。

5.1.7　实验:串口控制 RGB LED 调光

下面将制作一个可通过串口调光的全彩 LED 灯,即可以通过串口发送数据使

LED 显示各种不同的颜色。

1. 实验所需材料

实验所需材料包括 Arduino UNO、面包板、1 个共阳极的 RGB LED、3 个 220 Ω 电阻。

2. 连接示意图

串口控制 RGB LED 调光实验连接示意图如图 5-12 所示。

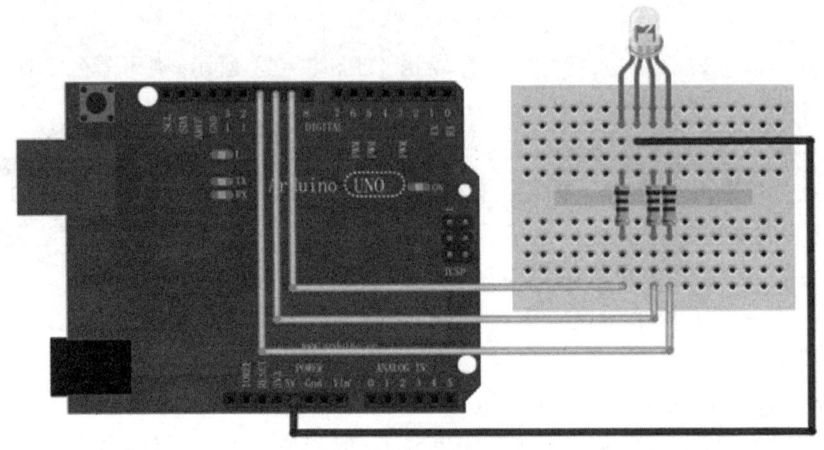

图 5-12 串口控制 RGB LED 调光实验连接示意图

3. 实现方法分析

如图 5-12 所示,使用 9、10、11 三个带有 PWM 输出功能的引脚分别调节 RGB 三种颜色发光。

在编写程序之前需要制定一个能让 Arduino 读取的数据格式,这里的数据输入格式设定为一个大写字母加一个数字。如"A255",代表 9 号引脚,输出 PWM 的值为 255。

由于使用串口监视器,因此数据都是以 ASCII 码形式发送到 Arduino 中的,Arduino 接收到的只是一个字符串,需要做的工作是将该字符串的英文部分与数字部分分离开,用英文部分来选择要控制的 PWM 调光引脚,用数字部分来指定 PWM 的数值。

4. 程序代码

程序代码如下。

```
/*
OpenJumper Example
串口 RGB LED 调光
奈何 col   2013.2.20
www.openjumper.com
*/
```

```
int i;                             //保存 PWM 需要输出的值
String inString = "";              //输入的字符串
char LED = ' ';                    //用于判断指定 LED 颜色对应的引脚
boolean stringComplete = false;   //用于判断数据是否读取完成

void setup() {
  //初始化串口
  Serial.begin(9600);
}
void loop() {
  if (stringComplete)
  {
    if (LED == 'A'){
      analogWrite(9,i);
    }
    else if (LED == 'B'){
      analogWrite(10,i);
    }
    else if (LED == 'C'){
      analogWrite(11,i);
    }
    // 清空数据，为下一次读取做准备
    stringComplete = false;
    inString = "";
    LED = ' ';
  }
}

//使用串口事件
// 读取并分离字母和数字
void serialEvent() {
  while (Serial.available()) {
    // 读取新的字符
    char inChar = Serial.read();
    //根据输入数据进行分类
    // 如果是数字，则存储到变量 inString 中
    // 如果是英文字符，则存储到变量 LED 中
    // 如果是结束符"\n"，则结束读取，并将 inString 转换为 int 类型数据
    if (isDigit(inChar)) {
      inString += inChar;
    }
    else if (inChar == '\n') {
      stringComplete = true;
```

```
            i = inString.toInt();
        }
        else LED = inChar;
    }
}
```

打开串口监视器,并发送“B123”“C0”“A95”等数据,则会看到 RGB LED 按照发送的信息调节了颜色。

程序中使用了换行符“\n”作为停止符,因此必须将串口监视器下方的第一个下拉菜单设置为“换行(NL)”。

掌握串口的使用后,便可以尝试编写各种用串口控制 Arduino 的程序了。

5.1.8 更好的串口监视器——串口调试助手

Arduino IDE 自带的串口监视器虽然简单易用,但只提供了基本的串口通信功能,而且能够修改的也只有波特率和结束符这两个设置,当需要完成一些高级的串口功能时,就不那么适合了。因此这里推荐一款串口助手软件——Arduino 串口助手(图 5-13),使用它可以更好地调试 Arduino 的串口通信。

可以从网址 http://clz.me/arduino-tool/sa 下载 Arduino 串口助手软件。

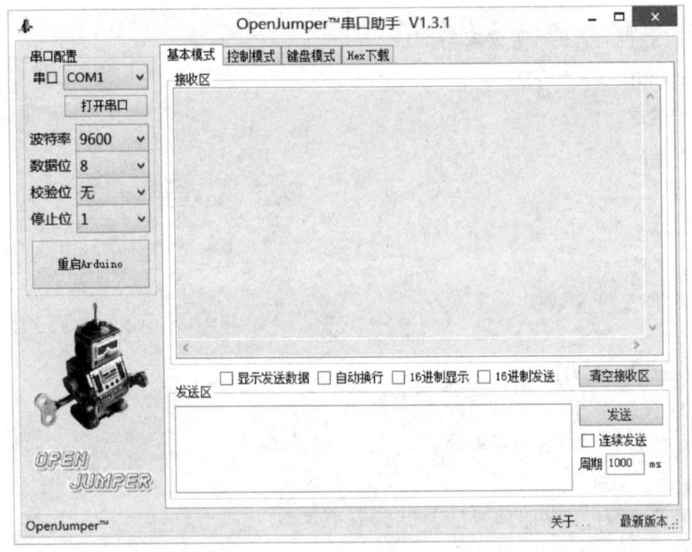

图 5-13 Arduino 串口助手软件

5.1.9 串口绘图器

串口绘图器是新版本(1.6.x 以上)IDE 增加的一个功能,可以直观的对数据进行线性的显示,使用方法也非常简单。

程序如下

```
/*
串口绘图器
2016.5.30
Mostblack
 */
void setup() {
Serial.begin(9600);                //初始化串口
for (int i = 0;i< = 100;i++)       //串口输出从 0 到 100;
{
Serial.println(i);
}
for(int i  = 100;i> = 0;i--)       //串口输出从 100 到 0;
{Serial.println(i);}
}
//只运行一次,LOOP 空
void loop() {
}
```

烧录至 Arduino 中,然后单击工具→串口绘图器,如图 5-14、5-15 所示。

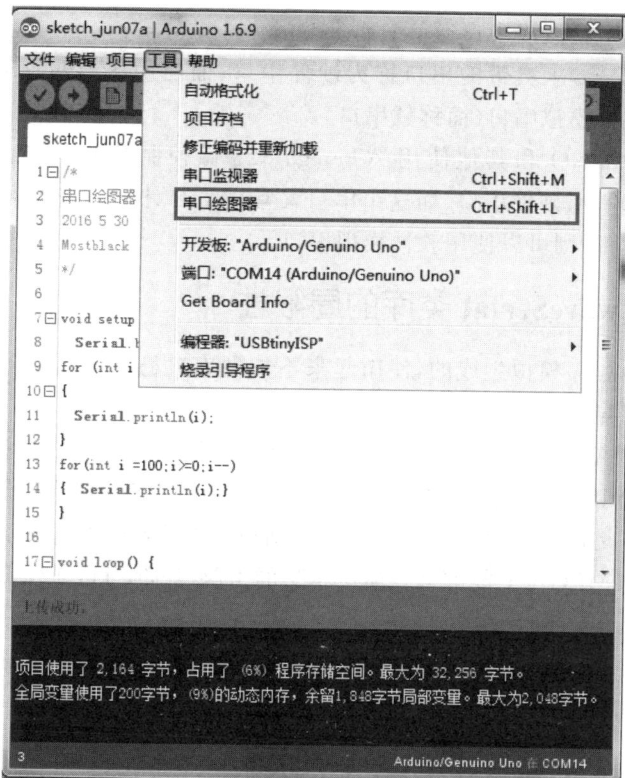

图 5-14　Arduino 串口绘图器

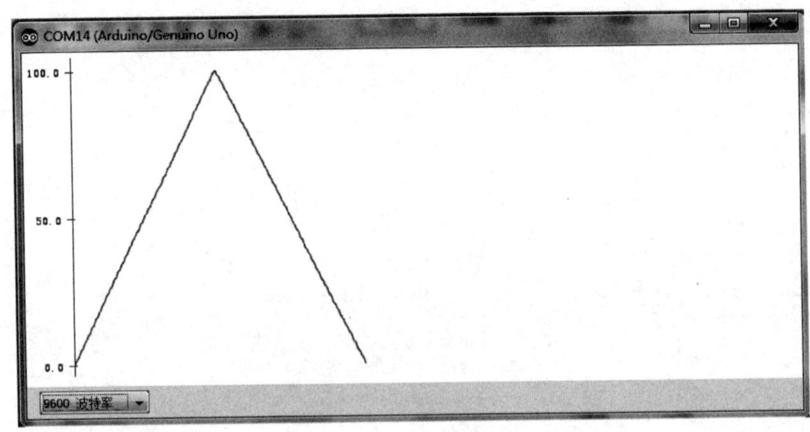

图 5-15 数据输出示意

5.2 软件模拟串口通信——SoftwareSerial 类库的使用

除 HardwareSerial 类库外,Arduino 还提供了 SoftwareSerial 类库,可将其他数字引脚通过程序来模拟成串口通信引脚。

通常将 Arduino 上自带的串口称为硬件串口,而使用 SoftwareSerial 类库模拟成的串口称为软件模拟串口(简称软串口)。

在 Arduino UNO 和其他使用 ATmega 328 做控制核心的 Arduino 上,只有 0(RX)和 1(TX)一组硬件串口,而这组串口又常用于与计算机进行通信。如果还想连接其他串口设备,则可以使用软件模拟串口。

5.2.1 SoftwareSerial 类库的局限性

软串口是由程序模拟生成的,使用起来不如硬串口稳定,并且与硬串口一样,波特率越高越不稳定。

软串口通过 AVR 芯片的 PCINT 中断功能来实现,在 Arduino UNO 上,所有引脚都支持 PCINT 中断,因此所有引脚都可设置为软串口的 RX 接收端。但在其他型号的 Arduino 上,并不是每个引脚都支持中断功能,所以只有特定的引脚可以设置为 RX 端。

在 Arduino MEGA 上能够被设置为 RX 的引脚有 10, 11, 12, 13, 50, 51, 52, 53, 62, 63, 64, 65, 66, 67, 68, 69。

在 Arduino Leonardo 上能够被设置为 RX 的引脚有 8, 9, 10, 11, 14 (MISO), 15 (SCK), 16 (MOSI)。

5.2.2 SoftwareSerial 类库成员函数

SoftwareSerial 类库并非 Arduino 核心类库,因此在使用它之前需要先声明包含

SoftwareSerial.h 头文件。其中定义的成员函数与硬串口的类似，而 available()、begin()、read()、write()、print()、println()、peek()等函数的用法也相同，这里就不一一列举了。

此外软串口还有如下成员函数：

1. SoftwareSerial()

功能：这是 SoftwareSerial 类的构造函数，通过它可以指定软串口的 RX 和 TX 引脚。

语法：

SoftwareSerial mySerial= SoftwareSerial(rxPin, txPin)

SoftwareSerial mySerial(rxPin, txPin)

参数：

mySerial，用户自定义软串口对象。

rxPin，软串口接收引脚。

txPin，软串口发送引脚。

2. listen()

功能：开启软串口监听状态。

Arduino 在同一时间仅能监听一个软串口，当需要监听某一软串口时，需要该对象调用此函数开启监听功能。

语法：mySerial.listen()

参数：mySerial，用户自定义的软串口对象。

返回值：无。

3. isListening()

功能：监测软串口是否正处于监听状态。

语法：mySerial.isListening()

参数：mySerial，用户自定义的软串口对象。

返回值：boolean 型值，为 true 表示正在监听，为 false 表示没有监听。

4. overflow()

功能：检测缓冲区是否已经溢出。软串口缓冲区最多可保存 64 B 的数据。

语法：mySerial.overflow()

参数：mySerial，用户自定义的软串口对象。

返回值：boolean 型值，为 true 表示溢出，为 false 表示没有溢出。

5.2.3　建立一个软串口通信

SoftwareSerial 类库是 Arduino IDE 默认提供的一个第三方类库，与硬串口不同，其声明并没有包含在 Arduino 核心库中，因此要想建立软串口通信，首先需要声

明包含 SoftwareSerial.h 头文件，然后就可以使用该类库中的构造函数来初始化一个软串口了，如语句

```
SoftwareSerial mySerial(2, 3);
```

即是新建一个名为 mySerial 的软串口，并将 2 号引脚作为 RX 端，3 号引脚作为 TX 端。

建立了软串口的实例后，还需要调用类库中的 listen()函数来开启该软串口的监听功能。最后便可以使用类似硬串口的函数进行通信。

5.2.4 实验：Arduino 间的串口通信

Arduino 可以与众多串口设备连接进行串口通信，但需要注意的是，当使用 0(RX)、1(TX)串口连接外部串口设备时，这组串口将被所连接的设备占用，从而可能会造成无法下载程序和通信异常的情况。因此，通常在连接外部设备时尽量避免使用 0(RX)、1(TX)这组串口。

1. 实验所需材料

实验所需材料包括 Arduino UNO、Arduino MEGA 和若干连接线。

2. 连接示意图

Arduino 间的串口通信实验的连接示意图如图 5－16 所示。

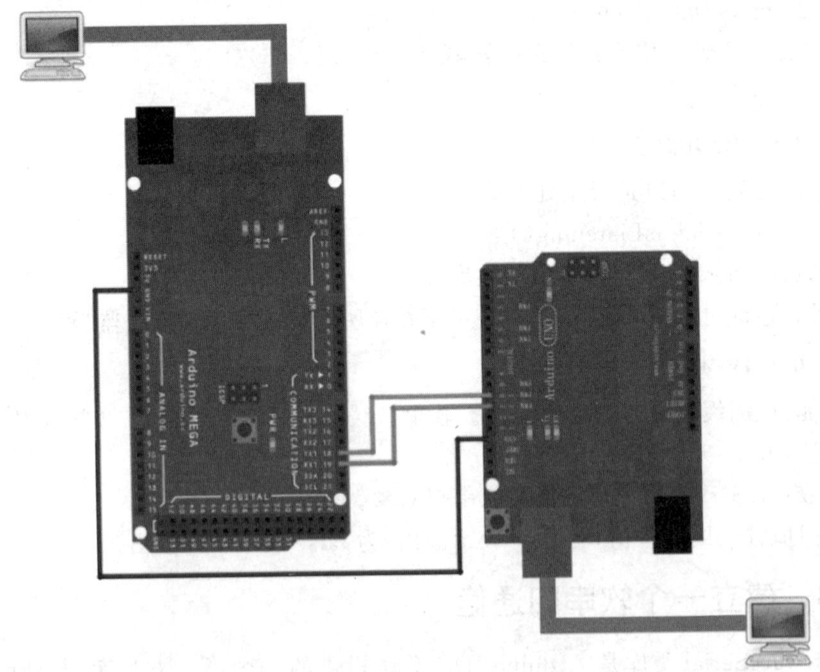

图 5－16 Arduino 间的串口通信实验的连接示意图

如图 5-16 所示，本实验将两个 Arduino 连接起来进行数据交换，在两台电脑间建立一个简单的串口聊天应用。Arduino MEGA 通过 Serial1，即 19（RX1）、18（TX1）与 Arduino UNO 的软串口 10（RX）、11（TX）相连。

程序的编写与 Arduino 连接计算机进行通信一样，其中通信设备 A——Arduino MEGA 端的程序如下。

```
/*
Arduino MEGA 端程序
串口使用情况：
Serial ------ computer
Serial1 ------ UNO SoftwareSerial
*/
void setup() {
  // 初始化 Serial,该串口用于与计算机连接通信
  Serial.begin(9600);
  // 初始化 Serial1,该串口用于与设备 B 连接通信
  Serial1.begin(9600);
}
// 两个字符串分别用于存储 A、B 两端传来的数据
String device_A_String = "";
String device_B_String = "";
void loop()
{
  // 读取从计算机传入的数据,并通过 Serial1 发送给设备 B
  if(Serial.available() > 0)
  {
    if(Serial.peek() != '\n')
    {
      device_A_String += (char)Serial.read();
    }
    else
    {
      Serial.read();
      Serial.print("you said: ");
      Serial.println( device_A_String );
      Serial1.println( device_A_String );
      device_A_String = "";
    }
  }
```

```
//读取从设备 B 传入的数据,并在串口监视器中显示
if(Serial1.available() > 0)
{
  if(Serial1.peek() != '\n')
  {
    device_B_String += (char)Serial1.read();
  }
  else
  {
    Serial1.read();
    Serial.print("device B said: ");
    Serial.println( device_B_String );
    device_B_String = "";
  }
}
}
```

通信设备 B——Arduino UNO 端的程序结构基本与 Arduino MEGA 端的一样,只是将 Serial1 换成了软串口,其代码如下:

```
/*
Arduino UNO 端程序
串口使用情况:
Serial ------ computer
softSerial ------ MEGA Serial1
*/
#include <SoftwareSerial.h>
//新建一个 softSerial 对象,RX:10,TX:11
SoftwareSerial softSerial(10, 11);
void setup() {
  //初始化串口通信
  Serial.begin(9600);
  //初始化软串口通信
  softSerial.begin(9600);
  // 监听软串口通信
  softSerial.listen();
}
// 两个字符串分别用于存储 A、B 两端传来的数据
String device_B_String = "";
String device_A_String = "";
```

```
void loop() {
  // 读取从计算机传入的数据,并通过 softSerial 发送给设备 A
  if (Serial.available() > 0)
  {
    if(Serial.peek() != '\n ')
    {
      device_B_String += (char)Serial.read();
    }
    else
    {
      Serial.read();
      Serial.print("you said: ");
      Serial.println( device_B_String );
      softSerial.println( device_B_String );
      device_B_String = "";
    }
  }
  //读取从设备 A 传入的数据,并在串口监视器中显示
  if (softSerial.available() > 0)
  {
    if(softSerial.peek() != '\n ')
    {
      device_A_String += (char)softSerial.read();
    }
    else
    {
      softSerial.read();
      Serial.print("device A said: ");
      Serial.println( device_A_String );
      device_A_String = "";
    }
  }
}
```

下载程序后,分别打开两个设备的串口监视器,选择各自对应的波特率,并将结束符设置为“换行和回车”,在两个串口监视器上随意输入字符,并发送,则会看到如图 5－17 所示的效果,这说明串口聊天项目已经成功地运行了。

在实际使用中可能还会用到其他串口设备,如串口无线透传模块、串口传感器等,只要是标准串口设备,其程序的编写方法都基本相同。

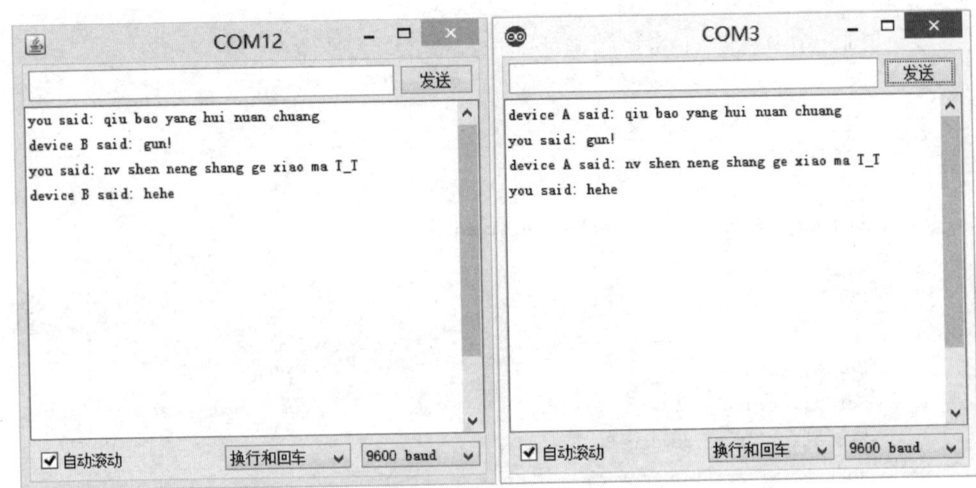

图 5-17　串口通信的两台设备的输出结果

5.2.5　同时使用多个软串口

当要连接多个串口设备时,还可以建立多个软串口,但限于软串口的实现原理,使得 Arduino 只能监听一个软串口,因此当存在多个软串口设备时,需要使用 listen()函数指定需要监听的设备。例如,若程序中存在 portOne 和 portTwo 两个软串口对象,则若想监听 portOne 对象,便需要执行 portOne. listen()语句,若想切换为监听 portTwo 对象,便需要执行 portTwo. listen()语句。

5.3　IIC 总线的使用——Wire 类库的使用

IIC(Inter-Integrated Circuit)总线类型是由飞利浦(Philips)半导体公司在 20 世纪 80 年代初设计出来的。如图 5-18 所示,使用 IIC 协议可以通过两根双向的总线(数据线 SDA 和时钟线 SCL)使 Arduino 连接最多 128 个 IIC 从机设备。在实现这种总线连接时,唯一需要的外部器件是每根总线上的上拉电阻。在目前使用的大多数 Arduino 相关 IIC 模块上,通常已经添加了上拉电阻,因此只需将 IIC 从机设备模块直接连接到 Arduino 的 IIC 接口上即可。

Arduino 控制器内部集成的这种两线串行接口,通常称为 TWI(Two-Wire serial Interface)接口。事实上,TWI 与 IIC 总线是一回事。

5.3.1　IIC 主机、从机与引脚

与串口的一对一通信方式不同,总线通信通常有主机(Master)和从机(Slave)之分。通信时,主机负责启动和终止数据传送,同时还要输出时钟信号;从机会被主机

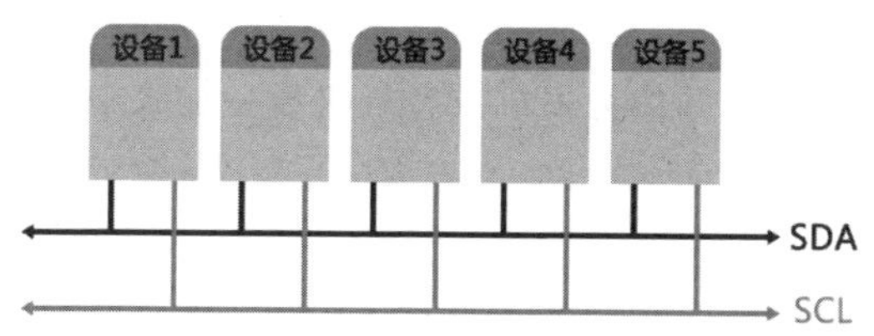

图 5-18 IIC 总线示意图

寻址，并且响应主机的通信请求。

在之前章节的学习中已经知道，串口通信双方需要事先约定同样的波特率才能正常进行通信。而在 IIC 通信中，通信速率的控制由主机完成，主机会通过 SCL 引脚输出时钟信号供总线上的所有从机使用。

同时，IIC 是一种半双工通信方式，即总线上的设备通过 SDA 引脚传输通信数据，数据的发送和接收由主机控制，切换进行。

如表 5-1 所列，在不同的 Arduino 控制器中，IIC 接口的位置不同。

如图 5-19 所示，在最新版的 Arduino 控制器中，数据线(SDA)和时钟线(SCL)被安排在了 AREF 引脚旁边。这样的设计使得各型号之间的扩展板兼容性大大增强。

表 5-1 常见 Arduino 控制器的 IIC 引脚位置

控制器型号	数据线 SDA	时钟线 SCL
UNO、Ethernet	A4	A5
MEGA 2560	20	21
Leonardo	2	3
Due	20、SDA1	21、SCL1

图 5-19 最新版 Arduino 控制器的 IIC 引脚位置

IIC 上的所有通信都是由主机发起的，总线上的设备都应该有各自的地址。主机可以通过这些地址向总线上的任一设备发起连接，从机响应请求并建立连接后，便可进行数据传输。

5.3.2 Wire 类库成员函数

对于 IIC 总线的使用，Arduino IDE 自带了一个第三方类库 Wire。在 Wire 类库中定义了如下成员函数。

1. begin()

功能:初始化 IIC 连接,并作为主机或者从机设备加入 IIC 总线。

语法:

begin()

begin(address)

当没有填写参数时,设备会以主机模式加入 IIC 总线;当填写了参数时,设备会以从机模式加入 IIC 总线,address 可以设置为 0~127 中的任意地址。

参数:address,一个 7 位的从机地址。如果没有该参数,设备将以主机形式加入 IIC 总线。

返回值:无。

2. requestFrom()

功能:主机向从机发送数据请求信号。

使用 requestFrom()后,从机端可以使用 onRequest()注册一个事件用以响应主机的请求;主机可以通过 available()和 read()函数读取这些数据。

语法:

Wire. requestFrom(address, quantity)

Wire. requestFrom(address, quantity, stop)

参数:

address,设备的地址。

quantity,请求的字节数。

stop,boolean 型值,当其值为 true 时将发送一个停止信息,释放 IIC 总线;当为 false 时,将发送一个重新开始信息,并继续保持 IIC 总线的有效连接。

返回值:无。

3. beginTransmission()

功能:设定传输数据到指定地址的从机设备。随后可以使用 write()函数发送数据,并搭配 endTransmission()函数结束数据传输。

语法:wire. beginTransmission(address)

参数:address,要发送的从机的 7 位地址。

返回值:无。

4. endTransmission()

功能:结束数据传输。

语法:

Wire. endTransmission()

Wire. endTransmission(stop)

参数:stop,boolean 型值,当其值为 true 时将发送一个停止信息,释放 IIC 总线,当没有填写 stop 参数时，等效使用 true；当为 false 时，将发送一个重新开始信息，并继续保持 IIC 总线的有效连接。

返回值：byte 型值，表示本次传输的状态，取值为：

- 0，成功。
- 1，数据过长，超出发送缓冲区。
- 2，在地址发送时接收到 NACK 信号。
- 3，在数据发送时接收到 NACK 信号。
- 4，其他错误。

5. write()

功能：当为主机状态时，主机将要发送的数据加入发送队列；当为从机状态时，从机发送数据至发起请求的主机。

语法：

Wire. write(value)

Wire. write(string)

Wire. write(data, length)

参数：

value，以单字节发送。

string，以一系列字节发送。

data，以字节形式发送数组。

length，传输的字节数。

返回值：byte 型值，返回输入的字节数。

6. available()

功能：返回接收到的字节数。

在主机中，一般用于主机发送数据请求后；在从机中，一般用于数据接收事件中。

语法：Wire. available()

参数：无。

返回值：可读字节数。

7. read()

功能：读取 1 B 的数据。

在主机中，当使用 requestFrom()函数发送数据请求信号后，需要使用 read()函数来获取数据；在从机中需要使用该函数读取主机发送来的数据。

语法：Wire. read()

参数：无。

返回值：读到的字节数据。

8. onReceive()

功能:该函数可在从机端注册一个事件,当从机收到主机发送的数据时即被触发。

语法:Wire. onReceive(handler)

参数:handler,当从机接收到数据时可被触发的事件。该事件带有一个 int 型参数(从主机读到的字节数)且没有返回值,如 void myHandler(int numBytes)。

返回值:无。

9. onRequest()

功能:注册一个事件,当从机接收到主机的数据请求时即被触发。

语法:Wire. onRequest(handler)

参数:handler,可被触发的事件。该事件不带参数和返回值,如 void myHandler()。

返回值:无。

5.3.3 IIC 连接方法

如图 5-20 所示,在 Arduino UNO 上,可以通过将 A4、A5 或者 SCL、SDA 接口一一对应连接来建立 IIC 连接。

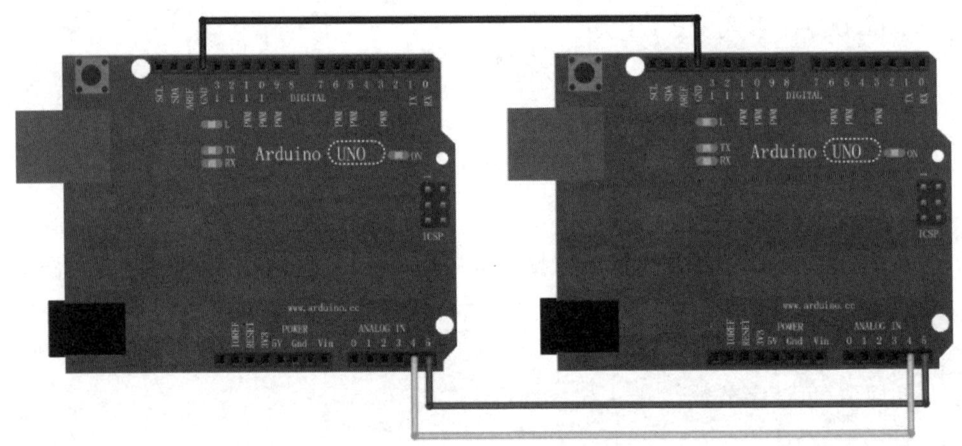

图 5-20 两个 Arduino 间的 IIC 连接

如图 5-21 所示,如果有更多的 IIC 设备,也可以将它们连入总线中来。

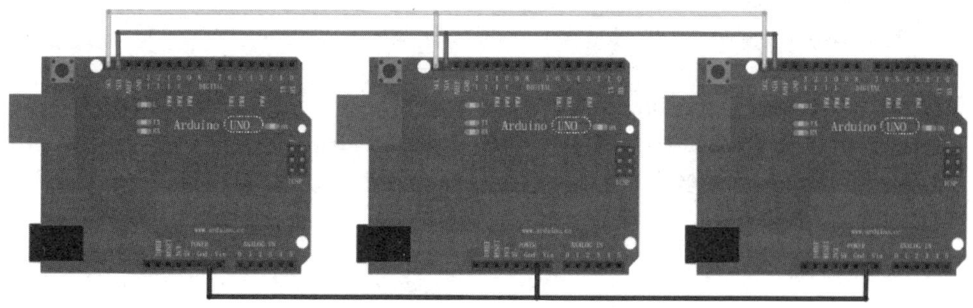

图 5-21 多个 Arduino 间的 IIC 连接

5.3.4 主机写数据,从机接收数据

这里要将两个 Arduino 分别配置为主机和从机,主机向从机传输数据,从机收到数据后再输出到串口显示。主、从机两端的 IIC 程序实现流程图如图 5-22 所示。

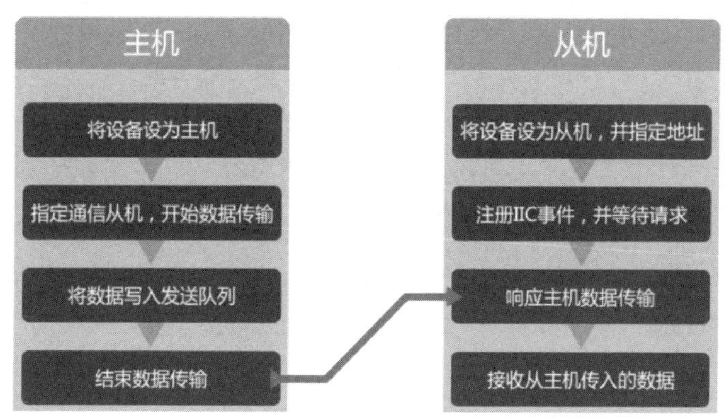

图 5-22 主机写数据,从机接收数据

1. 主机部分

首先,使用 Wire.begin()初始化 IIC 总线,当 begin()函数不带参数时,则是以主机的方式加入 IIC 总线。

要想向 IIC 总线中的某一从机设备传输数据,需要使用 Wire.beginTransmission()函数指定要传输到的从机地址。例如 Wire.beginTransmission(4),即是向 4 号从机传输数据。

其次,使用 Wire.write()函数将要发送的数据加入发送队列。

最后,使用 Wire.endTransmission()函数结束发送,以使从机正常接收数据。

主机端的程序可以通过选择“文件”→“示例”→Wire→master_writer 菜单项来找到,该示例程序如下。

```
// Wire Master Writer
// by Nicholas Zambetti <http://www.zambetti.com>
// Demonstrates use of the Wire library
// Writes data to an IIC/TWI slave device
// Refer to the "Wire Slave Receiver" example for use with this
// Created 29 March 2006
// This example code is in the public domain.

#include <Wire.h>

void setup()
{
//作为主机加入到 IIC 总线
  Wire.begin();
}

byte x = 0;
void loop()
{
  Wire.beginTransmission(4);                    //向地址为 4 的从机传送数据
  Wire.write("x is ");                          // 发送 5 B 的字符串
  Wire.write(x);                                //发送 1 B 的数据
  Wire.endTransmission();                       //结束传送
  x++;
  delay(500);
}
```

2. 从机部分

从机需要使用 Wire.begin(address)函数来初始化 IIC 总线,并设置一个供主机访问的地址,再使用 Wire.onReceive()函数注册一个事件,当主机使用 Wire.endTransmission()函数结束数据发送时,会触发该事件来接收主机传来的数据。

从机端的程序可以通过选择"文件"→"示例"→Wire→slave_receiver 菜单项来找到,该示例程序如下。

```
// Wire Slave Receiver
// by Nicholas Zambetti <http://www.zambetti.com>
// Demonstrates use of the Wire library
// Receives data as an IIC/TWI slave device
// Refer to the "Wire Master Writer" example for use with this
// Created 29 March 2006
// This example code is in the public domain.

#include <Wire.h>

void setup()
```

```
{
  //作为从机加入 IIC 总线,从机地址为 4
  Wire.begin(4);
  //注册一个 IIC 事件
  Wire.onReceive(receiveEvent);
  //初始化串口
  Serial.begin(9600);
}

void loop()
{
  delay(100);
}

// 当主机发送的数据被收到时,将触发 receiveEvent()事件
void receiveEvent(int howMany)
{
  // 循环读取收到的数据,最后一个数据单独读取
  while(1 < Wire.available())
  {
    char c = Wire.read();            // 以字符形式接收数据
    Serial.print(c);                 //串口输出该字符
  }
  int x = Wire.read();               // 以整型形式接收数据
  Serial.println(x);                 //串口输出该整型变量
}
```

分别下载程序,并将主、从机相连后,用串口监视器打开从机端的串口,则可以看到如图5-23所示的输出信息,从机输出了从主机发来的数据。

图5-23 从机输出从主机发来的数据

5.3.5 从机发送数据,主机读取数据

这里仍是一主一从两个 Arduino,主机在向从机获取数据后,使用串口输出获得的数据。主、从机两端的 IIC 程序实现流程图如图 5-24 所示。

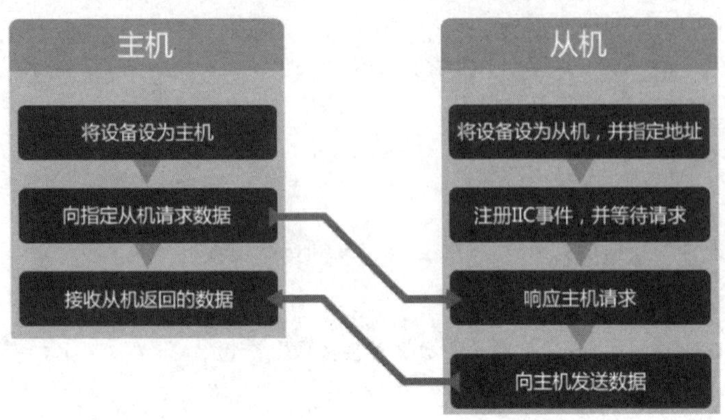

图 5-24 从机发送数据,主机读取数据

1. 主机部分

当从机向主机发送数据时,并不是由从机直接发送,而需要主机先使用 Wire.requestFrom()函数向指定从机发起数据请求,在从机接收到主机的数据请求后,再向主机发送数据。

可以通过选择"文件"→"示例"→Wire→master_reader 菜单项来找到该示例程序,程序代码如下。

```
// Wire Master Reader
// by Nicholas Zambetti <http://www.zambetti.com>
// Demonstrates use of the Wire library
// Reads data from an IIC/TWI slave device
// Refer to the "Wire Slave Sender" example for use with this
// Created 29 March 2006
// This example code is in the public domain.

#include <Wire.h>

void setup()
{
  //作为主机加入 IIC 总线
  Wire.begin();
  Serial.begin(9600);              // 初始化串口通信
}

void loop()
{
```

```
  Wire.requestFrom(2, 6); // 向 2 号从机请求 6 B 的数据
  while(Wire.available())// 等待从机发送完数据
  {
    char c = Wire.read(); // 将数据作为字符接收
    Serial.print(c);         // 串口输出字符
  }
  delay(500);
}
```

2. 从机部分

在从机中，需要使用 Wire.onRequest()函数注册一个响应主机请求的事件。当从机接收到主机传来的数据请求时，便会触发该事件。在事件处理函数中，从机会向主机发送数据。

可以通过选择“文件”→“示例”→Wire→slave_sender 菜单项来找到该程序，程序代码如下。

```
// Wire Slave Sender
// by Nicholas Zambetti <http://www.zambetti.com>
// Demonstrates use of the Wire library
// Sends data as an IIC/TWI slave device
// Refer to the "Wire Master Reader" example for use with this
// Created 29 March 2006
// This example code is in the public domain.

#include <Wire.h>

void setup()
{
  // 作为从机加入 IIC 总线，并将地址设为 2
  Wire.begin(2);
  // 注册一个事件，用于相应主机的数据请求
  Wire.onRequest(requestEvent);
}

void loop()
{
  delay(100);
}

// 每当主机请求数据时，该函数便会执行
// 在 setup()中，该函数被注册为一个事件
void requestEvent()
{
  Wire.write("hello "); // 用 6 B 的信息回应主机的请求，hello 后带一个空格
}
```

分别下载程序,并将主、从机相连后,使用串口监视器打开主机端的串口,则可以看到如图 5 - 25 所示的输出信息,主机输出了由从机端发来的数据。

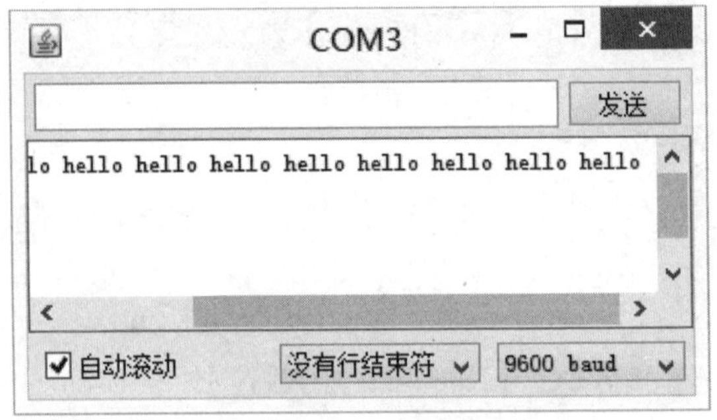

图 5 - 25 主机输出由从机端发来的数据

5.4 SPI 总线的使用——SPI 类库的使用

SPI(Serial Peripheral Interface,串行外设接口)是 Arduino 自带的一种高速通信接口,通过它可以连接使用具有同样接口的外部设备。例如,后续章节中将会讲到的 SD 卡、图形液晶、网络芯片都是使用 SPI 接口与 Arduino 连接的。SPI 也是一种总线通信方式,Arduino 可以通过 SPI 接口连接多个从设备,并通过程序来选择对某一设备进行连接使用。图 5 - 26 所示的是多 SPI 设备的连接方法。

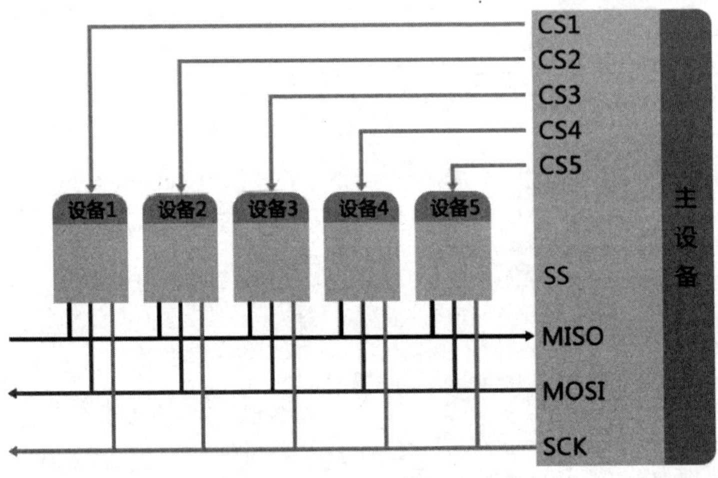

图 5 - 26 SPI 总线示意图

5.4.1 SPI 引脚

在一个 SPI 设备中，通常会有如表 5－2 所列的几个引脚。

表 5－2　SPI 通信引脚

引脚名称	说　明
MISO（Master In Slave Out）	主机数据输入，从机数据输出
MOSI（Master Out Slave In）	主机数据输出，从机数据输入
SCK（Serial Clock）	用于通信同步的时钟信号，该时钟信号由主机产生
SS（Slave Select）或 CS(Chip Select)	从机使能信号，由主机控制

在 SPI 总线中也有主、从机之分，主机负责输出时钟信号及选择通信的从设备。时钟信号会通过主机的 SCK 引脚输出，提供给通信从机使用。而对于通信从机的选择，由从机上的 CS 引脚决定，当 CS 引脚为低电平时，该从机被选中；当 CS 引脚为高电平时，该从机被断开。数据的收、发通过 MISO 和 MOSI 进行。

不同型号的 Arduino 控制器所对应的 SPI 引脚的位置也有所不同，常见型号的 SPI 引脚位置如表 5－3 所列。

表 5－3　常见 Arduino 型号的 SPI 引脚位置

控制器型号	MOSI	MISO	SCK	SS
UNO、Duemilanove、Ethernet	11	12	13	10
MEGA	51	50	52	53

在大多数 Arduino 控制器型号上都带有 6 针的 ICSP 引脚，可通过 ICSP 引脚来使用 SPI 总线。ICSP 引脚对应的 SPI 接口如图 5－27 所示。

图 5－27　ICSP 引脚对应的 SPI 接口

5.4.2 SPI 总线上的从设备选择

在大多数情况下 Arduino 都是作为主机使用的,并且 Arduino 的 SPI 类库没有提供 Arduino 作为从机的 API。

如果在一个 SPI 总线上连接了多个 SPI 从设备,那么在使用某一从设备时,需要将该从设备的 CS 引脚拉低,以选中该设备;并且需要将其他从设备的 CS 引脚拉高,以释放这些暂时未使用的设备。在每次切换连接不同的从设备时,都需要进行这样的操作来选择从设备。

需要注意的是,虽然 SS 引脚只有在作为从机时才会使用,但即使不使用 SS 引脚,也需要将其保持为输出状态,否则会造成 SPI 无法使用的情况。

5.4.3 SPI 类库成员函数

Arduino 的 SPI 类库定义在 SPI. h 头文件中。该类库只提供了 Arduino 作为 SPI 主机的 API,其成员函数如下。

1. begin()

功能:初始化 SPI 通信。

调用该函数后,SCK、MOSI、SS 引脚将被设置为输出模式,且 SCK 和 MOSI 引脚被拉低,SS 引脚被拉高。

语法:SPI. begin()

参数:无。

返回值:无。

2. end()

功能:关闭 SPI 总线通信。

语法:SPI. end()

参数:无。

返回值:无。

3. setBitOrder()

功能:设置传输顺序。

语法:SPI. setBitOrder(order)

参数:order,传输顺序,取值为:

- LSBFIRST,低位在前;
- MSBFIRST,高位在前。

返回值:无。

4. setClockDivider()

功能:设置通信时钟。时钟信号由主机产生,从机不用配置。但主机的 SPI 时钟频率应该在从机允许的处理速度范围内。

语法:SPI. setClockDivider (divider)

参数:divider,SPI通信的时钟是由系统时钟分频得到的。可使用的分频配置为:

- SPI_CLOCK_DIV2,2分频;
- SPI_CLOCK_DIV4,4分频(默认配置);
- SPI_CLOCK_DIV8,8分频;
- SPI_CLOCK_DIV16,16分频;
- SPI_CLOCK_DIV32,32分频;
- SPI_CLOCK_DIV64,64分频;
- SPI_CLOCK_DIV128,128分频。

返回值:无。

5. setDataMode()

功能:设置数据模式。

语法:SPI. setDataMode (mode)

参数:mode,可配置的模式,包括:

- SPI_MODE0;
- SPI_MODE1;
- SPI_MODE2;
- SPI_MODE3。

返回值:无。

6. transfer()

功能:传输1 B的数据,参数为发送的数据,返回值为接收到的数据。SPI是全双工通信,因此每发送1 B的数据,也会接收到1 B的数据。

语法:SPI. transfer(val)

参数:val,要发送的字节数据。

返回值:读到的字节数据。

7. SPISettings()

功能:使用新的SPI库,每个SPI设备可以被配置一次作为一个SPISettings对象。

语法:SPISettings mySettting(speed, dataOrder, datamode)

参数:speed,通讯的速度。

dataOrder,MSBFIRST或LSBFIRST。

datamode,SPI_MODE0、SPI_MODE1、SPI_MODE2或SPI_MODE3。

返回值:无。

8. beginTransaction()

功能:初始化使用SPISettings定义的SPI总线。

语法:SPI. beginTransaction(mySettings);根据mySettings所选的参数设置

(见 SPISettings())

返回值:无。

9. endTransaction()

功能:停止使用 SPI 总线。允许 SPI 总线使用其他库。

语法:SPI. endTransaction()

参数:无。

返回值:无。

10. usingInterrupt()

功能:在中断中使用 SPI

语法:SPI usinginterrupt(InterruptNumber)

参数:InterruptNumber 中断号。

返回值:

5.4.4 SPI 总线上的数据发送与接收

SPI 总线是一种同步串行总线,其收/发数据可以同时进行。SPI 类库并没有像其他类库一样提供用于发送、接收操作的 write()和 read()函数,而是用 transfer()函数替代了两者的功能,其参数是发送的数据,返回值是接收到的数据。每发送一次数据,即会接收一次。

5.4.5 实验:使用数字电位器 AD5206

AD5206(图 5-28)是 6 通道、256 位、数字控制可变电阻(Variable Resistance, VR)器件,可实现与电位器或可变电阻相同的电子调整功能。简而言之,就是一个可以由程序控制来调节电阻大小的电位器。

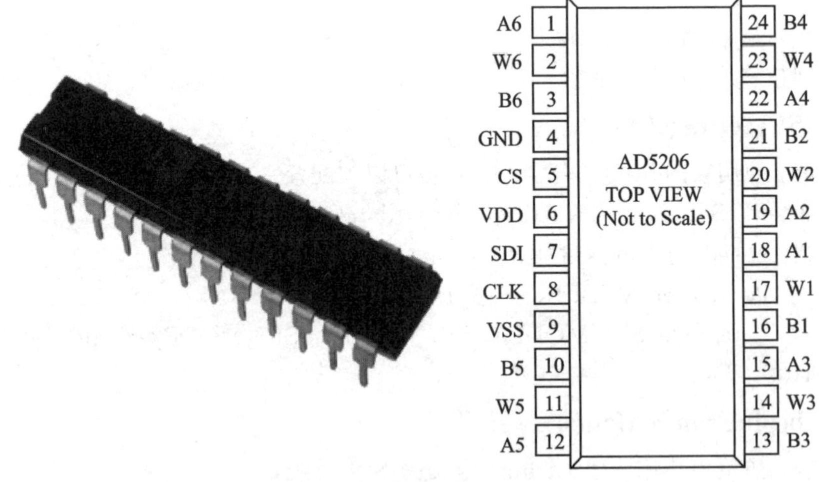

图 5-28 数字电位器 AD5206

1. 引脚配置

AD5206 的引脚配置情况如表 5-4 所列。

表 5-4　AD5206 引脚

标　号	引　脚	说　明	标　号	引　脚	说　明
1	A6	6 号电位器 A 端	13	B3	3 号电位器 B 端
2	W6	6 号电位器刷片，地址为 5	14	W3	3 号电位器刷片，地址为 2
3	B6	6 号电位器 B 端	15	A3	3 号电位器 A 端
4	GND	电源地	16	B1	1 号电位器 B 端
5	CS	片选，低电平使能	17	W1	1 号电位器刷片，地址为 0
6	VDD	电源	18	A1	1 号电位器 A 端
7	SDI	数据输入，先发送 MSB	19	A2	2 号电位器 A 端
8	CLK	时钟信号输入	20	W2	2 号电位器刷片，地址为 1
9	VSS	电源地	21	B2	2 号电位器 B 端
10	B5	5 号电位器 B 端	22	A4	4 号电位器 A 端
11	W5	5 号电位器刷片，地址为 4	23	W4	4 号电位器刷片，地址为 3
12	A5	5 号电位器 A 端	24	B4	4 号电位器 B 端

2. 实验材料

实验材料包括 AD5206 数字电位器芯片、Arduino UNO、6 个 LED、6 个 220 Ω 电阻、面包板接插线若干。

3. 引脚连接

由于 AD5206 使用 SPI 控制，因此需将其与 Arduino 的 SPI 引脚连接。本示例的连接情况如表 5-5 所列。

表 5-5　AD5206 与 Arduino UNO 的引脚连接

AD5206 引脚	Arduino 引脚	AD5206 引脚	Arduino 引脚
CS	SS，UNO 的 10 号引脚	GND	GND
SDI	MOSI，UNO 的 11 号引脚	Ax	5 V
CLK	SCK，UNO 的 13 号引脚	Bx	GND
VDD	5 V	Wx	—

4. 连接示意图

Arduino 使用 AD5206 连接示意图如图 5-29 所示。

5. 电路原理图

Arduino 使用 AD5206 的电路原理图如图 5-30 所示。

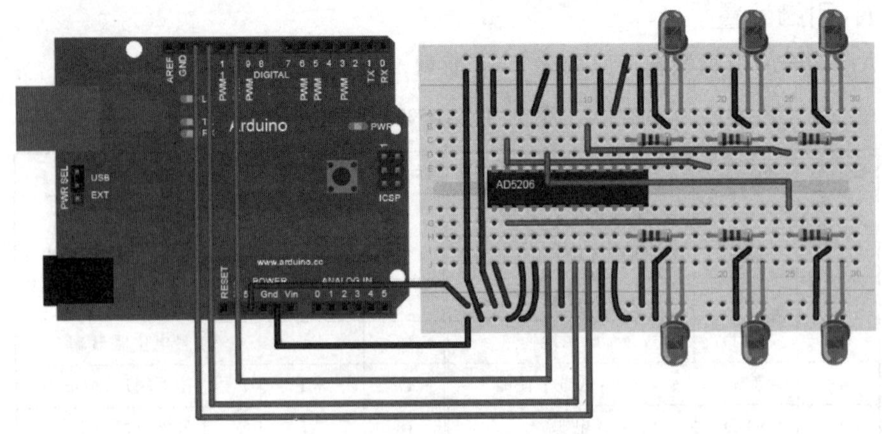

图 5-29 Arduino 使用 AD5206 连接示意图

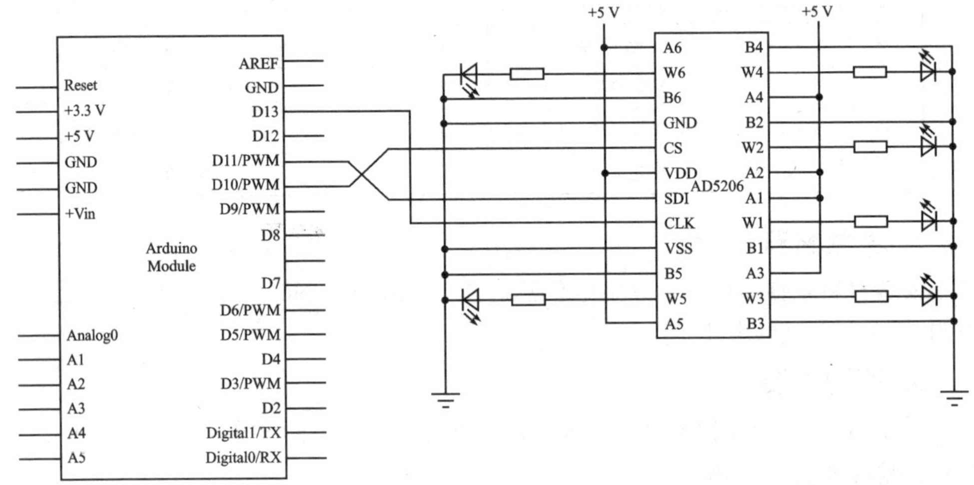

图 5-30 Arduino 使用 AD5206 的电路原理图

6. 使用原理

AD5206 的各通道均内置了一个带游标触点的可变电阻，每个可变电阻均有各自的锁存器*，用来保存其编程的电阻值。这些锁存器由一个内部串行至并行移位寄存器更新，该移位寄存器从一个 SPI 接口加载数据。如图 5-31 所示，由 11 个数据位构成的数据读到串行输入寄存器中，前 3 位经过解码，可确定当 CS 引脚上的选择脉冲变回逻辑高电平时，哪一个锁存器需要载入该数据字的后 8 位。

* 锁存器：把信号暂存以维持某种电平状态的存储单元。

					3位地址 address			8位数据值 value							
-	-	-	-	-	A0	A1	A2	D0	D1	D2	D3	D4	D5	D6	D7
0	0	0	0	0	0	1	1	0	1	0	1	1	1	1	1
					3			95							
					4号电位器			对应阻值=10 kΩ×95/256							

图 5-31 输入到 AD5206 的串行数据

7. 程序实现方法

首先需要将 AD5206 的 CS 引脚拉低，以使能芯片，并使用 SPI.begin()函数初始化 SPI 总线。

再使用 SPI.transfer()函数将地址位与数据位发送至 AD5206。如图 5-31 所示，由于 AD5206 的串行输入寄存器有 11 位，因此前 5 位数据会被挤出寄存器，剩下的 11 位数据中居前的 3 位为地址位，居后的 8 位为调节阻值使用的数值。

此时再将 CS 引脚拉高，AD5206 便会按照写入寄存器的数据来控制其对应的电位器阻值。

可以通过选择"文件"→"示例"→SPI→DigitalPotControl 菜单项来找到以下程序。

```
/*
  Digital Pot Control

  This example controls an Analog Devices AD5206 digital potentiometer.
  The AD5206 has 6 potentiometer channels. Each channel's pins are labeled
 */

// 引用 SPI 库
#include <SPI.h>

// 设置 10 号引脚控制 AD5206 的 SS 引脚
const int slaveSelectPin = 10;

void setup() {
  // 设置 SS 引脚为输出
  pinMode (slaveSelectPin, OUTPUT);
  // 初始化 SPI
  SPI.begin();
}

void loop() {
  // 分别操作 6 个通道的数字电位器
  for (int channel = 0; channel < 6; channel++) {
    // 逐渐增大每个通道的阻值
    for (int level = 0; level < 255; level++) {
      digitalPotWrite(channel, level);
      delay(10);
```

```
    }
    // 延时一段时间
    delay(100);
    // 逐渐减小每个通道的阻值
    for (int level = 0; level < 255; level++) {
      digitalPotWrite(channel, 255 - level);
      delay(10);
    }
  }
}

void digitalPotWrite(int address, int value) {
  // 将 SS 引脚输出低电平,选择使能该设备
  digitalWrite(slaveSelectPin,LOW);
  // 向 SPI 传输地址和对应的配置值
  SPI.transfer(address);
  SPI.transfer(value);
  //将 SS 引脚输出高电平,取消选择该设备
  digitalWrite(slaveSelectPin,HIGH);
}
```

下载该程序后便可以通过 LED 的亮灭看出 AD5206 调节阻值的效果了。

5.4.6 软件模拟 SPI 通信

在使用 SPI 时,必须将设备连接到 Arduino 指定的 SPI 引脚上。但是在不同型号的 Arduino 上,SPI 的引脚位置都不一样,甚至有一些基于 Arduino 的第三方开发板,并没有提供 SPI 接口。这时便可以使用 Arduino 提供的模拟 SPI 通信功能。使用模拟 SPI 通信可以指定 Arduino 上的任意数字引脚为模拟 SPI 引脚,并与其他 SPI 器件连接进行通信。Arduino 提供了两个相关的 API 用于实现模拟 SPI 通信功能。

1. shiftOut()

功能:模拟 SPI 串行输出。

语法:shiftOut(dataPin, clockPin, bitOrder, value)

参数:

dataPin,数据输出引脚。

clockPin,时钟输出引脚。

bitOrder,数据传输顺序。

value,传输的数据。

返回值:无。

2. shiftIn()

功能:模拟 SPI 串行输入。

语法:shiftIn(dataPin, clockPin, bitOrder)

参数:

dataPin,数据输入引脚。

clockPin,时钟输入引脚。

bitOrder,数据传输顺序。

返回值:输入的串行数据。

5.4.7　实验:使用 74HC595 扩展 I/O 口

在使用 Arduino UNO 时,可能经常会遇到数字引脚不够用的情况,那么可以使用 74HC595 芯片来实现扩展数字 I/O 的效果。74HC595 只能作为输出端口扩展,如果要扩展输入端口,则可以使用其他的并行输入/串行输出芯片,如 74HC165 等。

74HC595(图 5-32)是一个串行输入/并行输出芯片,可以将输入的串行信号转换成并行信号输出。在本实验中,将使用 74HC595 来控制 8 个 LED 灯。

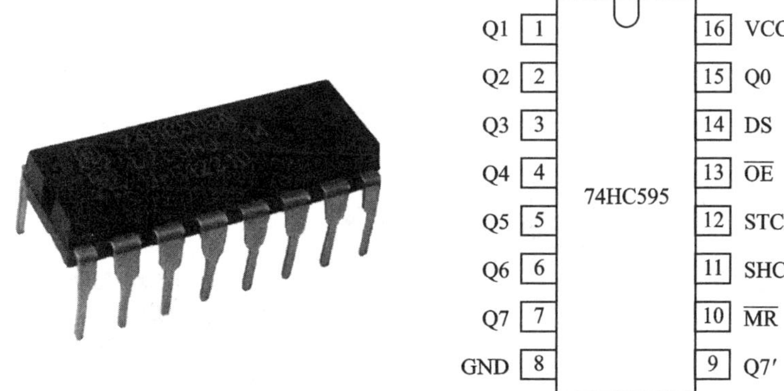

图 5-32　74HC595

1. 引脚配置

74HC595 的各引脚配置如表 5-6 所列。

表 5-6　74HC595 引脚配置

引　脚	说　明	引　脚	说　明
DS	串行数据输入	$\overline{OE}$	输出允许,高电平时禁止输出(高阻态)
Q0～Q7	8 位并行数据输出	$\overline{MR}$	复位脚,低电平复位
Q7′	级联输出端	VCC	电源正极,可接 2～6 V
STCP	存储寄存器的时钟输入	GND	地
SHCP	移位寄存器的时钟输入		

2. 实验材料

实验材料包括 74HC595 芯片、Arduino UNO、8 个 LED、8 个 220 Ω 电阻、面包板接插线若干。

3. 引脚连接

因为这里是模拟 SPI 接口连接 74HC595,因此可使用 Arduino 的任意数字引脚来连接 74HC595。本示例中使用了表 5-7、图 5-33 和图 5-34 的方式来连接 74HC595 与 Arduino。

表 5-7 74HC595 与 Arduino UNO 连接

74HC595	Arduino UNO	74HC595	Arduino UNO
DS	D11	$\overline{MR}$	5 V
STCP	D8	VCC	5 V
SHCP	D12	GND	GND
$\overline{OE}$	GND		

4. 连接示意图

Arduino 使用 74HC595 实验连接示意图如图 5-33 所示。

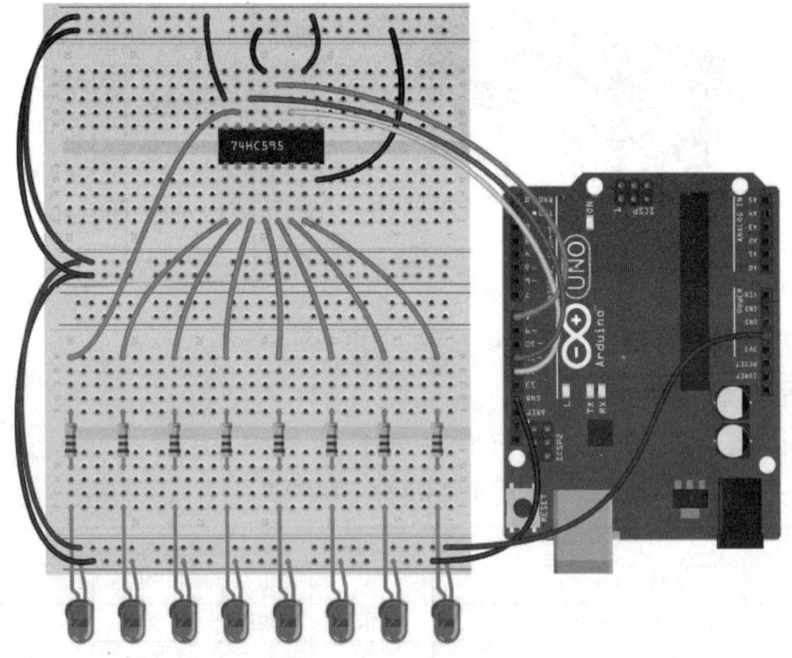

图 5-33 Arduino 使用 74HC595 实验连接示意图

5. 电路原理图

Arduino 使用 74HC595 实验电路原理图如图 5－34 所示。

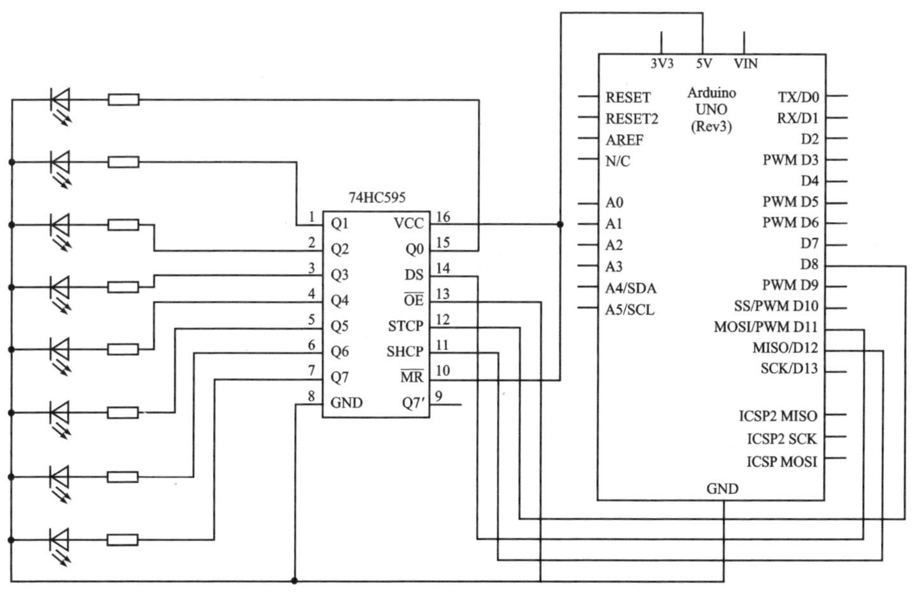

图 5－34　Arduino 使用 74HC595 实验电路原理图

6. 程序实现方法

当要向 74HC595 传输数据时，需要先将 STCP 引脚拉低，再使用 shiftOut() 函数从 DS 引脚输入 8 位串行信号。输入完成后，将 STCP 引脚拉高，74HC595 会将 Q0～Q7 的状态更新，并把输入的串行信号转换成并行信号输出。

程序代码如下：

```
/*
使用 74HC595 扩展 I/O
(shiftOut 串行输出的使用)
*/
// STCP 连接 8 号引脚
int latchPin = 8;
// SHCP 连接 12 号引脚
int clockPin = 12;
// DS 连接 11 号引脚
int dataPin = 11;

void setup() {
  //初始化模拟 SPI 引脚
  pinMode(latchPin, OUTPUT);
```

```
  pinMode(clockPin, OUTPUT);
  pinMode(dataPin, OUTPUT);
}
void loop()
{
  //count up routine
  for (int j = 0; j < 256; j++)
  {
    //当传输数据时,STCP 引脚需要保持低电平
    digitalWrite(latchPin, LOW);
    shiftOut(dataPin, clockPin, LSBFIRST, j);
    // 传输完数据后,将 STCP 引脚拉高
    // 此时 74HC595 会更新并行引脚输出状态
    digitalWrite(latchPin, HIGH);
    delay(1000);
  }
}
```

下载该程序后,会看到 LED 按一定顺序点亮。

程序中的 j 是一个 0～255 的整型数据,当使用串行输出时,其会转化为一个8 位的信号表示,对应了 Q0～Q7 的输出状态。

第6章

存储篇

6.1 断电也能保存数据——EEPROM 类库的使用

EEPROM (Electrically Erasable Programmable Read-Only Memory)电可擦可编程只读存储器是一种断电后数据不丢失的存储设备，常被用做记录设备的工作数据和保存配置参数。简而言之，若想断电后 Arduino 仍记住数据，就可以使用 EEPROM。

在使用 AVR 芯片的 Arduino 控制器上均带有 EEPROM，也可以使用外接的 EEPROM 芯片。常见 Arduino 型号的 EEPROM 大小如表 6-1 所列。

表 6-1 常见 Arduino 型号的 EEPROM 空间

型　号	EEPROM 空间
Arduino UNO、Arduino duemilanove-mega328	1 KB
Arduino duemilanove-mega168	512 B
Arduino MEGA 2560	4 KB
Arduino Leonardo	1 KB

注：Arduino Due 没有集成 EEPROM，所以不支持 EEPROM 库。

在 Arduino EEPROM 类库中，EEPROM 的地址被设定为从 0 开始，如 Arduino UNO 中的 EEPROM 有 1 KB 的存储空间，其对应地址则为 0 至 1 023。每个地址可以存储 1 B 数据。当数据大于 1 B 时，需要逐字节读/写。

下面的官方例程由于写成较早，所以程序中的 EEPROM 大小设定为了 512 B，在实际使用中可参照表 6-1 所列的 EEPROM 大小自行修改。

6.1.1 EEPROM 类库成员函数

Arduino 已经准备好了 EEPROM 类库，只需先调用 EEPROM.h 头文件，然后使用 write()和 read()函数即可对 EEPROM 进行读/写操作。

1. write()

功能:对指定地址写入数据。

语法:EEPROM. write(address, value)

参数:

address,EEPROM 地址,起始地址为 0。

value,写入的数据,byte 型。

返回值:无。

2. read()

功能:从指定地址读出数据。一次读/写 1 B 数据。如果指定的地址没有写入过数据,则读出值为 255。

语法:EEPROM. read(address)

参数:

address,EEPROM 地址,起始地址为 0。

返回值:byte 型,返回指定地址存储的数据。

3. update()

功能:写一个字节到 EEPROM。该值如果不同于已保存在同一地址的值时才会写入(更新该地址的值)。

语法:EEPROM. update(address, value)

参数:

address,写入的位置,从 0 开始 (int 整型)。

value,写入的值,值范围 0~255 (byte 型)。

返回值:无。

注意:EEPROM 一次写入需要 3. 3ms 才能完成。EEPROM 内存有 100000 次写/擦除的固定生命周期,所以如果写入的数据不经常更改的话,使用该函数代替 write()函数可以节省使用周期。

4. get()

功能:从 EEPROM 中读取任何类型的数据或者对象。

语法:EEPROM. get(address, data)

参数:

address,读取的位置,从 0 开始 (int 整型)。

data,读取的数据,可以是一个基本类型(例如:float 浮点型)或者是一个自定义的结构体。

返回值:数据传递的引用。

5. put()

功能:向 EEPROM 中写入任何类型数据或对象。

语法：EEPROM. put(address，data)

参数：

address，写入的位置，从0开始（int 整型）。

data，写入的数据，可以是一个基本类型(例如：float 浮点型)或者是一个自定义的结构体。

返回值：数据传递的引用。

注意：这个函数使用 EEPROM. update()来执行写数据，所以如果值没有改变不会重复写入的。

6. EEPROM[]

功能：这个操作符允许像一个数组一样使用标识符'EEPROM'。使用这种方式可以直接对 EEPROM 单元进行读取和写入操作。

语法：EEPROM[address]

参数：

address，读/写的位置，从0开始（int 整型）。

返回值：A reference to the EEPROM cell。

6.1.2 写入操作

要向 EEPROM 中写入数据，只需使用 EEPROM. write(address，value)语句，Arduino 即会将数值 value 写入 EEPROM 的地址 address 中。

需要注意的是，EEPROM 有100 000次的擦写寿命，一次 EEPROM. write()语句会占用3 ms，如果程序不断地擦写 EEPROM，则过不了多久就会损坏 EEPROM。所以当在 loop()中使用 EEPROM. write()时，应使用延时或其他操作，以尽量避免频繁擦写 EEPROM。

通过选择“文件”→“示例”→EEPROM→eeprom_write 菜单项可以查看如下完整代码。

```
/*
 * EEPROM Write
 * Stores values read from analog input 0 into the EEPROM.
 * These values will stay in the EEPROM when the board is
 * turned off and may be retrieved later by another sketch.
 */
#include <EEPROM.h>
// EEPROM 的当前地址，即将要写入的地址，这里从 0 开始写
int addr = 0;
void setup()
{
}
```

```
void loop()
{
  //模拟值读出后是一个 0~1 023 的值,但每字节的大小为 0~255
  //所以这里将值除以 4 再存储到 val 中
  int val = analogRead(0) / 4;
  // 写入数据到对应的 EEPROM 空间
  // 即使 Arduino 断电,数据也会保存在 EEPROM 里
  EEPROM.write(addr, val);
  // 逐字节写入数据
  // 当 EEPROM 空间写满后,重新从 0 地址开始写
  addr = addr + 1;
  if (addr == 512)
    addr = 0;
  delay(100);
}
```

一个 EEPROM 地址中可以存放 1 B 的数据,因此将读到的模拟值除以 4,以便存放到 EEPROM 中。

此外还需要通过程序末尾的 delay(100)语句,适当降低数据写入 EEPROM 的频率,以免频繁擦写对 EEPROM 造成损伤。

6.1.3 读取操作

为了验证之前的 EEPROM 是否已经成功写入,还需要将其中的数据读出。读出操作使用 EEPROM.read(address)语句,address 即是要读出的 EEPROM 地址,返回值即是读出的数据。

通过选择“文件”→“示例”→EEPROM→eeprom_read 菜单项可查看如下完整代码。

```
/*
* EEPROM Read
* Reads the value of each byte of the EEPROM and prints it
* to the computer.
* This example code is in the public domain.
*/
#include <EEPROM.h>
// 从地址 0 处开始读取 EEPROM 的数据
int address = 0;
byte value;
void setup()
{
```

```
    //初始化串口,并等待计算机打开串口
    Serial.begin(9600);
    while (!Serial) {
      ; //等待串口连接,该功能仅支持 Arduino Leonardo
    }
}

void loop()
{
    // 从当前 EEPROM 地址中读取 1B 数据
    value = EEPROM.read(address);

    Serial.print(address);
    Serial.print("\t");
    Serial.print(value, DEC);
    Serial.println();

    // 前进到下一个 EEPROM 地址
    address = address + 1;

    //当读到 EEPROM 尾部时,跳转到起始地址 0 处
    if (address == 512)
      address = 0;

    delay(500);
}
```

6.1.4 清除操作

清除 EEPROM 的内容,其实就是把 EEPROM 中的每个字节写入 0,因为只需清一次零,所以整个程序都在 setup 部分完成。

通过选择"文件"→"示例"→EEPROM→eeprom_clear 菜单项可查看如下完整代码。

```
/* * EEPROM Clear
 * Sets all of the bytes of the EEPROM to 0.
 * This example code is in the public domain.
 */

#include <EEPROM.h>

void setup()
{
  // 将 EEPROM 的 512 B 内容全部清零
  for (int i = 0; i < 512; i++)
    EEPROM.write(i, 0);
```

```
  // 清零工作完成后,将 L 灯点亮,提示 EEPROM 清零完成
  digitalWrite(13, HIGH);
}
void loop(){
}
```

6.1.5 存储各类型数据到 EEPROM

可能已经注意到,使用 Arduino 提供的 EEPROM API 只能将字节型数据存入 EEPROM。如果要存储字节以外的数据类型,又该怎样做呢?

一个 float 型数据占用 4 B 的存储空间。因此可以把一个 float 型数据拆分为 4 个字节,然后逐字节地写入 EEPROM,以达到保存 float 型数据的目的。这里使用共用体把 float 型数据拆分为 4 个字节。

几个不同的变量共同占用一段内存的结构,在 C 语言中被称为共用体类型结构,简称共用体。

首先定义一个名为 data 的共用体结构,共用体中有两种类型不同的成员变量:

```
union data
{
  float a;
  byte b[4];
};
```

再声明一个 data 类型的变量 c:

```
data c;
```

现在可通过 c. a 访问该共用体中 float 类型的成员 a,通过 c. b 访问该共用体中 byte 类型的数组 b。c. a 和 c. b 共同占用 4 B 的地址。给 c. a 赋值后,通过 c. b 中的几个元素即可实现拆分 float 型数据的目的。

这里提供的一个将 float 型数据存入 EEPROM 的例程如下。

```
/*
OpenJumper Examples
写入 float 型数据到 EEPROM
奈何 col  2013.2.2
www.openjumper.com
*/
#include <EEPROM.h>
union data
{
  float a;
```

```
  byte b[4];
};
data c;
int addr = 0;
int led = 13;

void setup()
{
  c.a = 987.65;
  for(int i = 0;i<4;i++)
  EEPROM.write(i, c.b[i]);
  pinMode(led, OUTPUT);
}

void loop()
{
  //LED 闪烁,提示任务已完成
  digitalWrite(led, HIGH);
  delay(1000);
  digitalWrite(led, LOW);
  delay(1000);
}
```

读出存储在 EEPROM 中的 float 型数据的思路与写入时的相同,程序代码如下。

```
/*
OpenJumper Examples
从 EEPROM 中读出 float 型数据
奈何 col  2013.2.2
www.openjumper.com
*/

#include <EEPROM.h>
union data
{
  float a;
  byte b[4];
};
data c;
int addr = 0;
int led = 13;

void setup(){
  for(int i = 0;i<4;i++)
  c.b[i] = EEPROM.read(i);
```

```
    Serial.begin(9600);
}
void loop(){
    //输出
    Serial.println(c.a);
    delay(1000);
}
```

6.2 保存大量数据——SD 卡类库的使用

图 6-1 SD 卡

如果需要使用大量数据或者保存大量数据，那么 Arduino 自带的 EEPROM 和 Flash 存储空间就显得捉襟见肘了。这时可以选择外置的 EEPROM 和 Flash 芯片来扩展存储空间，但是笔者更推荐使用 SD 卡来存储大量的数据。

SD 卡(Secure Digital Memory Card)(图 6-1)是一种基于半导体快闪记忆器的新一代存储设备，它被广泛应用于便携式装置上，例如数码相机、手机和平板电脑等。

SD 卡可以通过 SPI 总线进行相关操作，SPI 的相关特性可以参考 5.4 节。

6.2.1 格式化 SD 卡

使用 SD 卡库可以让 Arduino 读/写 SD 卡中的数据。由于 SD 卡库支持 FAT16 和 FAT32 文件系统的 SD 卡、SDHC 卡和 TF 卡，因此需要将 SD 卡以 FAT16 或者 FAT32 文件系统进行格式化。方法是：在计算机中找到 SD 卡对应的分区，右击选择格式化，则弹出如图 6-2 所示的窗口，选择对应的文件系统并确定，即可完成格式化。

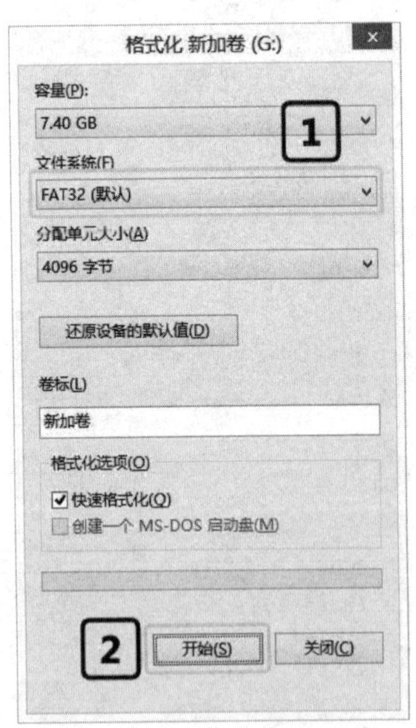

图 6-2 格式化 SD 卡

6.2.2 SD 卡类库成员函数

Arduino 读/写 SD 卡程序需要包含 SPI 库的头文件 SPI.h 和 SD 卡库的头文件 SD.h。SD 卡库中提供了两个类，SDClass 类和 File 类。

1. SDClass 类

SDClass 类提供了访问 SD 卡、操纵文件及文件夹的功能。其成员函数如下。

(1) begin()

功能：初始化 SD 卡库和 SD 卡。

语法：

SD. begin()

SD. begin(cspin)

当使用 SD. begin()时，默认将 Arduino SPI 的 SS 引脚连接到 SD 卡的 CS 使能选择端；也可以使用 begin(cspin)指定一个引脚连接到 SD 卡的 CS 使能选择端，但仍需保证 SPI 的 SS 引脚为输出模式，否则 SD 卡库将无法运行。

参数：

cspin，连接到 SD 卡 CS 端的 Arduino 引脚。

返回值：boolean 型值，为 true 表示初始化成功；为 false 表示初始化失败。

(2) exists()

功能：检查文件或文件夹是否存在于 SD 卡中。

语法：SD. exists(filename)

参数：

filename，需要检测的文件名。其中可以包含路径，路径用"/"分隔。

返回值：boolean 型值，为 true 表示文件或文件夹存在；为 false 表示文件或文件夹不存在。

(3) open()

功能：打开 SD 卡上的一个文件。如果文件不存在，且以写入方式打开，则 Arduino 会创建一个指定文件名的文件。(所在路径必须事先存在)

语法：

SD. open(filename)

SD. open(filename, mode)

参数：

filename，需要打开的文件名。其中可以包含路径，路径用"/"分隔。

mode (可选)，打开文件的方式，默认使用只读方式打开。也可以使用以下两种方式打开文件：

- FILE_READ，只读方式打开文件；
- FILE_WRITE，写入方式打开文件。

返回值：返回被打开文件对应的对象；如果文件不能打开，则返回 false。

(4) remove()

功能：从 SD 卡移除一个文件。如果文件不存在，则函数返回值是不确定的，因此在移除文件之前,最好使用 SD.exists(filename)先检测文件是否存在。

语法:SD.remove(filename)

参数:

filename,需要移除的文件名。其中可以包含路径,路径用“/”分隔。

返回值:boolean 型值,为 true 表示文件移除成功;为 false 表示文件移除失败。

(5) mkdir()

功能:创建文件夹。

语法:SD.mkdir(filename)

参数:

filename,需要创建的文件夹名。其中可以包含路径,路径用“/”分隔。

返回值:boolean 型值,为 true 表示创建成功;为 false 表示创建失败。

(6) rmdir()

功能:移除文件夹。被移除的文件夹必须是空的。

语法:SD.rmdir(filename)

参数:

filename,需要移除的文件夹名。其中可以包含路径,路径用“/”分隔。

返回值:boolean 型值,为 true 表示移除成功;为 false 表示移除失败。

2. File 类

File 类提供了读/写文件的功能,该类的功能与之前使用的串口相关函数的功能非常类似。其成员函数如下。

(1) available()

功能:检查当前文件中可读数据的字节数。

语法:filc.availablc()

参数:

file,一个 File 类型的对象。

返回值:可用字节数。

(2) close()

功能:关闭文件,并确保数据已经被完全写入 SD 卡中。

语法:file.close()

参数:

file,一个 File 类型的对象。

返回值:无。

(3) flush()

功能:确保数据已经写入 SD 卡。当文件被关闭时,flush()会自动运行。

语法:file.flush()

参数:

file,一个 File 类型的对象。

返回值:无。

(4) peek()

功能:读取当前所在字节,但并不移动到下一个字节。

语法:file. peek()

参数:

file,一个 File 类型的对象。

返回值:下一个字节或者下一个字符。如果没有可读数据,则返回－1。

(5) position()

功能:获取当前在文件中的位置(即下一个被读/写的字节的位置)。

语法:file. position()

参数:

file,一个 File 类型的对象。

返回值:在当前文件中的位置。

(6) print()

功能:输出数据到文件。要写入的文件应该已经被打开,且等待写入。

语法:

file. print(data)

file. print(data, BASE)

参数:

file,一个 File 类型的对象。

data,要写入的数据(可以是类型 char、byte、int、long 或 String)。

BASE(可选),指定数据的输出形式:

- BIN(二进制);
- OCT(八进制);
- DEC(十进制);
- HEX(十六进制)。

返回值:发送的字节数。

(7) println()

功能:输出数据到文件,并回车换行。

语法:

file. println(data)

file. println(data, BASE)

参数:

file,一个 File 类型的对象。

data,要写入的数据(类型可以是 char、byte、int、long 或 String)。

BASE(可选),指定数据的输出形式:

- BIN(二进制);
- OCT(八进制);
- DEC(十进制);
- HEX(十六进制)。

返回值:发送的字节数。

(8) seek()

功能:跳转到指定位置。该位置必须在 0 到该文件大小之间。

语法:file. seek(pos)

参数:

file,一个 File 类型的对象。

pos,需要查找的位置。

返回值:boolean 型值,为 true 表示跳转成功;为 false 表示跳转失败。

(9) size()

功能:获取文件的大小。

语法:file. size()

参数:

file,一个 File 类型的对象。

返回值:以字节为单位的文件大小。

(10) read()

功能:读取 1 B 数据。

语法:file. read()

参数:

file,一个 File 类型的对象。

返回值:下一个字节或者字符;如果没有可读数据,则返回－1。

(11) write()

功能:写入数据到文件。

语法:

file. write(data)

file. write(buf, len)

参数:

file,一个 File 类型的对象。

data,要写入的数据,类型可以是 byte、char 或字符串(char *)。

buf,一个字符数组或者字节数据。

len,buf 数组的元素个数。

返回值:发送的字节数。

(12) isDirectory()

功能：判断当前文件是否为目录。

语法：file. isDirectory()

参数：

file，一个 File 类型的对象。

返回值：boolean 型值；为 true 表示是目录；为 false 表示不是目录。

(13) openNextFile()

功能：打开下一个文件。

语法：file. openNextFile()

参数：

file，一个 File 类型的对象。

返回值：下一个文件对应的对象。

(14) rewindDirectory()

功能：回到当前目录中的第一个文件。

语法：file. rewindDirectory()

参数：

file，一个 File 类型的对象。

返回值：无。

6.2.3　使用 SD 卡读/写模块

1. Micro SD 卡(TF 卡)读/写模块

TF 卡读/写模块(图 6-3)是常用的 Arduino 外接存储模块。该模块可连接到 Arduino 控制器或其他单片机的 SPI 接口上，通过编写相应的程序即可实现各种传感器(如温湿度传感器、光线传感器和 GPS 等)数据记录的功能，通过读卡器将 TF 卡数据读出，便可轻松加以分析和利用。

图 6-3　Micro SD 卡读/写模块

2. Micro SD 卡读/写模块参数

常见的 Micro SD 卡读/写模块的引脚配置如表 6-2 所列。

表 6－2　Micro SD 卡读/写模块的引脚配置

引脚名称	说　明
CD	插入检测。无卡时,输出高电平;有卡时,输出低电平
CS	SD 卡片选。低电平使能(默认使能)
MOSI	数据输入口
MISO	数据输出口
SCK	SPI 时钟
VCC	电源供电正端
GND	电源供电负端

读/写 SD 卡时用的是 Arduino SPI 接口,在 UNO 上,其与 SD 卡引脚连接的对应情况如表 6－3 所列,Arduino 的其他 SPI 引脚可参考 5.4 节。

表 6－3　Micro SD 卡模块与 Arduino 的连接

Micro SD 卡模块	Arduino
CD	可不使用
CS	示例中连接到 4 号引脚,可根据实际情况修改
MOSI	MOSI,UNO 的 11 号引脚
MISO	MISO,UNO 的 12 号引脚
SCK	SCK,UNO 的 13 号引脚
VCC	3.3～5 V
GND	GND

6.2.4　创建文件

下面将使用 SD.open()在 SD 卡上创建一个名为 arduino.txt 的文件。实现语句如下:

```
SD.open("arduino.txt", FILE_WRITE);
```

当创建文件或对文件进行写入操作时,都需要使用参数 FILE_WRITE 将文件以写入方式打开。

另外,为了更好地观察程序的运行效果,在 2 号引脚和 GND 之前连接了一个按键模块,程序开始后,会等待用户按下按键再执行其后的操作。如果没有按键操作,则在下载完程序后,程序会立即开始运行,从而影响观察其运行效果。

程序代码如下。

```
/*
OpenJumper SD Module
创建文件
www.openjumper.com
*/
#include <SPI.h>
#include <SD.h>

File myFile;

void setup(){
 //在2号引脚上连接一个按键模块,用以控制程序开始
  pinMode(2,INPUT_PULLUP);
  while(digitalRead(2)){}

 // 初始化串口通信
  Serial.begin(9600);
  Serial.print("Initializing SD card...");

  // Arduino 上的 SS 引脚(UNO 的 10 号引脚, MEGA 的 53 号引脚)
  // 必须保持于输出模式,否则 SD 卡库无法工作
  pinMode(10, OUTPUT);
  if (!SD.begin(4)) {
    Serial.println("initialization failed!");
    return;
  }
  Serial.println("initialization done.");

  if (SD.exists("arduino.txt")) {
    Serial.println("arduino.txt exists.");
  }
  else {
    Serial.println("arduino.txt doesn't exist.");
  }

  // 打开一个新文件,并立即关闭
  // 如果指定文件不存在,则用该名称创建一个文件
  Serial.println("Creating arduino.txt...");
  SD.open("arduino.txt",FILE_WRITE);
  myFile.close();

  // 检查文件是否存在
  if (SD.exists("arduino.txt")) {
    Serial.println("arduino.txt exists.");
  }
  else {
    Serial.println("arduino.txt doesn't exist.");
```

```
    }
  }

  void loop(){
    // 该程序只运行一次,所以在 loop()中没有其他操作
  }
```

程序下载成功后,打开串口监视器并按下按键,程序会开始运行,此时会看到如图 6-4 所示的提示。

如果还没插入 SD 卡,则会看到“Initializing SD card... initialization failed!”提示。

现在在计算机上使用读卡器查看 SD 卡,就可以看到由以上程序生成的 arduino.txt 文件了。

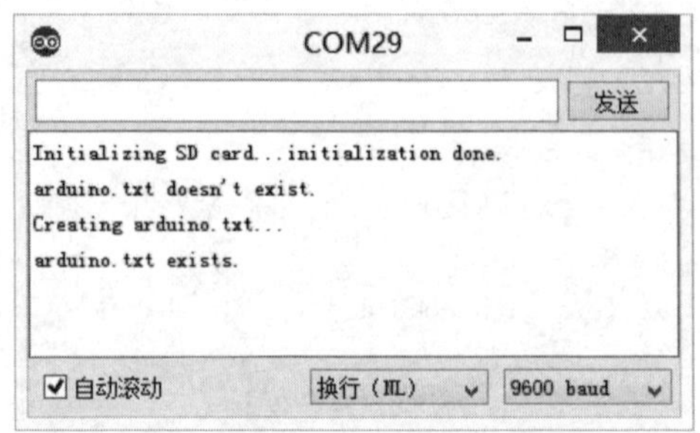

图 6-4 创建文件的输出信息

以上程序中使用了语句

```
SD.begin(4);
```

该语句用来初始化 SD 卡。其中参数 4 指 Arduino 的 4 号引脚连接到 SD 卡模块的 CS 引脚,begin()函数会将 4 号引脚设置为输出模式,并在使用 SD 卡模块时输出低电平,以使能 SD 卡模块。

另外,SD.begin()函数的返回值如果为 true,则表明 SD 卡初始化成功;为 false,则说明 SD 卡初始化失败,见如下语句。

```
if (!SD.begin(4)) {
    Serial.println("initialization failed!");
    return;
}
Serial.println("initialization done.");
```

当 SD 卡初始化成功时,会直接输出“initialization done.”提示;如果初始化失败,Arduino 会输出“initialization failed!”提示失败,并通过 return 语句退出 setup()函数,但 loop()函数中并无程序,所以此时相当于退出了程序。

SD.exists()函数也有返回值,当参数给定的文件存在时,返回 true;当文件不存在时,返回 false。程序中通过判断其返回值来检测文件是否存在,以及是否创建成功。

6.2.5 删除文件

要想删除 SD 卡中的某个文件,需要使用 SD.remove()。这里将删除之前创建的 arduino.txt 文件,实现语句如下。

```
SD.remove("arduino.txt");
```

现在插入之前已经创建了 arduino.txt 文件的 SD 卡,并运行以下程序。

```
/*
OpenJumper SD Module
删除文件
www.openjumper.com
*/
#include <SPI.h>
#include <SD.h>

File myFile;

void setup(){
  //在 2 号引脚上连接一个按键模块,用以控制程序开始
  pinMode(2,INPUT_PULLUP);
  while(digitalRead(2)){}

  // 初始化串口通信
  Serial.begin(9600);
  Serial.print("Initializing SD card...");

  // Arduino 上的 SS 引脚(UNO 的 10 号引脚,MEGA 的 53 号引脚)
  // 必须保持于输出模式,否则 SD 卡库无法工作
  pinMode(10, OUTPUT);
  if (!SD.begin(4)) {
    Serial.println("initialization failed!");
    return;
  }
  Serial.println("initialization done.");

  if (SD.exists("arduino.txt")) {
    Serial.println("arduino.txt exists.");
  }
  else {
    Serial.println("arduino.txt doesn't exist.");
  }

  // 删除文件
  Serial.println("Removing arduino.txt...");
  SD.remove("arduino.txt");

  // 检查文件是否存在
  if (SD.exists("arduino.txt")) {
    Serial.println("arduino.txt exists.");
  }
  else {
    Serial.println("arduino.txt doesn't exist.");
  }
}

void loop(){
  // 该程序只运行一次,所以在 loop()中没有其他操作
}
```

运行该程序,打开串口监视器并按下按键,则会看到如图 6-5 所示的提示。

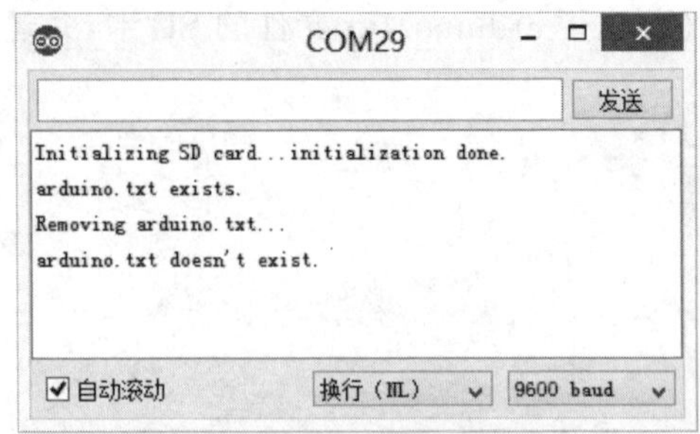

图 6-5　删除文件的输出信息

现在在计算机上使用读卡器查看 SD 卡,就会发现之前创建的 arduino.txt 文件已经被删除了。

6.2.6　写文件

要想对指定文件进行读/写操作,需要先实例化一个 Flie 类型的对象,再将 SD.open()的返回值赋给该对象,然后才可使用该对象来操作指定文件。

接着,再使用 File.print()、File.println()和 File.write()函数向其中写入数据。File 类中的这三个成员函数类似于 HardwareSerial 类中的同名函数。只是这里的输出对象不再是串口,而变成了 SD 卡中的文件。

这里将向 arduino.txt 文件写入数据“Hello Arduino!”,示例程序如下。

```
/*
OpenJumper SD Module
写文件
www.openjumper.com
*/
#include <SPI.h>
#include <SD.h>
File myFile;
void setup()
{
  //在 2 号引脚上连接一个按键模块,用以控制程序开始
  pinMode(2,INPUT_PULLUP);
  while(digitalRead(2)){}
  // 初始化串口通信
  Serial.begin(9600);
  while (!Serial) {
    ; // 等待串口连接,该方法只适用于 Leonardo
  }
```

```
  Serial.print("Initializing SD card...");

  // Arduino 上的 SS 引脚(UNO 的 10 号引脚，MEGA 的 53 号引脚)
  // 必须保持于输出模式,否则 SD 卡库无法工作
  pinMode(10, OUTPUT);

  if (!SD.begin(4)) {
    Serial.println("initialization failed!");
    return;
  }
  Serial.println("initialization done.");

  // 打开文件,需要注意的是,一次只能打开一个文件
  // 如果要打开另一个文件,则必须先关闭之前打开的文件
  myFile = SD.open("arduino.txt", FILE_WRITE);

  // 如果文件打开正常,那么开始写文件
  if (myFile) {
    Serial.print("Writing to arduino.txt...");
    myFile.println("Hello Arduino!");

    // 关闭这个文件
    myFile.close();
    Serial.println("done.");
  }
  else {
    // 如果文件没有被正常打开,那么输出错误提示
    Serial.println("error opening arduino.txt ");
  }
}
void loop()
{
    //该程序只运行一次,因此 loop()中没有其他操作
}
```

运行该程序,可以在串口监视器中看到如图 6-6 所示的提示。

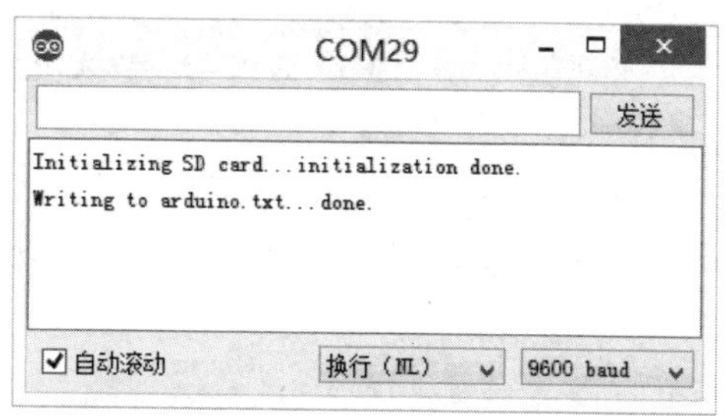

图 6-6 写入文件的输出信息

通过计算机读取 SD 卡可以查看 arduino.txt 文件中的内容,也可以使用 Arduino 进行读文件操作,读出刚才写入的数据。

以上程序中打开文件时使用的语句如下。

```
myFile = SD.open("arduino.txt ", FILE_WRITE);
```

SD. open("arduino. txt ")打开文件语句是以只读方式打开的,而当要进行写文件操作时,应使用 SD. open("arduino. txt ", FILE_WRITE)语句,将文件以可读/写的方式打开。同时,将 SD. open()函数的返回值传递给 myFile 对象后,即可使用 myFile 对象来操作该文件内容。

6.2.7 读文件

读文件与写文件一样,需要先使用 SD. open()打开文件,再使用 Flie. read()读取文件中的数据。

程序实现方法如下。

```
/*
OpenJumper SD Module
读文件
www.openjumper.com
*/
#include <SPI.h>
#include <SD.h>

File myFile;

void setup(){
  //在 2 号引脚上连接一个按键模块,用以控制程序开始
  pinMode(2,INPUT_PULLUP);
  while(digitalRead(2)){}

  // 初始化串口通信
  Serial.begin(9600);
  while (!Serial) {
    ; // 等待串口连接,该方法只适用于 Leonardo
  }
  Serial.print("Initializing SD card...");

  // Arduino 上的 SS 引脚(UNO 的 10 号引脚, MEGA 的 53 号引脚)
  // 必须保持于输出模式,否则 SD 卡库无法工作
  pinMode(10, OUTPUT);

  if (!SD.begin(4)) {
    Serial.println("initialization failed!");
    return;
  }
  Serial.println("initialization done.");

  // 打开文件,需要注意的是,一次只能打开一个文件
  // 如果要打开另一个文件,则必须先关闭之前打开的文件
```

```
  myFile = SD.open("arduino.txt");
  // 如果文件打开正常,那么开始读文件
  if (myFile) {
    Serial.println("arduino.txt:");
    // 读取文件数据,直到文件结束
    while (myFile.available()) {
      Serial.write(myFile.read());
    }
    // 关闭文件
    myFile.close();
  }
  else {
    //如果文件没有正常打开,那么输出错误提示
    Serial.println("error opening arduino.txt ");
  }
}

void loop(){
    //该程序只运行一次,因此 loop()中没有其他操作
}
```

运行以上程序,则会在串口监视器中看到如图 6-7 所示的输出信息。

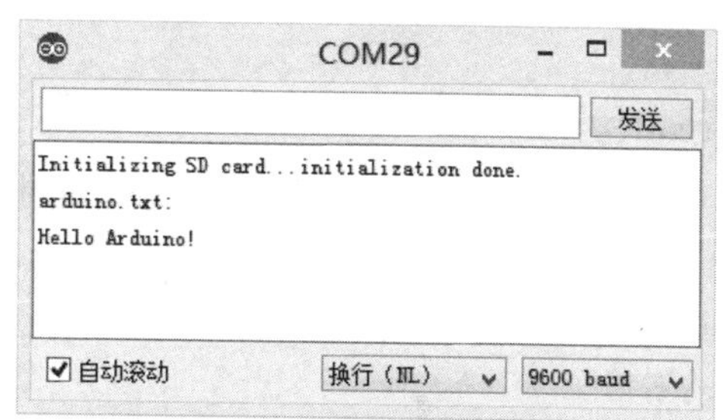

图 6-7　从 SD 卡中读出的信息

Arduino 已经读出了之前写入其中的数据。

在 File 类中,read()的用法类似于 Serial.read(),即每次读取 1 B 数据。当需要读取一个文件中的所有数据时,和之前读取串口数据的方法类似,先通过 File.available()检查可读取的字节数,再进行读取。语句搭配的方法如下。

```
while (myFile.available())
{
    Serial.write(myFile.read());
}
```

6.3　项目:SD 卡环境数据记录器

这里将使用 Arduino 制作一个环境数据记录器,用来检测一天的温度变化情况,并将数据写入 SD 卡中。

本项目会用到 DHT11 温湿度检测模块。

6.3.1 DHT11 温湿度检测模块的使用

DHT11 数字温湿度传感器(图 6-8)是一款含有已校准数字信号输出的温湿度复合传感器。使用它可以测出环境温度和相对湿度。

DHT11 相对湿度的检测精度为 1%Rh,温度的检测精度为 1 ℃。两次读取传感器数据的时间间隔应大于 1 s。

使用 DHT11 温湿度传感器需要用到 DHT11 类库,可以在 http://playground.arduino.cc/Main/DHT11Lib 网址找到 DHT11 类库,也可以在 http://clz.me/arduino-book/lib/dht11 上下载已经封装好的类库。

图 6-8 DHT11 数字温湿度模块

DHT11 类只有一个成员函数 read()。

read()

功能:读取 DHT11 传感器的数据,并将温湿度数值分别存入 temperature 和 humidity 两个成员变量中。

语法:Dht11.read(pin)

参数:

Dht11,一个 dht11 类型的对象。

pin,Arduino 连接 DHT11 传感器的引脚号。

返回值:int 型值,为下列值之一:

- 0,对应宏 DHTLIB_OK,表示接收到数据且校验正确;
- -1,对应宏 DHTLIB_ERROR_CHECKSUM,表示接收到数据但校验错误;
- 2,对应宏 DHTLIB_ERROR_TIMEOUT,表示通信超时。

6.3.2 硬件连接方法

如果使用的是 DHT11 温湿度模块,那么直接将其连接到对应的 Arduino 引脚即可;如果使用的是 DHT11 传感器元件,那么还需要注意它的引脚顺序(图 6-9),其中 NC 为悬空引脚,不用连接。

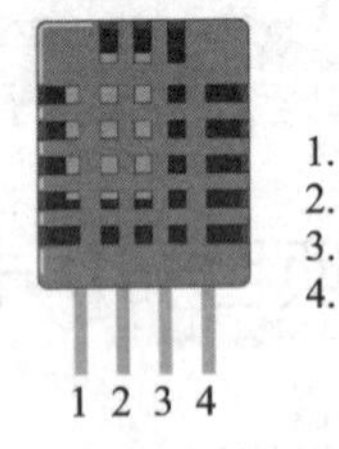

图 6-9 DHT11 引脚

如图 6-10 所示,在 DHT11 的 DATA 引脚与 5 V

之间接入了一个 10 kΩ 电阻，用于稳定通信电平；在靠近 DHT11 的 VCC 引脚和 GND 之间接入了一个 100 nF 的电容，用于滤除电源波动。

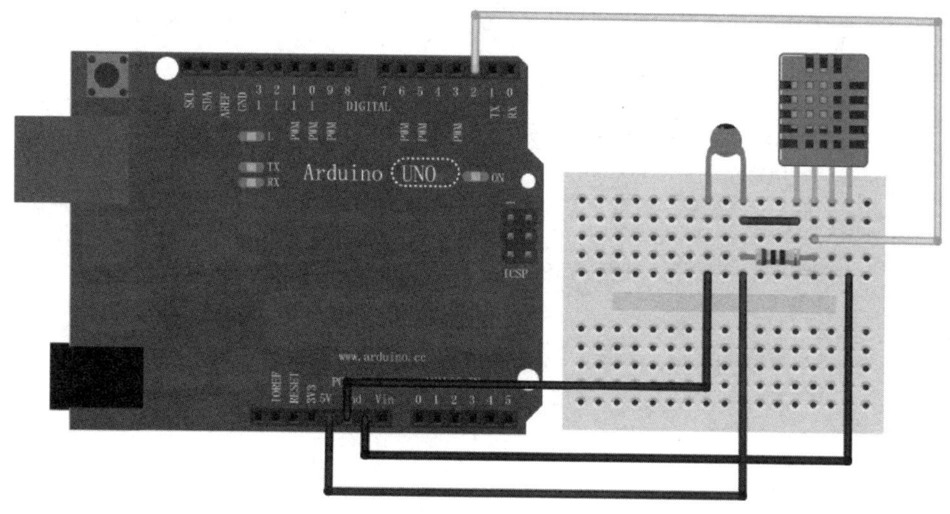

图 6-10　DHT11 使用连接示意图

在使用 DHT11 传感器时，需要先实例化一个 dht11 类型的对象；再使用 read() 函数读出 DHT11 中的数据，读出的温湿度数据会被分别存储到 temperature 和 humidity 两个成员变量中。

程序代码如下。

```
/*
OpenJumper Examples
DHT11 Moudle
www.openjumper.com
*/
#include <dht11.h>
dht11 DHT11;
#define DHT11PIN 2
void setup()
{
  Serial.begin(9600);
}
void loop()
{
  Serial.println("\n");
  // 读取传感器数据
  int chk = DHT11.read(DHT11PIN);
```

```
    Serial.print("Read sensor: ");
    // 检测数据是否正常接收
    switch (chk)
    {
      case DHTLIB_OK:
          Serial.println("OK");
          break;
      case DHTLIB_ERROR_CHECKSUM:
          Serial.println("Checksum error");
          break;
      case DHTLIB_ERROR_TIMEOUT:
          Serial.println("Time out error");
          break;
      default:
          Serial.println("Unknown error");
          break;
    }
    // 输出湿度与温度信息
    Serial.print("Humidity (%): ");
    Serial.println(DHT11.humidity);
    Serial.print("Temperature (oC): ");
    Serial.println(DHT11.temperature);

    delay(1000);
}
```

运行以上程序,打开串口监视器,则会看到如图 6-11 所示的输出信息。如果还没有连接到传感器或者读数据出错,则可能会看到其他错误提示。

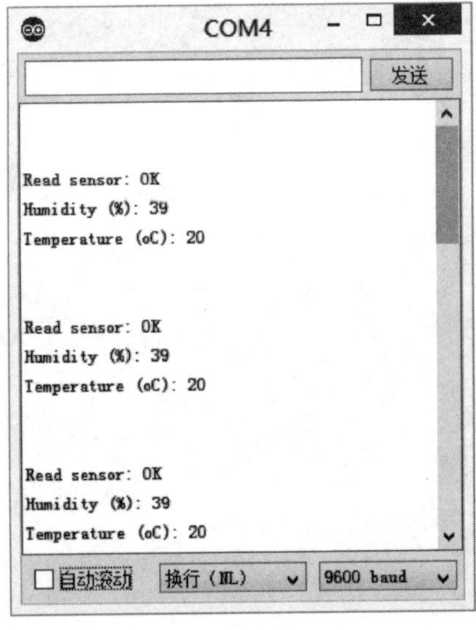

图 6-11 DHT11 检测到的环境温湿度

6.3.3 温湿度记录器

现在将光敏模块、DHT11 模块、TF 卡模块连接到 Arduino 上。Arduino 使用 analogRead()函数和 DHT11 类库采集光线和温湿度数据，并将数据写入 SD 卡中。记录器实物如图 6-12 所示。

图 6-12 SD 卡环境数据记录器实物图

本项目将 DHT11 连接到 D2 引脚，将光敏模块连接到 A0 引脚，并通过 D4 引脚对 SD 卡模块进行选择，因为项目中并没有其他 SPI 设备，因此也可以直接将 SD 卡模块的 CS 引脚连接到 Arduino 的 GND 上，以保持选择 SD 卡状态。

程序代码如下。

```
/*
OpenJumper Example
环境记录器
奈何 col 2013.3.14
www.openjumper.com
*/

#include <SPI.h>
#include <SD.h>
#include <dht11.h>

dht11 DHT11;
```

```
#define DHT11_PIN 2            // DHT11 引脚
#define LIGHT_PIN A0           //光敏模块引脚
const int chipSelect = 4;      // TF 卡 CS 选择引脚

void setup()
{
    // 初始化串口
    Serial.begin(9600);
    //将 SS 引脚设置为输出状态,UNO 为 10 号引脚
    pinMode(10, OUTPUT);
    // 初始化 SD 卡
    Serial.println("Initializing SD card");
    if (!SD.begin(chipSelect))
    {
        Serial.println("initialization failed!");
        while(1);
    }
    Serial.println("initialization done.");
}

void loop()
{
    // 读取 DHT11 的数据
    Serial.println("Read data from DHT11");
    DHT11.read(DHT11_PIN);

    // 读取光敏模块的数据
    Serial.println("Read data from Light Sensor");
    int light = analogRead(LIGHT_PIN);
    // 打开文件并将 DHT11 检测到的数据写入文件
    Serial.println("Open file and write data");
    File dataFile = SD.open("datalog.txt", FILE_WRITE);
    if (dataFile)
    {
        dataFile.print(DHT11.humidity);
        dataFile.print(",");
        dataFile.print(DHT11.temperature);
        dataFile.print(",");
        dataFile.println(light);
        dataFile.close();
    }
    else
    {
```

```
        Serial.println("error opening datalog.txt");
    }
    //延时一分钟
    Serial.println("Wait for next loop");
    delay(60000);
}
```

程序下载完成后，将其放在需要检测数据的位置，即可开始记录数据了。还可以尝试在其中加入更多的传感器，以记录各种不同的数据。

通过计算机打开 SD 卡，可以看到名为 datalog.txt 的文件，这就是数据记录器所采集到的环境数据。

在本例程中的 SD 卡初始化阶段，使用了以下语句：

```
// 初始化 SD 卡
Serial.println("Initializing SD card");
if (! SD.begin(chipSelect))
{
    Serial.println("initialization failed!");
    while(1);
}
Serial.println("initialization done.");
```

可见，在 SD 卡初始化失败后，使用了 while(1);这条语句，而在本章之前的例程，均使用 return;语句。这是由于之前的例程 loop 部分并没有程序，故在 setup 部分使用 return;语句即可跳出 setup 函数，进而进入没有意义的 loop 循环中，达到停止程序的效果。而本例程中 loop 部分是存在程序的，如果 SD 卡初始化失败，loop 中程序继续执行也无法达到正确的效果。因此本例程使用了 while(1);语句，当 SD 卡初始化失败，程序将直接进入 while(1);死循环，进而达到停止程序的效果。

6.3.4　在 Excel 中分析数据

分析数据并绘制图表的方法很多，有很多专业的软件，如 Matlab、Mathematica。由于这里只做一些简单的数据分析，因此在 Excel 中即可完成。下面将演示如何将刚刚制作的数据记录器记录的文本数据导入到 Excel 中。

如图 6－13 所示，首先在 Excel 中选择“文件”→“打开”菜单项，会弹出打开文件窗口。

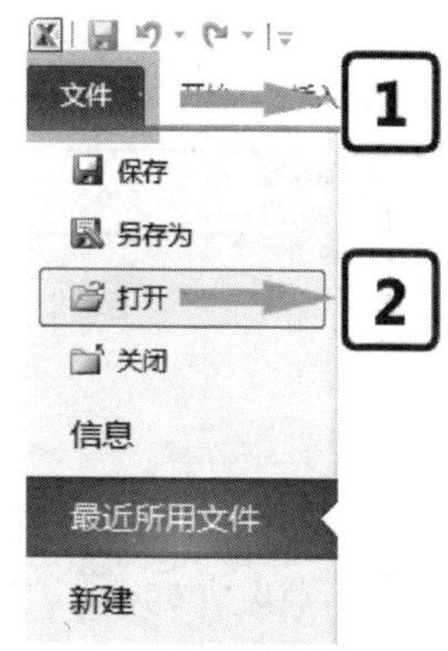

图 6－13　打开文本文件

如图 6－14 所示，在打开的窗口中，默认不能看到 TXT 后缀的文件，因此需要将打开文件类型选择为所有文件(＊.＊),然后再找到需要导入的文件并打开。

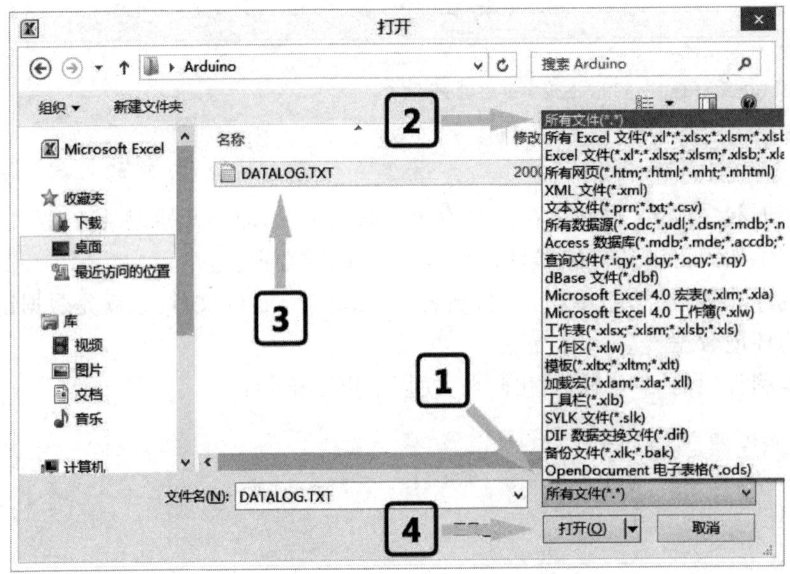

图 6－14　选择文本文件

如图 6－15 所示,单击"打开"按钮后,会弹出文本导入向导,第 1 步 Excel 会对文本进行分行处理。此处的文本是使用 println()输出的,因此每组都有换行符,所以只需选择默认选项"分隔符号"即可,然后单击"下一步"按钮。

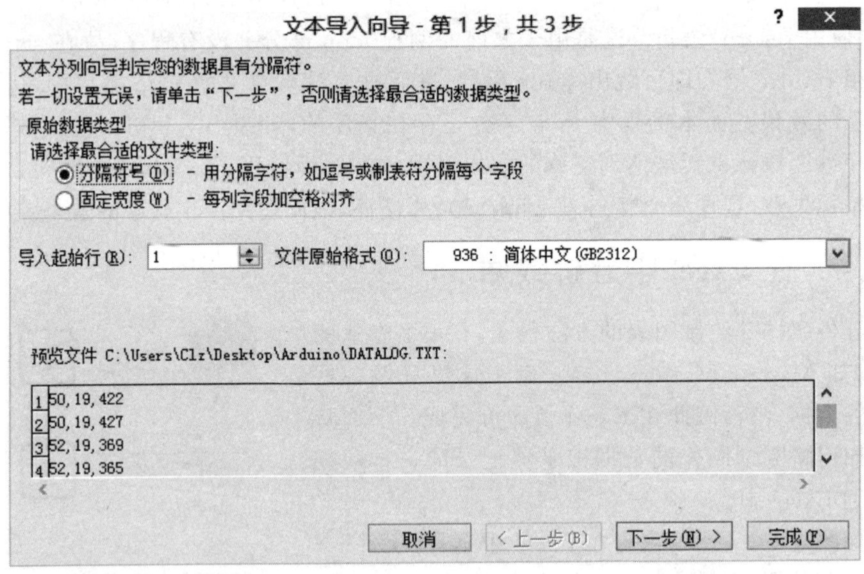

图 6－15　选择分隔 1

如图 6－16 所示,第 2 步 Excel 是对文本进行分列处理。之前在向 SD 卡写入数据时,数据之间都使用逗号","作为分隔符,因此这里的分隔符号选择"逗号",并单击

“下一步”按钮。

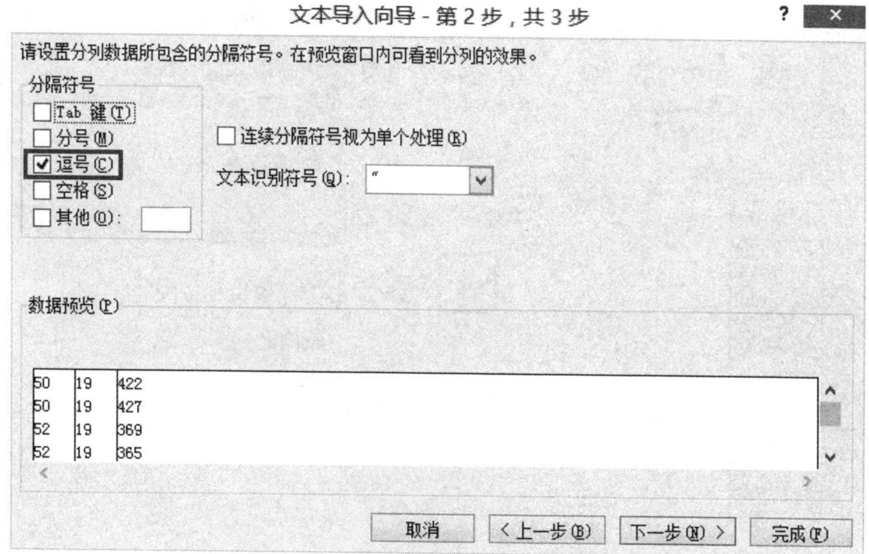

图 6 - 16　选择分隔 2

如图 6 - 17 所示，第 3 步不用做修改，默认“常规”即可。单击“完成”按钮。

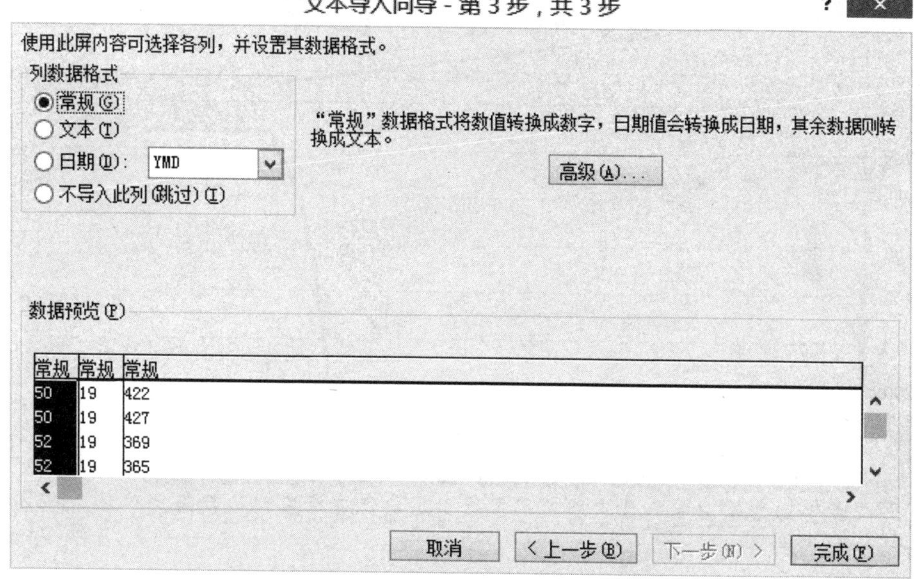

图 6 - 17　选择分隔 3

此时就会看到被导入的文本已经按行、列分好了。接下来按图 6 - 18 所示进行操作：

① 选中一列数据；

② 在插入菜单中选择折线图(根据自己的数据内容选择显示形式)；

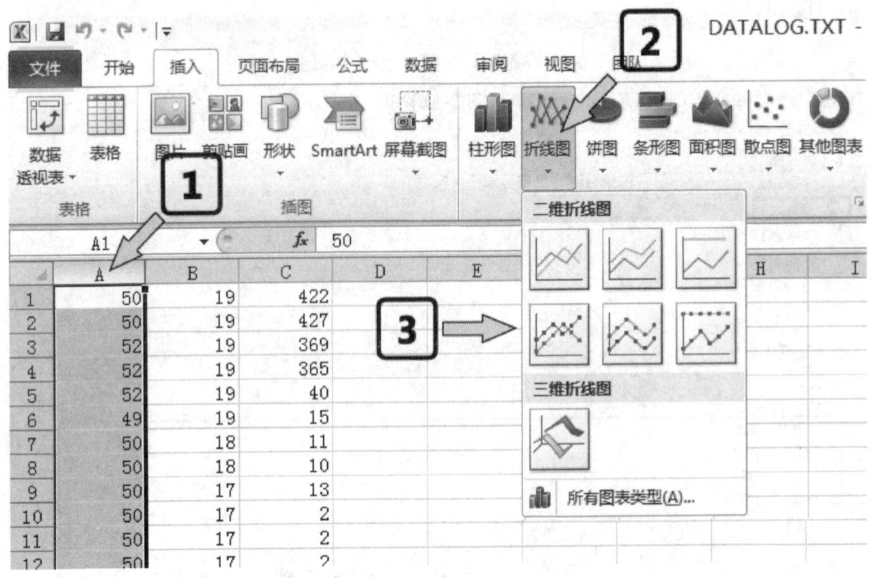

图 6 - 18　根据数据生成折线图

③ 选择一种折线表示形式。

选择完显示形式后,即可看到 Excel 生成的数据折线图了,效果如图 6 - 19 所示。

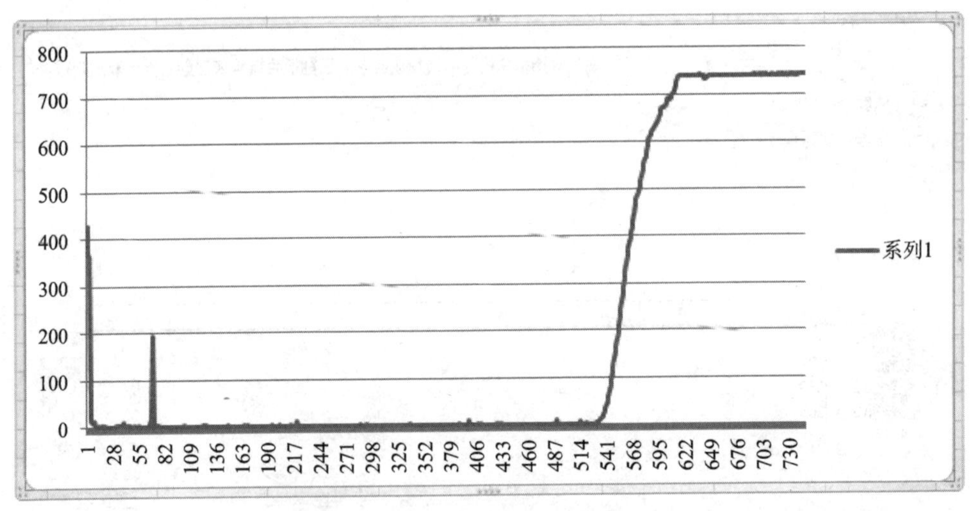

图 6 - 19　Excel 生成的折线图

这样就得到了数据的变化图。还可以尝试接入其他的传感器,采集更多的数据,或是使用时钟模块获得更准确的时间信息。

第7章

无线通信篇——红外遥控

Arduino可使用的无线通信方式众多，如ZigBee、WiFi和蓝牙等。

较为常见的方式是使用串口透传模块，这类模块在设置好以后连接到Arduino串口，即可采用串口通信的方式进行通信，该过程相当于将串口的有线通信改为了无线通信方式，而程序不需要修改。

另一种常见的方式是使用SPI接口的无线模块，该类模块通常都有配套的驱动库，如Arduino Wifi扩展板。这种方式驱动无线模块，传输速率更快，可以完成更多高级操作。

Arduino可以使用的无线模块很多，驱动方式各有不同，本书中不做过多介绍。本章要介绍一种最常用、成本最低的无线通信方式——红外通信。

红外通信是一种利用红外光编码进行数据传输的无线通信方式，是目前使用最广泛的一种通信和遥控手段。由于红外线遥控装置具有体积小、功耗低、成本低等特点，因而被广泛应用于各个领域。生活中常见的电视机遥控器和空调遥控器，均使用红外线遥控。

要想使用红外线遥控，需要准备以下器材。

1. 一体化红外接收头

一体化红外接收头(图7-1)的内部集成了红外接收电路，包括红外监测二极管、放大器、限幅器、带通滤波器、积分电路和比较器等。它可以接收红外信号并还原成发射端的波形信号。通常使用的一体化红外接收头都是接收38 kHz左右的红外信号。

需要注意的是，不同的红外一体接收头可能会有不同的引脚定义。

2. 红外遥控器

红外遥控器(图7-2)上的每个按键都有各自的编码，按下按键后，遥控器就会发送对应编码的红外波。最常见的红外遥控器大多使用NEC编码。

生活中的大多数红外通信都使用38 kHz的频率进行通信，这里使用的一体化接收头和遥控器也使用38 kHz的频率收/发信号。如果使用其他频率进行通信，则需要选用对应频率的器材。

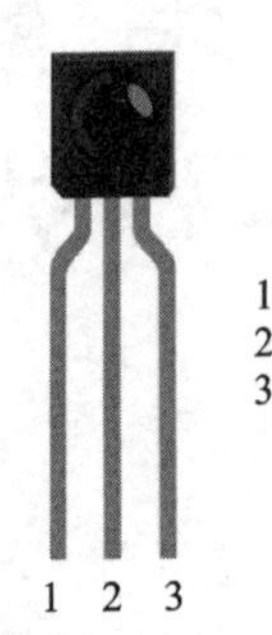

图 7-1 一体化红外接收头

图 7-2 红外遥控器

3. 红外发光二极管

虽然红外发光二极管(图 7-3)的外形和使用方法与普通发光二极管的相似,但是它可以发出肉眼不可见的红外光。与红外一体接收管搭配使用,就可以进行红外通信了。

要想使用红外遥控功能,还需要用到一个第三方的红外遥控库——IRremote 库,可以从网址 https://github.com/shirriff/Arduino-IRremote 下载到。

图 7-3 红外发光二极管

7.1 IRremote 类库成员函数

1. IRrecv 类

IRrecv 类可用于接收红外信号并对其解码。在使用该类之前,需要实例化一个该类的对象。其成员函数如下。

(1) IRrecv()

功能:IRrecv 类的构造函数。可用于指定红外一体化接收头的连接引脚。

语法:IRrecvobject(recvpin)

参数:

object,用户自定义的对象名。

recvpin,连接到红外一体化接收头的 Arduino 引脚编号。

(2) enableIRIn()

功能:初始化红外解码。

语法:IRrecv.enableIRIn()

参数:

IRrecv，一个 IRrecv 类的对象。

返回值：无。

(3) decode()

功能：对接收到的红外信息进行解码。

语法：IRrecv. decode(&results)

参数：

IRrecv，一个 IRrecv 类的对象。

results，一个 decode_results 类的对象。

返回值：int 型，解码成功返回 1，失败返回 0。

(4) resume()

功能：接收下一个编码。

语法：IRrecv. resume()

参数：

IRrecv，一个 IRrecv 类的对象。

返回值：无。

2. IRsend 类

IRsend 类可以对红外信号编码并发送。

(1) IRsend()

功能：IRsend 类的构造函数。

语法：IRsendobject()

参数：

object，一个 IRsend 类的对象。

(2) sendNEC()

功能：以 NEC 编码格式发送指定值。

语法：IRsend. sendNEC(data, nbits)

参数：

IRsend，一个 IRsend 类的对象。

data，发送的编码值。

nbits，编码位数。

返回值：无。

(3) sendSony()

功能：以 Sony 编码格式发送指定值。

语法：IRsend. sendSony(data, nbits)

参数：

IRsend，一个 IRsend 类的对象。

data，发送的编码值。

nbits,编码位数。

返回值:无。

(4) sendRaw()

功能:发送原始红外编码信号。

语法:IRsend. sendRaw(buf,len,hz)

参数:

IRsend,一个 IRsend 类的对象。

buf,存储原始编码的数组。

len,数组长度。

hz,红外发射频率。

返回值:无。

除此之外还有如下函数,用于其他常见协议的红外信号发送:

- sendRC5();
- sendRC6();
- sendDISH();
- sendSharp();
- sendPanasonic();
- sendJVC()。

在红外通信中的两端,一端进行红外信号的编码并发送,另一端接收红外信号并解码。

以下示例中将使用红外遥控器作为红外信号的发送端,使用 Arduino 和一体化接收头作为红外信号的接收端。

7.2 红外接收

要想使用遥控器来控制 Arduino,首先需了解遥控器各按键对应的编码,不同的遥控器,不同的按键,不同的协议,都对应着不同的编码。可通过 IRremote 的示例程序来获取遥控器发送信号的编码。

红外信号接收端的制作只需将红外一体化接收头按图 7-4 连入 Arduino 即可,示例中将红外一体化接收头的输出脚连接到 Arduino 的 11 号引脚。

这里使用以下程序对红外信号进行解码,可以通过选择“文件”→“示例”→IRremote→IRrecvDemo 菜单项找到该程序。

```
/*
 * IRremote: IRrecvDemo - demonstrates receiving IR codes with IRrecv
 * An IR detector/demodulator must be connected to the input RECV_PIN.
 * Version 0.1 July, 2009
```

```
 * Copyright 2009 Ken Shirriff
 * http://arcfn.com
 */
#include <IRremote.h>
int RECV_PIN = 11;              // 红外一体化接收头连接到Arduino的11号引脚
IRrecv irrecv(RECV_PIN);
decode_results results;         // 用于存储编码结果的对象
void setup()
{
  Serial.begin(9600);           // 初始化串口通信
  irrecv.enableIRIn();          // 初始化红外解码
}
void loop() {
  if (irrecv.decode(&results))
  {
    Serial.println(results.value, HEX);
    irrecv.resume();            // 接收下一个编码
  }
}
```

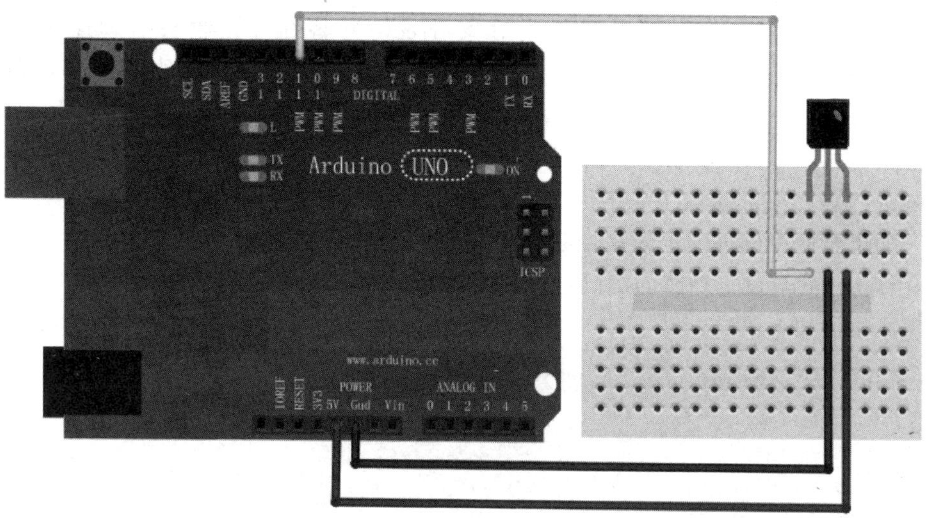

图7-4　红外接收连接示意图

下载该示例程序后，使用遥控器向红外一体化接收头发送信号，并在串口监视器中查看，则会看到如图7-5所示的信息。

遥控器的每个按键都对应了不同的编码，不同的遥控器使用的编码方式也不相

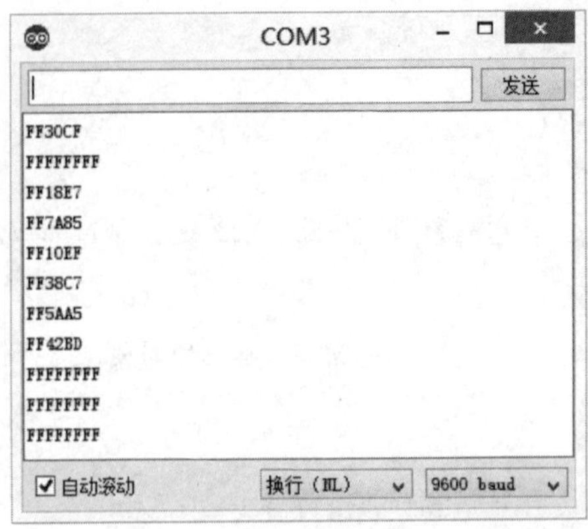

图 7-5　通过 Arduino 解码后得到的数据

同。之所以出现"FFFFFFFF"编码,是因为使用的是 NEC 协议的遥控器,当按住某按键不放开时,其会发送重复编码"FFFFFFFF"。对于其他协议的遥控器,则会重复发送其对应的编码。可从网址 http://lirc.sourceforge.net/remotes/找到常见品牌遥控器的编码。

在以上示例中,通过语句

```
int RECV_PIN = 11;
IRrecv irrecv(RECV_PIN);
```

实例化了一个 IRrecv 类的红外接收对象 irrecv,并将红外接收头引脚连接到了 Arduino的 11 号引脚上;接着在 setup()中使用 enableIRIn()函数初始化红外解码功能。在 loop()中使用 decode()函数检查是否收到编码,并将结果存储到 decode_results类的 results 对象中。解码后的结果会保存在 results.value 中;最后通过 resume()函数开始接收下一个编码。

如果要使用红外遥控器来控制 Arduino 上连接的设备,则只需将解码后的结果 results.value 与设定功能的编码进行比对,如果一致,便执行相应的功能,如在以上程序中添加如下语句:

```
switch (results.value)
{
  case 0xFFA25D:
  // 按键对应的动作
  break;
  case 0xFFE21D:
  // 按键对应的动作
  break;
  case 0xFF9867:
  // 按键对应的动作
```

```
    break;
    ......
}
```

在此后的项目中将会用到这样的写法。

7.3　红外发射

除了使用红外遥控器发射红外信号外，也可以使用 Arduino 来发送经过编码的红外信号。如图 7-6 所示，只需将红外发射管与 Arduino 连接即可，连接方式与普通 LED 类似，只要串联一个限流电阻即可。另外，IRremote 库只能使用 3 号引脚作为红外信号输出脚。

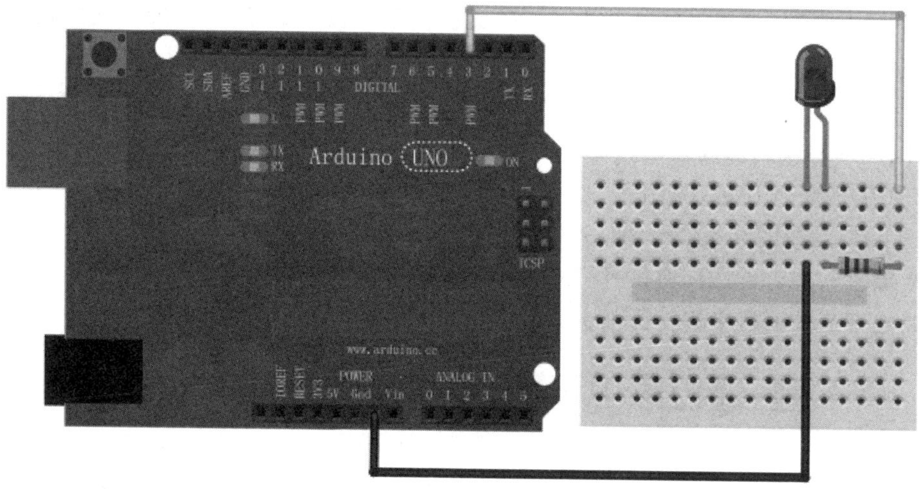

图 7-6　红外发射连接示意图

可以通过选择“文件”→“示例”→IRsend Demo 菜单项找到该示例程序。

```
/*
 * IRremote: IRsendDemo - demonstrates sending IR codes with IRsend
 * An IR LED must be connected toArduino PWM pin 3.
 * Version 0.1 July, 2009
 * Copyright 2009 KenShirriff
 * http://arcfn.com
 */
#include <IRremote.h>

IRsend irsend;
```

```
void setup()
{
}

void loop() {
    for (int i = 0; i<3; i++) {
        irsend.sendSony(0xa90, 12);          //发送索尼电视机电源开关对应编码
        delay(40);
    }
    delay(5000);                             //延时五秒触发一次信号发送
}
```

这样便可模拟红外遥控器发射的经过编码的红外信号了。虽然红外光不可见，但可以通过手机或者电脑的摄像头来观察红外 LED 是否发光,以便排除硬件问题。

还可以使用两块 Arduino 进行红外无线通信。在一定环境下,即使接收模块与发送模块没有相对,红外信号也可以靠物体反射进行传播。

以上程序中使用了 for 循环,发送了 3 次 Sony 红外编码,这是因为在 Sony、RC5、RC6 协议中都规定编码要发送 3 次。

IRremote 库还可以使用其他函数来发送不同编码的红外信号,如使用 sendNEC()发送 NEC 编码的红外信号,使用 sendPanasonic()发送松下编码的红外信号等。

除了这些常见标准协议外,IRremote 库还支持发送自定义的原始编码,有关内容将在下面的项目中进行详细讲解。

7.4 实验:遥控家电设备

除了用遥控器控制 Arduino 外,还可以使用 Arduino 发送红外信号来控制其他红外遥控设备。

1. 实验所需器材

实验所需器材包括 Arduino UNO、红外一体接收模块、红外发送模块、可红外遥控的家电及遥控器。

实物如图 7-7 所示。红外接收模块连接到 Arduino 的 11 号引脚,红外发送模块连接到 Arduino 的 3 号引脚。

也可以使用 7.2 节和 7.3 节中所示的电路完成本实验。

2. 实现原理

一个遥控器之所以能够遥控相应的设备,是因为遥控器和设备中均存储了可实现各种功能的编码。按下遥控器上的不同按键会发送不同编码的红外信号,设备接收到遥控器发送的信号后,设备中的程序即会运行该信号编码对应的程序。

因此要想控制一个电器，就需要先知道该电器各功能所对应的红外信号编码，然后再使用 Arduino 和红外发射模块将所需要的编码信号发送给该电器，这样便可达到 Arduino 控制电器设备的目的，如 7.3 节所示的发送 Sony、NEC 等协议。

图 7-7　红外遥控家电设备实物图

但是很多家电厂商都有自己的编码协议，且 IRremote 库并不支持，对于这种情况，IRremote 库还提供了一种以高低电平时间记录原始编码数据的方法。使用该方法，即使不清楚信号的编码协议，只要将这些数据记录下来，再通过红外发射模块发送出一模一样的信号，便可达到控制家电设备的目的。

为了使 IRremote 库可以应对更多的品牌和不同编码的家电协议，需要先对库文件做如下修改：打开 Arduino IDE 安装文件夹下的 libraries\IRremote\IRremote.h 头文件，找到语句

```
#define RAWBUF 100// Length of raw duration buffer
```

并将其修改为

```
#define RAWBUF 255// Length of raw duration buffer
```

然后保存。

接着使用以下程序获取家电的原始编码数据。

```
/*
获取原始红外信号
OpenJumper 的 38 kHz 频率的红外一体化接收模块
2013.4.24 奈何 col
*/
#include <IRremote.h>
int RECV_PIN = 11;  //红外接收模块连接到 11 号引脚上
IRrecv irrecv(RECV_PIN);
decode_results results;
void setup()
```

```
{
    Serial.begin(9600);
    irrecv.enableIRIn();
}
void loop()
{
  if (irrecv.decode(&results))
  {
      dump(&results);
      irrecv.resume();
  }
}
void dump(decode_results * results)
{
    int count = results->rawlen;
    Serial.print("Raw (");
    Serial.print(count);
    Serial.print("): ");
    for (int i = 0; i < count; i++)
    {
        Serial.print(results->rawbuf[i] * USECPERTICK);
        Serial.print(",");
    }
    Serial.println();
}
```

下载程序后，打开串口监视器，并使用家电遥控器向一体化红外接收头发送红外信号，随意按下遥控器上的按键，则会看到类似图 7－8 所示的输出信息。

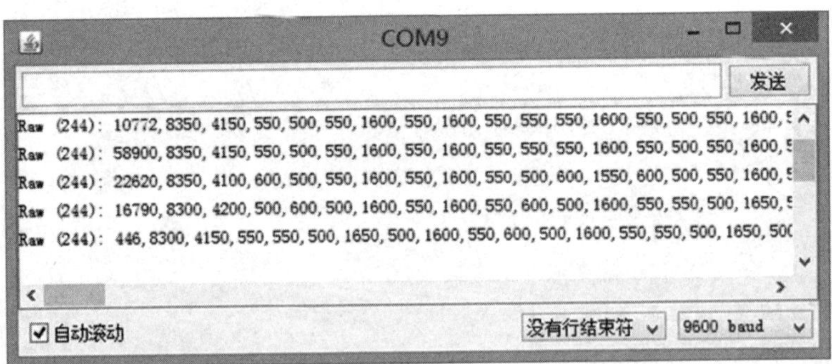

图 7－8　记录的原始红外编码数据

这里使用的是空调遥控器，要想控制自己的家电设备，需要使用对应的遥控器，并获取其编码。每次按下按键,Arduino 都会输出一长串的数列,这些输出数列便是以高低电平持续时间表示的红外信号原始编码数据。其中括号中的 244 表示该数列有 244 项。

每个数列的第一项都是不定值,可以直接删去,删去后,将余下的数据做成一个数组。例如,这里将打开空调的原始编码做成了一个数组,如下所示。

```
//打开空调原始编码
unsigned int on_button[243] = {
8300,4150,550,600,500,1550,600,1600,500,600,500,1600,550,600,500,1550,600,500,
550,1650,500,1600,550,1600,550,550,550,1550,550,1650,500,1650,500,550,550,550,
550,550,500,550,550,550,550,550,500,600,500,600,500,550,500,1600,550,550,550,
550,550,550,500,550,550,550,550,600,450,600,450,600,550,1600,550,550,500,600,
500,550,550,1600,550,550,500,550,550,550,550,550,550,550,500,550,550,550,550,
550,500,550,550,550,550,550,550,550,500,550,550,550,500,600,500,550,550,550,550,
550,500,600,500,550,550,550,500,600,500,550,550,550,500,600,500,550,550,550,550,
550,500,550,550,550,550,550,500,550,550,550,550,550,500,600,500,550,550,550,500,
600,500,550,550,550,550,550,500,550,550,550,550,550,550,550,500,550,550,550,550,
550,500,550,550,550,550,550,500,550,550,550,550,550,500,600,500,550,550,550,500,
600,500,550,550,550,550,550,500,550,550,550,550,550,500,600,500,550,550,550,500,
600,500,550,550,550,500,600,500,550,550,550,550,550,500,550,550,1600,550,1600,
550,1600,550,1600,550,500,550,550,550,550,550 };
```

之后只要使用 sendRaw()函数将该红外信号数据发送出去即可。发送原始红外编码信号的完整示例程序如下。

```
#include <IRremote.h>

IRsend irsend;
unsigned int on_button[243] = {
8300,4150,550,600,500,1550,600,1600,500,600,500,1600,550,600,500,1550,600,500,
550,1650,500,1600,550,1600,550,550,550,1550,550,1650,500,1650,500,550,550,550,
550,550,500,550,550,550,550,550,500,600,500,600,500,550,500,1600,550,550,550,
550,550,550,500,550,550,550,550,600,450,600,450,600,550,1600,550,550,500,600,
500,550,550,1600,550,550,500,550,550,550,550,550,550,550,500,550,550,550,550,
550,500,550,550,550,550,550,550,550,500,550,550,550,500,600,500,550,550,550,550,
550,500,600,500,550,550,550,500,600,500,550,550,550,500,600,500,550,550,550,550,
550,500,550,550,550,550,550,500,550,550,550,550,550,500,600,500,550,550,550,500,
600,500,550,550,550,550,550,500,550,550,550,550,550,550,550,500,550,550,550,550,
550,500,550,550,550,550,550,500,550,550,550,550,550,500,600,500,550,550,550,500,
600,500,550,550,550,550,550,500,550,550,550,550,550,500,600,500,550,550,550,500,
600,500,550,550,550,500,600,500,550,550,550,550,550,500,550,550,1600,550,1600,
550,1600,550,1600,550,500,550,550,550,550,550};

void setup(){}

void loop()
{
    irsend.sendRaw(on_button,243,38); //发送原始编码数据
    delay(5000);
}
```

下载程序后,将红外发射模块对着家中的空调便可以打开空调了。

以上程序中语句

```
irsend.sendRaw(open_button,243,38);
```

的三个参数分别为发送的数组、数组长度及发送红外信号的频率。

需要注意的是,在大多数的空调遥控器上,虽然开/关空调是一个按键,但实际上打开和关闭功能是两个编码,上面示例程序中的编码是开空调的编码。同样,对于空调的调温按钮,通常每一个温度值都对应了一个按键编码,因此如果想要调温,就要使用之前的程序,把各个温度对应的编码都记录下来。

可以尝试将蓝牙、WiFi 等与 Arduino 红外遥控结合,制作一个可手机控制家电的项目;亦可以制作一个将红外收/发器件连接到 Arduino Ethernet 上,通过网络控制家中电器的项目。

第 8 章 LCD 显示篇

Arduino 可用的显示模块众多，最常见的就是 1602 字符型液晶显示器了。

8.1 1602 LCD 的使用——LiquidCrystal 类库的使用

1602 液晶显示器（1602 Liquid Crystal Display，此后简称 1602 LCD）（图 8-1）是一种常见的字符型液晶显示器，因其能够显示 16×2 个字符而得名。

图 8-1 1602 LCD

通常使用的 1602 LCD 中集成了字库芯片，通过 LiquidCrystal 类库提供的 API，可以很方便地使用 1602 LCD 来显示英文字母和一些符号。

在使用 1602 LCD 之前需要将其连接到 Arduino 上。

8.1.1 将 1602 LCD 与 Arduino 连接

常见的 1602 LCD 有 16 个引脚，其具体功能如表 8-1 所列。

表 8-1 1602 LCD 引脚

序　号	引　脚	说　明
1	VSS	电源地
2	VDD	电源 5 V
3	V0	对比度调整。电压越大对比度越小
4	RS	数据/命令选择。高电平时选择数据寄存器，低电平时选择指令寄存器
5	R/W	读/写选择。高电平时进行读操作，低电平时进行写操作
6	E	使能信号。由高电平变为低电平时执行命令

续表 8-1

序　号	引　脚	说　明
7～14	D0～D7	8 位双向数据线
15	A	LCD 背光电源正极
16	K	LCD 背光电源负极

1602 LCD 是一块并口显示屏,一般可使用两种接线方式——4 位数据线接法和 8 位数据线接法。

8 位数据线接法使用 D0～D7 传输数据,传输速度较快,但使用较多 Arduino 的引脚。由于这里使用的 Arduino UNO 的接口较少,因此通常使用 4 位数据线接法来连接 1602 LCD,即使用 D4～D7 传输数据。

本书的示例均使用 4 位数据线接法。该接法的 1602 LCD 引脚对应 Arduino 引脚的情况如表 8-2 所列。

表 8-2　1602 LCD 与 Arduino 连接时的引脚对应

1602 LCD 引脚	Arduino 引脚
RS	12
R/W	GND
E	11
D4	5
D5	4
D6	3
D7	2

如果自己的 Arduino 项目上已经占用了很多引脚,则可以根据实际情况更换连接的引脚,更换后只需在程序中修改 LCD 初始化参数即可。

如图 8-2 和图 8-3 所示,图中接入了一个电位器,向 1602 LCD 的 V0 输出一个可调电压,用于控制屏幕的显示对比度。

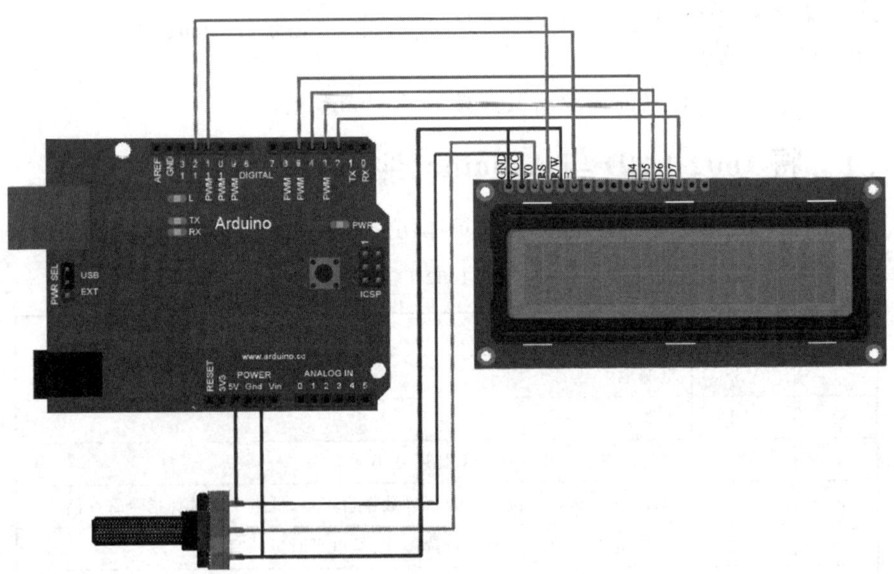

图 8-2　1602 LCD 与 Arduino 连接示意图

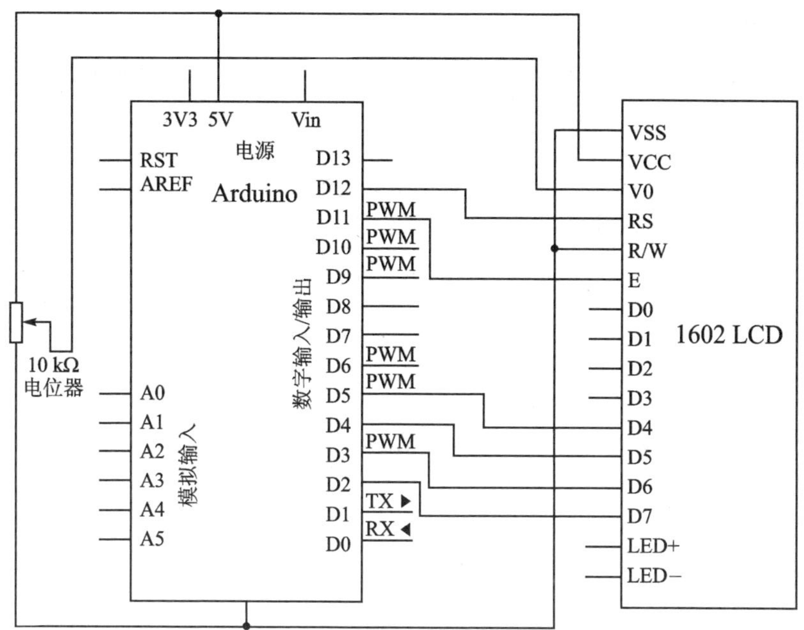

图 8-3　1602 LCD 与 Arduino 连接电路原理图

8.1.2　1602 LCD 相关参数

另外，在编写程序之前还需了解 1602 LCD 的相关参数，因为这些参数涉及程序的编写。

1. 行　列

在使用时，需要注意 1602 LCD 行、列地址的编号都是从 0 开始的，如图 8-4 所示。第一行为 row0，第一列为 column0。

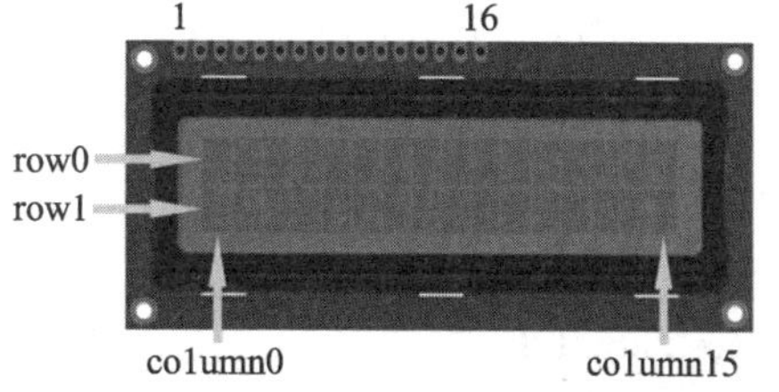

图 8-4　1602 LCD 行、列编号

2. 光　标

同在计算机上输入字符一样，在 1602 LCD 中显示字符时也有光标，在输出字符之前需要将光标移动到所要输出字符的位置上，每输出一个字符，光标会自动跳到下一个输出位置。

8.1.3　LiquidCrystal 类库成员函数

在使用 1602 字符型液晶显示器之前，需要先包含 LiquidCrystal. h 头文件，其中声明了该类的成员函数。各成员函数如下。

1. LiquidCrystal()

功能:LiquidCrystal 类的构造函数,用于初始化 LCD。需要根据所使用的接线方式来填写对应的参数。

语法:

根据接线方式的不同,函数的使用方法也不同:

- 4 位数据线接法的语法是:

LiquidCrystal(rs, enable, d4, d5, d6, d7)

LiquidCrystal(rs, rw, enable, d4, d5, d6, d7)

- 8 位数据线接法的语法是:

LiquidCrystal(rs, enable, d0, d1, d2, d3, d4, d5, d6, d7)

LiquidCrystal(rs, rw, enable, d0, d1, d2, d3, d4, d5, d6, d7)

参数:

rs,连接到 RS 的 Arduino 引脚。

rw,连接到 R/W 的 Arduino 引脚(可选)。

enable,连接到 E 的 Arduino 引脚。

d0, d1, d2, d3, d4, d5, d6, d7,连接到对应数据线的 Arduino 引脚。

2. begin()

功能:设置显示器的宽度和高度。

语法:lcd. begin(cols, rows)

参数:

lcd,LiquidCrystal 类的对象。

cols,LCD 的列数。

rows,LCD 的行数。

这里使用 1602 LCD,因此设置为 begin(16,2)即可。

返回值:无。

3. clear()

功能:清屏。清除屏幕上的所有内容,并将光标定位到屏幕左上角,即图 8 - 4 中(row0,column0)的位置。

语法:lcd. clear()

参数:

lcd,LiquidCrystal 类的对象。

返回值:无。

4. home()

功能:光标复位。将光标定位到屏幕左上角,即图 8 - 4 中(row0,column0)的位置。

语法:lcd.home()

参数:

lcd,LiquidCrystal 类的对象。

返回值:无。

5. setCursor()

功能:设置光标位置。将光标定位在指定位置,如 setCursor(3,0)即是将光标定位在第一排第四列。

语法:lcd.setCursor(col, row)

参数:

lcd,LiquidCrystal 类的对象。

col,光标需要定位到的列。

row,光标需要定位到的行。

返回值:无。

6. write()

功能:输出一个字符到 LCD 上。每输出一个字符,光标就会向后移动一格。

语法:lcd.write(data)

参数:

lcd,LiquidCrystal 类的对象。

data,需要显示的字符。

返回值:输出的字符数。

7. print()

功能:将文本输出到 LCD 上。每输出一个字符,光标就会向后移动一格。

语法:

lcd.print(data)

lcd.print(data, BASE)

参数:

lcd,LiquidCrystal 类的对象。

data,需要输出的数据(类型可为 char、byte、int、long、String)。

BASE,输出的进制形式,可取下列值之一:

- BIN(二进制);
- DEC(十进制);
- OCT(八进制);
- HEX(十六进制)。

返回值:输出的字符数。

8. cursor()

功能:显示光标。在当前光标所在位置会显示一条下画线。

语法:lcd. cursor()

参数:

lcd,LiquidCrystal 类的对象。

返回值:无。

9. noCursor()

功能:隐藏光标。

语法:lcd. noCursor()

参数:

lcd,LiquidCrystal 类的对象。

返回值:无。

10. blink()

功能:开启光标闪烁。该功能需要先使用 cursor()显示光标。

语法:lcd. blink()

参数:

lcd,LiquidCrystal 类的对象。

返回值:无。

11. noBlink()

功能:关闭光标闪烁。

语法:lcd. noBlink()

参数:

lcd,LiquidCrystal 类的对象。

返回值:无。

12. noDisplay()

功能:关闭 LCD 的显示功能。LCD 将不会显示任何内容,但之前显示的内容不会丢失,当使用 display()函数开启显示时,之前的内容会显示出来。

语法:lcd. noDisplay()

参数:

lcd,LiquidCrystal 类的对象。

返回值:无。

13. display()

功能:开启 LCD 的显示功能。这将会显示在使用 noDisplay()函数关闭显示功能之前 LCD 上显示的内容。

语法:lcd. display()

参数:

lcd,LiquidCrystal 类的对象。

返回值:无。

14. scrollDisplayLeft()

功能:向左滚屏。将 LCD 上显示的所有内容向左移动一格。

语法:lcd. scrollDisplayLeft()

参数:

lcd,LiquidCrystal 类的对象。

返回值:无。

15. scrollDisplayRight()

功能:向右滚屏。将 LCD 上显示的所有内容向右移动一格。

语法:lcd. scrollDisplayRight()

参数:

lcd,LiquidCrystal 类的对象。

返回值:无。

16. autoscroll()

功能:自动滚屏。

语法:lcd. autoscroll()

参数:

lcd,LiquidCrystal 类的对象。

返回值:无。

17. noAutoscroll()

功能:关闭自动滚屏。

语法:lcd. noAutoscroll()

参数:

lcd,LiquidCrystal 类的对象。

返回值:无。

18. leftToRight()

功能:设置文本的输入方向为从左到右。

语法:lcd. leftToRight()

参数:

lcd,LiquidCrystal 类的对象。

返回值:无。

19. rightToLeft()

功能:设置文本的输入方向为从右到左。

语法:lcd. rightToLeft()

参数:

lcd,LiquidCrystal 类的对象。

返回值:无。

20. createChar()

功能:创建自定义字符。最大支持 8 个 5×8 像素的自定义字符。8 个字符可以用 1～8 编号。每个自定义字符都使用一个 8 B 的数组保存。当输出自定义字符到 LCD 上时,需要使用 write()函数。

语法:lcd. createChar(num, data)

参数:

lcd,LiquidCrystal 类的对象。

num,自定义字符的编号(1～8)。

data,自定义字符的像素数据。

返回值:无。

8.1.4 实验:"hello,world!"

下面将" hello,world!"显示在 1602 LCD 上。

本示例使用 4 数据线接线方式连接 LCD 和 Arduino。因此,在实例化 1602 LCD 的对象时需要使用对应的 4 线接法的构造函数 LiquidCrystal(rs, enable, d4, d5, d6, d7)来初始化 LCD。实现语句如下。

```
LiquidCrystal lcd(12, 11, 5, 4, 3, 2);
```

如果使用了其他引脚连接 1602 LCD,那么只需修改参数中的引脚编号即可。

可以通过选择"文件"→"示例"→LiquidCrystal→HelloWorld 菜单项找到以下程序。

```
/*
LiquidCrystal Library - Hello World

 Demonstrates the use a 16x2 LCD display.  The LiquidCrystal
 library works with all LCD displays that are compatible with the
 Hitachi HD44780 driver. There are many of them out there, and you
can usually tell them by the 16-pin interface.

 This sketch prints "hello,world!" to the LCD and shows the time.
 */

// 包含头文件
```

```
#include <LiquidCrystal.h>

// 实例化一个名为 lcd 的 LiquidCrysta 类的对象，并初始化相关引脚
LiquidCrystal lcd(12, 11, 5, 4, 3, 2);

void setup() {
  // 设置 LCD 有几列几行，1602 LCD 为 16 列 2 行
  lcd.begin(16, 2);
  //打印一段信息到 LCD 上
  lcd.print("hello, world!");
}

void loop() {
  // 将光标设置在 0 列 1 行上
  // 注意：在 1602 LCD 上行、列的标号都是从 0 开始的
  lcd.setCursor(0, 1);
  // 将系统运行时间打印到 LCD 上
  lcd.print(millis()/1000);
}
```

下载以上代码，则会看到如图 8－5 所示的显示效果。

图 8－5　1602 LCD 显示“hello,world!”

如果 LCD 没有显示或显示不明显，则可以试着通过调节电位器来改变 1602 LCD 的对比度。

1602 LCD 的显示方式与常用的串口按顺序输出的方式不同，LCD 的显示可以指定字符的显示位置。在以上示例程序中，需要在 1602 LCD 的第 2 行显示系统运行时间。在输出该信息之前需要使用语句

```
lcd.setCursor(0, 1);
```

将光标移动到第 2 行第 1 列，再在该位置进行输出操作。

8.1.5　实验：将串口输入数据显示到 1602 LCD 上

以下实验直接将从串口监视器输入的内容输出到 1602 LCD 上。

可以通过选择“文件”→“示例”→LiquidCrystal→SerialDisplay 菜单项找到以下程序。

```
/*
  LiquidCrystal Library - Serial Input

 Demonstrates the use a 16x2 LCD display.  The LiquidCrystal
```

```
library works with all LCD displays that are compatible with the
Hitachi HD44780 driver. There are many of them out there, and you
can usually tell them by the 16-pin interface.

This sketch displays text sent over the serial port
(e.g. from the Serial Monitor) on an attached LCD.
*/
// 包含头文件
#include <LiquidCrystal.h>
//实例化一个名为 lcd 的 LiquidCrysta 类的对象,并初始化相关引脚
LiquidCrystal lcd(12, 11, 5, 4, 3, 2);

void setup(){
  //设置 LCD 有几列几行,1602 LCD 为 16 列 2 行
  lcd.begin(16, 2);
  // 初始化串口通信功能
  Serial.begin(9600);
}

void loop()
{
  // 当串口接收到字符时……
  if (Serial.available()) {
    // 等待所有数据进入缓冲区
    delay(100);
    // 清屏
    lcd.clear();
    // 读取所有可用的字符
    while (Serial.available() > 0) {
      // 将字符一个一个地输出到 LCD 上
      lcd.write(Serial.read());
    }
  }
}
```

需要注意的是,在该程序的 loop()函数中有一个 delay(100)的延时操作。在许多程序中,延时操作都是至关重要的。这里的 delay(100)是为了等待输入的所有数据进入串口缓冲区,如果没有该延时操作,则 Arduino 会在还没有接收完数据的情况下继续运行此后的程序,从而造成数据丢失。如当发送“OpenJumper”时,LCD 上可能只会显示出“er”。

8.1.6　实验:显示滚动效果

现在需要为文字增加一些显示效果,使用以下代码可在LCD上做出文字滚动的效果。当需要显示的数据超出了显示区域时,可用文字滚动的方式来显示它们。

可以通过选择"文件"→"示例"→LiquidCrystal→Scroll菜单项找到以下程序。

```
/*
  LiquidCrystal Library - scrollDisplayLeft() and scrollDisplayRight()

 Demonstrates the use a 16x2 LCD display. The LiquidCrystal
 library works with all LCD displays that are compatible with the
 Hitachi HD44780 driver. There are many of them out there, and you
 can usually tell them by the 16-pin interface.

 This sketch prints "hello,world!" to the LCD and uses the
 scrollDisplayLeft() and scrollDisplayRight() methods to scroll
 the text.
  */
//包含头文件
#include <LiquidCrystal.h>
//实例化一个名为lcd的LiquidCrysta类的对象,并初始化相关引脚
LiquidCrystal lcd(12, 11, 5, 4, 3, 2);
void setup() {
  //设置LCD有几列几行,1602 LCD为16列2行
  lcd.begin(16, 2);
  // 打印一段信息到LCD上
  lcd.print("hello, world!");
  delay(1000);
}
void loop() {
  // 向左滚动13格
  // 移动到显示区域以外
  for (int positionCounter = 0; positionCounter < 13; positionCounter++) {
    // 向左移动一格
    lcd.scrollDisplayLeft();
    // 等待一会儿
    delay(150);
  }
  // 向右滚动29格
  //移动到显示区域以外
  for (int positionCounter = 0; positionCounter < 29; positionCounter++) {
```

```
    // 向右移动一格
    lcd.scrollDisplayRight();
    //等待一会儿
    delay(150);
  }
  // 向左滚动 16 格
  // 移回中间位置
  for (int positionCounter = 0; positionCounter < 16; positionCounter ++ ) {
    // 向左移动一格
    lcd.scrollDisplayLeft();
    //等待一会儿
    delay(150);
  }
  // 每次循环结束后,等待一会儿,再开始下一次循环
  delay(1000);
}
```

在滚动过程中可能会看到字符重影,要想减轻重影现象,需要加大每滚动一格后的延时时间,如将 delay(150)修改为 delay(300)。

8.1.7 实验:显示自定义字符

1602 LCD 上每个字符的分辨率为 5×8 像素。在使用自定义字符时,需要用 1 个 8 B 的数组将自定义字符保存起来。图像转换为 8 B 数组的方法如图 8-6 所示。

每行 5 个像素点,对应转换为 1 个二进制元素,某像素点显示时为 1,不显示时为 0;8 行分别对应 8 个二进制元素,这 8 个二进制元素构成的数组即表示了要显示的自定义字符。

可以使用像 Arduino LCD Character Composer 这样的小软件,快速完成 5×8 自定义字符的设计,其运行界面如图 8-7 所示。

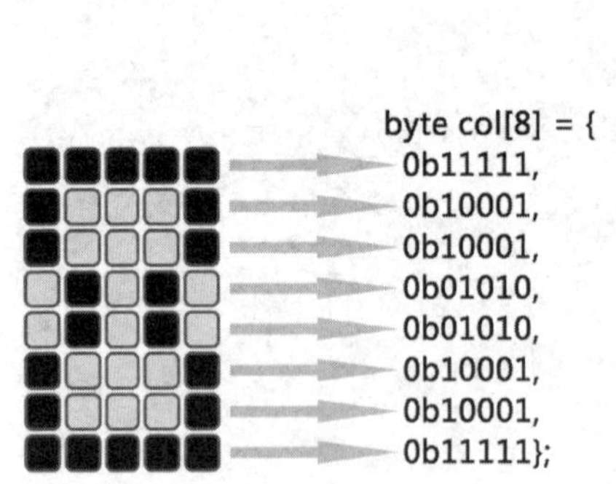

图 8-6 自定义字符取模原理

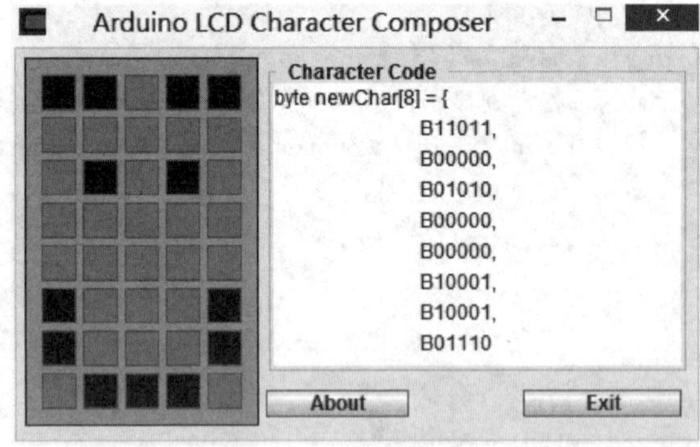

图 8-7 Arduino LCD Character Composer 软件

在左侧单击像素点，右侧即可自动生成对应的字符数组。该软件的下载网址是 http://sourceforge.net/projects/arduinolcd/。

可以通过选择“文件”→“示例”→LiquidCrystal→CustomCharacter 菜单项找到以下程序。

```
/*
  LiquidCrystal Library - Custom Characters

 Demonstrates how to add custom characters on an LCD display.
 The LiquidCrystal library works with all LCD displays that are
 compatible with the Hitachi HD44780 driver. There are many of
 them out there, and you can usually tell them by the 16-pin interface.

 This sketch prints "I <heart> Arduino!" and a little dancing man
 to the LCD.
 */

// 包含头文件
#include <LiquidCrystal.h>

//实例化一个名为 lcd 的 LiquidCrysta 类的对象，并初始化相关引脚
LiquidCrystal lcd(12, 11, 5, 4, 3, 2);

// 自定义字符：
byte heart[8] = {
  0b00000,
  0b01010,
  0b11111,
  0b11111,
  0b11111,
  0b01110,
  0b00100,
  0b00000
};

byte smiley[8] = {
  0b00000,
  0b00000,
  0b01010,
  0b00000,
  0b00000,
  0b10001,
  0b01110,
  0b00000
};
```

```
byte frownie[8] = {
  0b00000,
  0b00000,
  0b01010,
  0b00000,
  0b00000,
  0b00000,
  0b01110,
  0b10001
};
byte armsDown[8] = {
  0b00100,
  0b01010,
  0b00100,
  0b00100,
  0b01110,
  0b10101,
  0b00100,
  0b01010
};
byte armsUp[8] = {
  0b00100,
  0b01010,
  0b00100,
  0b10101,
  0b01110,
  0b00100,
  0b00100,
  0b01010
};
void setup() {
  // 创建一个新字符
  lcd.createChar(8, heart);
  // 创建一个新字符
  lcd.createChar(1, smiley);
  // 创建一个新字符
  lcd.createChar(2, frownie);
  // 创建一个新字符
  lcd.createChar(3, armsDown);
  // 创建一个新字符
  lcd.createChar(4, armsUp);
```

```
    //设置 LCD 有几列几行，1602 LCD 为 16 列 2 行
    lcd.begin(16, 2);
    // 输出信息到 LCD 上
    lcd.print("I ");
    lcd.write(8);
    lcd.print(" Arduino! ");
    lcd.write(1);
}
void loop() {
    // 读 A0 引脚连接的电位器的值
    int sensorReading = analogRead(A0);
    // 将数据范围转换为 200～1000
    int delayTime = map(sensorReading, 0, 1023, 200, 1000);
    // 设置光标在第 2 行第 5 列
    lcd.setCursor(4, 1);
    // 小人手臂放下
    lcd.write(3);
    delay(delayTime);
    lcd.setCursor(4, 1);
    // 小人手臂抬起
    lcd.write(4);
    delay(delayTime);
}
```

以上程序的实际运行效果如图 8-8 所示。当调节连接在 A0 引脚上的电位器时，即可调节 LCD 显示中小人摇动手臂的速度。

图 8-8　1602 LCD 显示自定义字符

掌握了自定义字符的显示方法后，就可以尝试使用显示自定义字符的方式使 1602 LCD 显示中文字符，例如将 4 块或者 6 块自定义字符拼接成一个汉字。

8.2　项目：制作电子时钟

现在要利用 1602 LCD 制作一个电子时钟，在其上显示当前的时间信息。在该项目中，除了使用 1602 LCD 之外，还要用到 DS1307 时钟模块。

8.2.1 DS1307 时钟模块的使用

已经知道使用 Arduino 的运行时间函数 millis()和 micros()可以获取 Arduino 的运行时间，但是运行时间函数达到一定时间后便会溢出，无法适应长时间的工作。另外，在断电或意外重启后，运行时间函数也会重新开始计时。当然，Arduino 更无法知道现在是星期几或者几点钟。而像 DS1307 这类专业的时钟芯片则解决了这些问题。

图 8-9　DS1307 时钟模块

DS1307 时钟模块(图 8-9)是一款低功耗实时时钟模块，可以提供秒、分、小时等信息，而且每个月的天数能够自动调整，并且有闰年补偿功能。只需一块纽扣电池便可让时钟模块长期工作。

1. DS1307 的类库支持

驱动 DS1307 需要下载两个库——Arduino Time 库和 DS1307RTC 库，可以从以下网址下载这两个库：

- Arduino Time 库的网址为
  http://clz.me/arduino-book/lib/Time。
- DS1307RTC 库的网址为
  http://clz.me/arduino-book/lib/DS1307RTC。

2. 引脚连接

DS1307 模块的引脚配置如表 8-3 所列。

DS1307 模块是 IIC 接口的模块，使用时只需将其与 Arduino 的 IIC 引脚相连即可。在 Arduino UNO 上的连接方式如表 8-4 和图 8-10 所示。

表 8-3　DS1307 引脚

序　号	标　注	说　明
1	SQW	方波输出(可选)
2	SDA	数据线 SDA
3	SCL	时钟线 SCL
4	VCC	电源 VCC
5	GND	地

表 8-4　DS1307 与 Arduino UNO 连接

DS1307 引脚	Arduino UNO 引脚
SQW	—
SDA	SDA(UNO 的 A4 引脚)
SCL	SCL(UNO 的 A5 引脚)
VCC	VCC
GND	GND

3. 设置时间

将前面下载的两个库放入 libraries 文件夹后，通过选择“文件”→“示例”→DS1307RTC→SetTime 菜单项找到如下程序。下载并运行该程序，便可将 DS1307

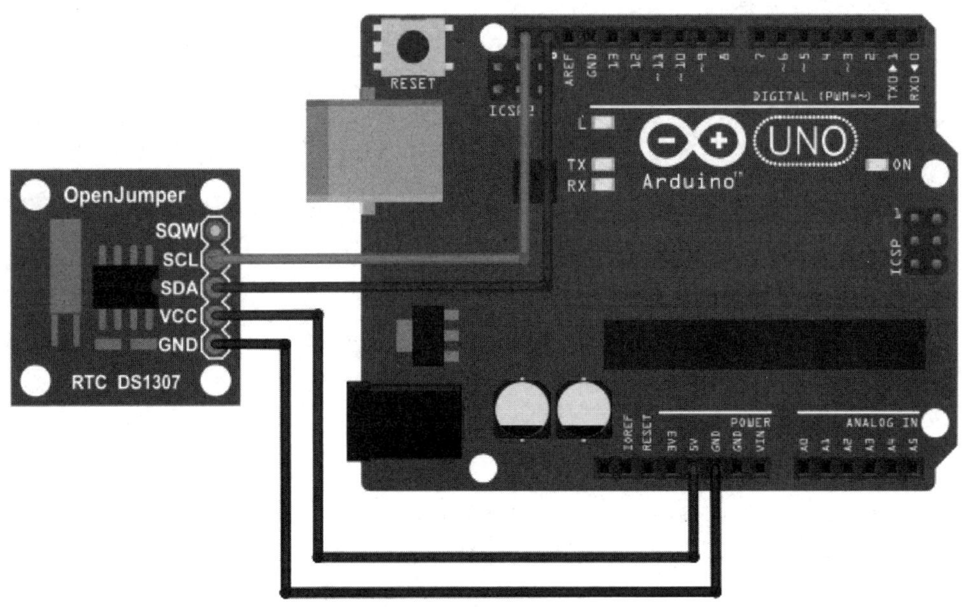

图 8-10　DS1307 使用连接示意图

中的时间设为当前计算机的系统时间。

```
/*
设置 DS1307 的时间
RTC 模块的使用
*/
//声明 RTC 模块用到的三个类库
#include <DS1307RTC.h>
#include <Time.h>
#include <Wire.h>
const char *monthName[12] = {
  "Jan", "Feb", "Mar", "Apr", "May", "Jun",
  "Jul", "Aug", "Sep", "Oct", "Nov", "Dec"
};
// tmElements_t 为保存日期和时间的结构体类型
tmElements_t tm;
void setup() {
  bool parse = false;
  bool config = false;
  // 获取编译时的时间和日期
  if (getDate(__DATE__) && getTime(__TIME__)) {
```

```
      parse = true;
      // 将时间数据写入 RTC 模块
      if (RTC.write(tm)) {
        config = true;
      }
    }

  Serial.begin(9600);
  delay(200);
  if (parse && config) {
    Serial.print("DS1307 configured Time = ");
    Serial.print(__TIME__);
    Serial.print(", Date = ");
    Serial.println(__DATE__);
  } else if (parse) {
    Serial.println("DS1307 Communication Error : - {");
    Serial.println("Please check your circuitry");
  } else {
    Serial.print("Could not parse info from the compiler, Time = \"");
    Serial.print(__TIME__);
    Serial.print("\", Date = \"");
    Serial.print(__DATE__);
    Serial.println("\"");
  }
}

void loop() {
}
// 获取时间数据并存入 tm 变量
bool getTime(const char * str)
{
  int Hour, Min, Sec;

  if (sscanf(str, "%d:%d:%d", &Hour, &Min, &Sec) != 3) return false;
  tm.Hour = Hour;
  tm.Minute = Min;
  tm.Second = Sec;
  return true;
}
// 获取日期数据并存入 tm 变量
bool getDate(const char * str)
{
  char Month[12];
  int Day, Year;
```

```
    uint8_t monthIndex;

    if (sscanf(str, "%s %d %d", Month, &Day, &Year) != 3) return false;
    for (monthIndex = 0; monthIndex < 12; monthIndex++) {
      if (strcmp(Month, monthName[monthIndex]) == 0) break;
    }
    if (monthIndex >= 12) return false;
    tm.Day = Day;
    tm.Month = monthIndex + 1;
    tm.Year = CalendarYrToTm(Year);
    return true;
  }
```

下载程序后，运行串口监视器，则会看到如图 8-11 所示的输出信息，可见 Arduino串口输出了所设定的时间。

以上程序中的__DATE__和__TIME__是两个系统常量，当编译程序时，它们会被自动替换为当前的日期和时间，再通过 getTime()和 getDate()这两个函数将日期和时间数据存入 tm 中。

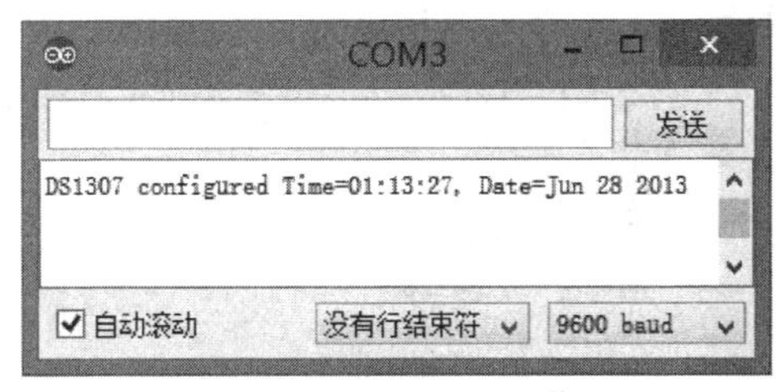

图 8-11　显示写入 DS1307 的时间数据

而 tm 是一个 tmElements_t 类型的结构体，其在 Time.h 头文件中的定义如下。

```
  typedef struct  {
    uint8_t Second;
    uint8_t Minute;
    uint8_t Hour;
    uint8_t Wday;           // day of week, sunday is day 1
    uint8_t Day;
    uint8_t Month;
    uint8_t Year;           // offset from 1970;
  }   tmElements_t, TimeElements, *tmElementsPtr_t;
```

当日期和时间数据存入 tm 后，就可以通过 tm.Month、tm.Year 等操作得到数据了。

要想将数据写入 DS1307 中存储，还需要调用 RTC.write(tm)语句，如果返回 ture，则说明时间数据写入成功。

4. 读出时间

设置好 DS1307 的时间后，要想读出其中的数据，可以使用 RTC.read(tm)语句，读出的时间数据会存储在参数 tm 中。当 read()函数成功地读取数据后会返回 ture,读取失败则会返回 false。

可以通过选择"文件"→"示例"→DS1307RTC→ReadTest 菜单项找到如下程序。

```
#include <DS1307RTC.h>
#include <Time.h>
#include <Wire.h>

void setup() {
  Serial.begin(9600);
  delay(200);
  Serial.println("DS1307RTC Read Test");
  Serial.println("-------------------");
}

void loop() {
  tmElements_t tm;
  // 读出 DS1307 中的时间数据
  if (RTC.read(tm)) {
    Serial.print("Ok, Time = ");
    print2digits(tm.Hour);
    Serial.write(':');
    print2digits(tm.Minute);
    Serial.write(':');
    print2digits(tm.Second);
    Serial.print(", Date (D/M/Y) = ");
    Serial.print(tm.Day);
    Serial.write('/');
    Serial.print(tm.Month);
    Serial.write('/');
    Serial.print(tmYearToCalendar(tm.Year));
    Serial.println();
  } else {
    if (RTC.chipPresent()) {
      Serial.println("The DS1307 is stopped.  Please run the SetTime");
      Serial.println("example to initialize the time and begin running.");
      Serial.println();
    } else {
      Serial.println("DS1307 read error!  Please check the circuitry.");
      Serial.println();
    }
    delay(9000);
  }
  delay(1000);
}

void print2digits(int number) {
```

```
    if (number >= 0 && number < 10) {
      Serial.write('0');
    }
    Serial.print(number);
}
```

下载程序后打开串口监视器，则会看到如图 8－12 所示的输出信息。程序每秒钟都会从 DS1307 读取一次时间数据，并通过串口输出显示。

程序中的 RTC.chipPresent()是一个错误检测语句，可以根据错误提示重新设置 DS1307 的数据，或是检测硬件连接是否正确。

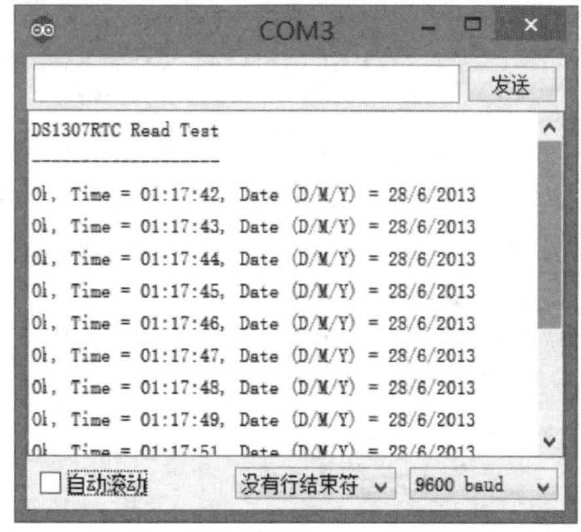

图 8－12　显示从 DS1307 中读出的数据

8.2.2　电子时钟

在设置好时钟芯片的时间后，再按之前的示例连接 1602 LCD 和 DS1307 模块。程序的实现方法很简单，即先获取 DS1307 中的时间信息，再输出到 1602 LCD 上。

示例程序代码如下。

```
/*
用 DS1307 和 1602 LCD 制作电子时钟
*/
// 引用会使用到的四个库文件
#include <DS1307RTC.h>
#include <Time.h>
#include <Wire.h>
#include <LiquidCrystal.h>
// 实例化一个名为 lcd 的 LiquidCrysta 类的对象，并初始化相关引脚
LiquidCrystal lcd(12, 11, 5, 4, 3, 2);
void setup()
{
  // 设置 LCD 有几列几行，1602 LCD 为 16 列 2 行
  lcd.begin(16, 2);
  // 打印一段信息到 LCD 上
  lcd.print("This is a Clock");
  delay(3000);
  lcd.clear();
```

```
}

void loop() {
  tmElements_t tm;
  // 读出 DS1307 中的时间数据,并存入 tm 中
  if (RTC.read(tm))
  {
    // 清除屏幕上的显示内容
    lcd.clear();
    //在 LCD 的第一行输出日期信息
    lcd.setCursor(0, 0);
    lcd.print(tmYearToCalendar(tm.Year));
    lcd.print(" - ");
    lcd.print(tm.Month);
    lcd.print(" - ");
    lcd.print(tm.Day);
    //在 LCD 的第二行输出时间信息
    lcd.setCursor(8, 1);
    lcd.print(tm.Hour);
    lcd.print(":");
    lcd.print(tm.Minute);
    lcd.print(":");
    lcd.print(tm.Second);
  }
  // 如果读取数据失败,则输出错误提示
  else
  {
    lcd.setCursor(0, 1);
    lcd.print("error");
  }
  //每秒钟更新一次显示内容
  delay(1000);
}
```

下载以上程序到 Arduino 中之后,则会看到 1602 LCD 上显示出当前的日期及时间,并每秒更新一次,如图 8 - 13 所示。

如果 LCD 显示“error”,则说明 DS1307 模块的数据读取失败。

图 8 - 13　1602 LCD 显示从 DS1307 中获取的时间信息

8.3　图形显示器的使用——u8glib 类库的使用

除了 1602 LCD 外，Arduino 还支持众多的显示器，如果字符型液晶显示器不能满足项目需求，那么可以选择图形液晶显示器。这里将用到支持众多图形显示器的类库——u8glib。该类库是目前 Arduino 平台上最好的图形显示库，可支持多种图形显示器。

可以从网址 http://code.google.com/p/u8glib/或 http://clz.me/u8glib 下载 u8glib 图形显示类库。

将类库存放到 Arduino IDE 下的 libraries 文件夹中，便可正常使用了。

由于 u8glib 类库的成员函数较多，因此不再一一介绍，可以从网址 http://code.google.com/p/u8glib/wiki/userreferenceak 或 http://clz.me/u8glib 查看其成员函数的详细信息。

8.3.1　使用 MINI12864 显示屏

要想完成本节的学习，需要先有一块图形液晶显示器。12864 LCD 是最常见的图形液晶显示器，因其分辨率为 128 像素×64 像素而得名。使用 12864 LCD 可以显示图形、汉字，甚至更高级的动画。

1. MINI 12864

OpenJumper 的 MINI 12864(图 8 - 14)是一块小巧的 SPI 接口的图形液晶显示器，相较于并行接口的显示器，它使用更为方便，占用引脚资源更少。本书中大部分内容使用该模块作教学演示。

可以从网址 http://x.openjumper.com/mini12864/中找到更多关于该 LCD 模块的信息。

2. 引脚参数与连接方法

MINI 12864 的引脚配置如表 8 - 5 所列。

图 8 - 14　MINI12864 图形液晶显示器

表 8 - 5　MINI12864 引脚配置

引　脚	说　明
A0	数据/指令选择引脚
RST	复位引脚
CS	设备选择引脚
SCK	时钟引脚
MOSI	数据输入引脚
GND	地
VCC	电源引脚 3.3～5 V 供电
LED	背光引脚，低电平亮

MINI 12864 是一款 SPI 串行接口的 LCD,可以将它与 Arduino 上的硬件 SPI 相连,也可以用任意引脚模拟 SPI 接口来控制 LCD。两种连接方法对应了两个构造函数:

① 硬件 SPI 驱动构造函数,用法是:

```
U8GLIB_MINI12864(cs, a0 , reset)
```

当使用硬件 SPI 时,通信速度较快。LCD 的 SCK 和 MOSI 引脚对应连接到 Arduino SPI 接口的 SCK 和 MOSI 引脚。对于 CS、A0 和 RST 等其他引脚,用户可以随意指定。

② 模拟 SPI 驱动构造函数,用法是:

```
U8GLIB_MINI12864(sck, mosi, cs, a0 , reset)
```

当使用模拟 SPI 时,通信速度较慢,但 LCD 的所有引脚都可以连接到 Arduino 的任意引脚上。

为了获得更好的显示效果,此后的示例中均使用 Arduino 的硬件 SPI 连接 LCD,Arduino UNO 与 LCD 连接引脚的对应情况如表 8 - 6 所列。

表 8 - 6 MINI12864 与 Arduino 连接

MINI 12864 引脚	Arduino UNO 引脚	MINI 12864 引脚	Arduino UNO 引脚
A0	D9	MOSI	D11
RST	D8	GND	GND
CS	D10	VCC	5V
SCK	D13	LED	GND

连接好 LCD 与 Arduino 后,需要在程序中包含 U8glib. h 头文件,并建立一个 lcd 对象,相关语句如下。

```
#include "U8glib.h"
U8GLIB_MINI12864 u8g(10, 9, 8);
```

这样便成功建立了一个名为 u8g、代表 MINI 12864 的对象。

8.3.2 使用其他图形液晶显示器

如果使用的是 OpenJumper 12864 OLED,那就要使用不同的连接方法和不同的类新建对象了。

1. 12864 OLED

OpenJumper 的 12864 OLED(图 8 - 15)也是一块小巧的液晶显示模块。其使用的通信接口为 IIC,使用的控制芯片为 SSD1306。

可以通过网址 http://www.openjumper.com/12864-oled/找到更多关于这个

图 8-15　12864 OLED 图形液晶显示器

模块的信息。

2. 引脚参数与连接方法

OpenJumper 12864 OLED 的引脚配置如表 8-7 所列。

表 8-7　12864 OLED 引脚配置

引　脚	说　明
+	电源引脚，5 V 供电
−	地
RST	复位引脚
ADD	IIC 地址选择引脚(高：0x3C；低：0x3D)
SCL	IIC 时钟引脚
SDA	IIC 数据引脚

OpenJumper 12864 OLED 提供了 IIC 接口，只要将其与 Arduino IIC 接口连接，即可使用。

对于 IIC 接口的屏幕，也不需要指派其他引脚。因此其构造函数的参数直接使用 u8glib 自带宏 U8G_I2C_OPT_NONE 即可。

12864 OLED 构造函数：U8GLIB_SSD1306_128X64(U8G_I2C_OPT_NONE)

现在使用以下语句就可以建立驱动 12864 OLED 的 u8g 对象了。

```
U8GLIB_SSD1306_128X64 u8g(U8G_I2C_OPT_NONE);
```

如果使用的是其他 LCD 模块，应该先确定其使用的控制芯片型号，然后在 u8glib 项目的设备支持页（http://code.google.com/p/u8glib/wiki/device 或 http://clz.me/u8glib/device/）找到使用设备对应的类及其构造函数，并用它新建一个 LCD 操作对象。

8.3.3 u8glib 程序结构

建立了 u8g 对象之后,要想让 LCD 显示内容,还需要一个比较特殊的程序结构,称为图片循环。通常会将该结构放在 loop()循环中,代码如下。

```
void loop(void) {
// u8glib 图片循环结构
  u8g.firstPage();
  do
  {
    draw();
  } while( u8g.nextPage() );
  delay(1000);
}
```

以上程序中有一个 draw()函数,其中应包含实现图形显示的语句。

8.3.4 纯文本显示

下面使用 u8glib 实现文字“Hello Arduino”的显示,程序代码如下。

```
/*
使用 u8glib 显示字符串
图形显示器:OpenJumper MINI 12864
控制器:Arduino UNO
*/
// 包含头文件,并新建 u8g 对象
#include "U8glib.h"
U8GLIB_MINI12864 u8g(10, 9, 8);
// draw()函数用于包含实现显示内容的语句
void draw() {
  // 设置字体
  u8g.setFont(u8g_font_unifont);
  // 设置文字及其显示位置
  u8g.drawStr( 0, 20, "Hello Arduino");
}
void setup() {
}
void loop() {
  // u8glib 图片循环结构
  u8g.firstPage();
```

```
    do {
      draw();
    }
    while( u8g.nextPage() );
    // 等待一定时间后重绘
    delay(500);
  }
```

下载该程序后，则会看到如图 8－16 所示的显示效果。

程序中的 draw()函数部分，使用了 u8g.setFont()和 u8g.drwaStr()两条语句，这是 u8g 实现文字显示的两个步骤。

1. setFont(font)

在显示文字时，需要先使用 setFont()函数指定显示的字体。其中参数 font 即是要设定的字体。

u8glib 支持多种不同大小的字体，程序中用的 u8g_font_unifont 便是其中一种字体。可以在 http://code.google.com/p/u8glib/wiki/fontsize 网址查询 u8glib 可显示的字体。

2. drawStr(x, y, string)

指定好字体后，便可使用 drawStr()函数输出需要显示的字符了。其中参数 x、y 用于指定字符的显示位置，参数 string 为要显示的字符。

在图形液晶显示器上，左上角为坐标原点，x、y 所指定的位置为字符左下角点的坐标，例如当在 draw()函数中使用语句

```
u8g.setFont(u8g_font_osb18);
u8g.drawStr(0, 20, "ABC");
```

时会获得如图 8－17 所示的显示效果。

图 8－16　u8g 字符显示效果

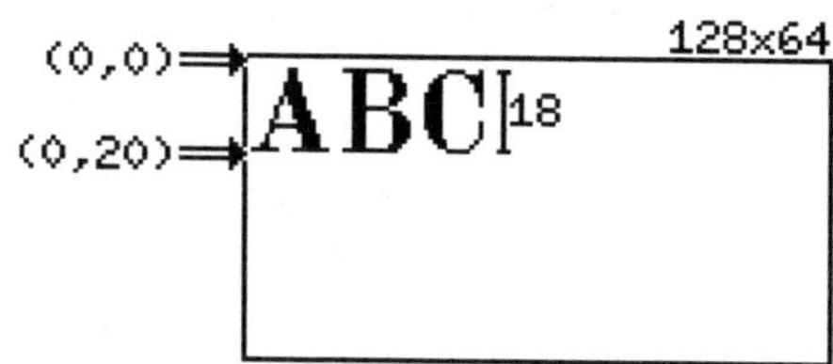

图 8－17　显示字符

还可以尝试以下函数，以旋转字符的显示方向。

```
drawStr90(x, y, string);
drawStr180(x, y, string);
drawStr270(x, y, string);
```

8.3.5 数据显示

drawStr()函数只能显示字符串,如果要用它显示数据到 LCD,则需要先将数据转换为字符串,再调用 drawStr()函数完成显示,这样做显得太麻烦了,为此 u8glib 还提供了 print()函数。

1. print(data)

print()函数用于输出任意类型的数据。

在使用 print()函数之前,仍然要使用 setFont()指定显示的字体,但与 drawStr()不同的是,print()输出的字符的显示位置还需要由 setPrintPos()函数来指定。

2. setPrintPos(x, y)

setPrintPos()函数的参数 x、y 用于指定字符的显示位置。

下面的例程使用了 print()函数输出 int 和 String 型数据。

```
/*
使用 print()函数输出数据到 LCD
图形显示器:OpenJumper MINI 12864
控制器:Arduino UNO
*/
#include "U8glib.h"
U8GLIB_MINI12864 u8g(10, 9, 8);
String t1 = "OpenJumper";
String t2 = "MINI";
int t3 = 12864;
// draw()函数用于包含实现显示内容的语句
void draw(void) {
  // 设定字体 ->指定输出位置 ->输出数据
  u8g.setFont(u8g_font_ncenB14);
  u8g.setPrintPos(0, 20);
  u8g.print(t1);
  u8g.setFont(u8g_font_unifont);
  u8g.setPrintPos(50, 40);
  u8g.print(t2);
  u8g.setPrintPos(45, 60);
  u8g.print(t3);
}
void setup(void) {
```

```
}
void loop(void){
// u8glib 图片循环结构
  u8g.firstPage();
  do {
    draw();    } while( u8g.nextPage() );
  // 等待一定时间后重绘
  delay(500);
}
```

下载以上程序后，则会看到如图 8 - 18 所示的效果。

还可以尝试使用 print()函数将传感器或者其他要显示的数据输出到 LCD 上。

图 8 - 18 u8g 数据显示效果

8.3.6 实验：绘制图形

u8glib 还提供了一些绘图函数，用于在 LCD 上绘制简单的图形。

1. drawFrame()

drawFrame()函数绘制一个矩形。

例如，使用 u8g.drawFrame(10,12,30,20)语句可以得到如图 8 - 19 所示的矩形，其左上角坐标为(10,12)，长 30 个像素，高 20 个像素。

2. drawBox()

drawBox()函数绘制一个实心矩形。

例如，使用 u8g.drawBox(10,12,20,30)语句即可得到如图 8 - 20 所示的效果。

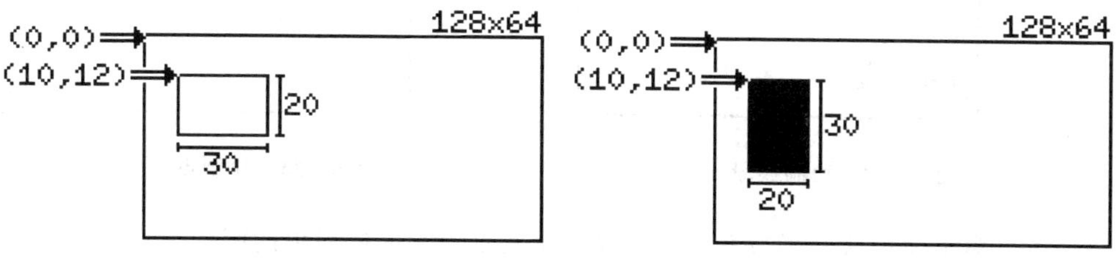

图 8 - 19 绘制矩形

图 8 - 20 绘制实心矩形

3. drawCircle()

drawCircle()函数绘制圆形和圆弧。

例如，使用 u8g.drawCircle(20, 20, 14)语句可绘制如图 8 - 21 所示的效果，即一个圆心坐标为(20,20)、半径为 14 的圆形。

还可以添加以下参数用于绘制 1/4 圆弧。

```
U8G_DRAW_UPPER_RIGHT
U8G_DRAW_UPPER_LEFT
U8G_DRAW_LOWER_LEFT
U8G_DRAW_LOWER_RIGHT
```

例如,使用 u8g. drawCircle(20, 20, 14, U8G_DRAW_UPPER_RIGHT)语句绘制一个右上部分的 1/4 圆弧,其效果如图 8-22 所示。

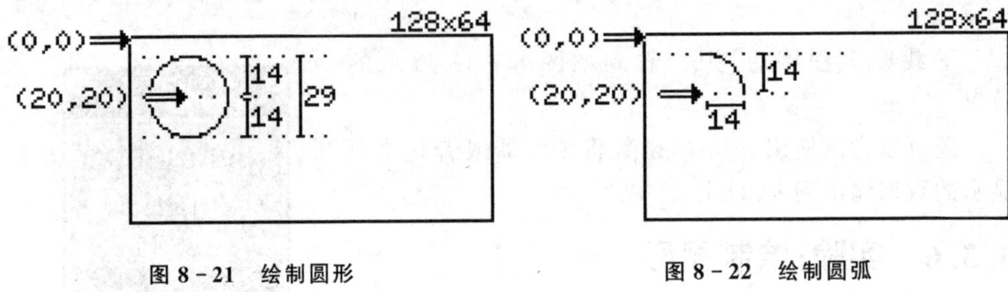

图 8-21　绘制圆形　　图 8-22　绘制圆弧

4. drawLine()

drawLine()函数根据给定的两个坐标点来绘制一条直线。使用 u8g. drawLine(7, 10, 40, 55)语句的效果如图 8-23 所示。

5. drawPixel()

drawPixel()函数绘制一个点。使用 u8g. drawPixel(14,23)语句的效果如图 8-24 所示。

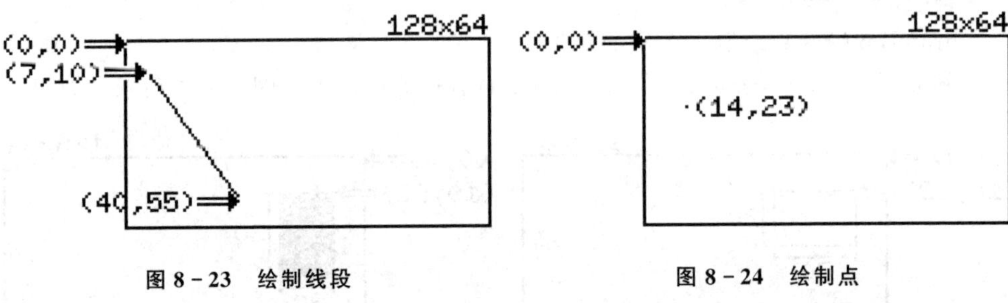

图 8-23　绘制线段　　图 8-24　绘制点

可以尝试使用这些函数在图形液晶显示器上绘制一些简单的图形。

8.3.7　实验:显示图片——位图取模

显示一些简单的图形可以使用以上的图形绘制函数,但如果要显示一个复杂的图形,则使用这些绘制函数就比较麻烦了。u8glib 库提供的位图显示功能正好可以解决这个问题。

在 Arduino 中并不能直接存储位图,因此需要使用取模软件将位图转化为

Arduino 可识别的数据来保存。要想完成这一步，需要先准备一张单色的位图(图 8－25)。

图 8－25　取模的图片

然后使用取模软件将图片转换为 Arduino 可识别的代码进行保存。这里使用“字模提取 V2.2”软件完成取模工作，如图 8－26 所示。

位图取模的步骤是：

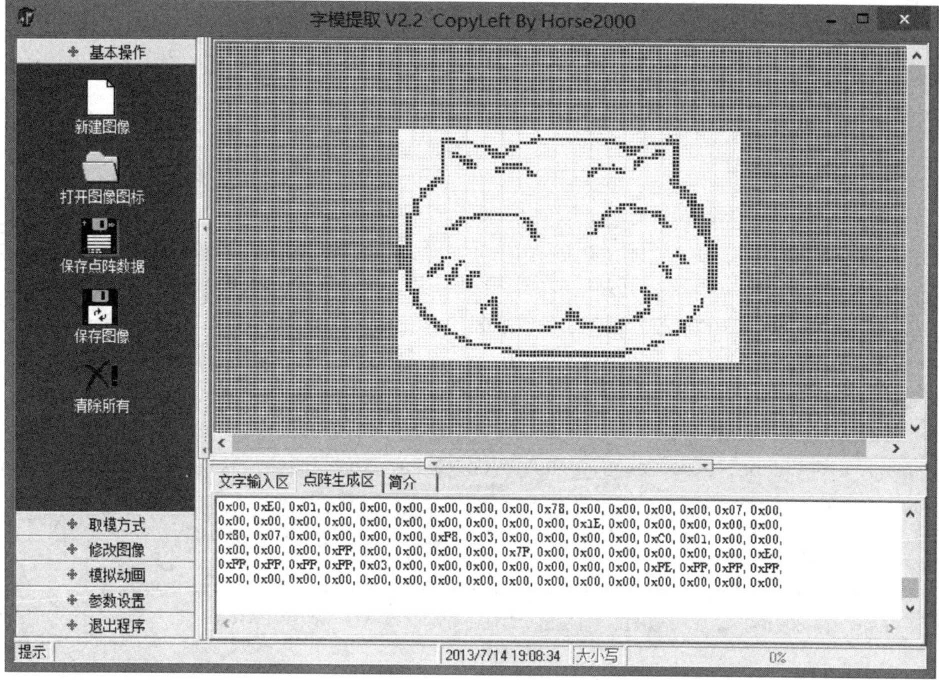

图 8－26　字模提取软件

① 单击选择“基本操作”→“打开图像图标”，并选择事先准备好的图像；

② 单击选择“参数设置”→“其他选项”，将取模方式设置为“横向取模”、“字节倒序”；

③ 单击选择“取模方式”→“C51 格式”，在图片下方即会出现该图片对应的数据代码。

还需要在 Arduino 程序中新建一个供显示专用的数组 bit map[]用于保存这些数据，数组的定义方式如下。

```
static unsigned char bitmap[] U8G_PROGMEM = {
//通过取模得到的位图数据
}
```

要显示该位图数组，会用到 drawXBMP()函数，用法是：

```
drawXBMP( x, y, width, height, bitmap)
```

即以点(x,y)为左上角,绘制一个宽 width、高 height 的位图,参数 bitmap 即位图数组。

位图显示示例程序如下。

```
/*
使用 u8glib 显示位图
图形显示器:OpenJumper MINI 12864
控制器:Arduino UNO
*/
#include "U8glib.h"
U8GLIB_MINI12864 u8g(10, 9, 8);
/*宽度 x 高度 = 96x64 */
#define width 96
#define height 64
static unsigned char bitmap[] U8G_PROGMEM = {
0x00,0x00,0x00,0x00,0x00,0x00,0x00,0x00,0x00,0x00,0x00,0x00,0x00,0x00,0x00,0x00,
0x80,0x00,0x00,0x00,0x00,0x10,0x00,0x00,0x00,0xF0,0x00,0x00,0xE0,0xFF,0xFF,0x1F,
0x00,0x78,0x00,0x00,0x00,0xF0,0x1F,0x00,0x7C,0x00,0x00,0xFC,0xC0,0x7F,0x00,0x00,
//为了节约篇幅,此处代码省略
0x00,0x00,0x00,0xFF,0x00,0x00,0x00,0x00,0x7F,0x00,0x00,0x00,0x00,0x00,0x00,0xE0,
0xFF,0xFF,0xFF,0xFF,0x03,0x00,0x00,0x00,0x00,0x00,0x00,0x00,0xFE,0xFF,0xFF,0xFF,
0x00, 0x00, 0x00, 0x00, 0x00, 0x00, 0x00, 0x00, 0x00, 0x00, 0x00, 0x00, 0x00, 0x00,
0x00,0x00,};
void draw(void) {
  // graphic commands to redraw the complete screen should be placed here
  u8g.drawXBMP( 0, 0, width, height, bitmap);
}
void setup(void) {
}
void loop(void)
{
  u8g.firstPage();
  do
  {
    draw();
  } while(u8g.nextPage());
  // 延时一定时间,再重绘图片
  delay(500);
}
```

下载以上程序后，LCD可以显示出如图8-27所示的效果。

图8-27 u8g图片显示效果

借助于图片显示功能，还可以将中文或其他字符进行取模，并输出到12864 LCD上，方法与显示图片一致。

除此之外，还可以在12864 LCD上显示简单的动画。动画效果的实现其实就是不断刷新LCD显示的内容，可以通过改变图片或者图形的坐标位置实现简单的位移动画，也可以输出一系列连续的位图来组合成一段动画。

第 9 章

USB 类库的使用

在一些新推出的 Arduino 控制器上均带有 USB 通信功能，Arduino 提供了 USB 类库，可将控制器模拟成 USB 鼠标或键盘设备。

Arduino USB 类库是带有 USB 功能的 Arduino 控制器特有的库，仅支持 Arduino的 Leonardo、Micro 和 Due 型号。可以在附录中找到有关 Arduino Leonardo的详细介绍。

9.1 USB 设备模拟相关函数

USB 类库是 Arduino 的核心类库，因此不需要重新声明包含该库。该库提供了 Mouse 和 Keyboard 两个类，用于将 Leonardo 模拟成鼠标和键盘。

9.1.1 USB 鼠标类的成员函数

Mouse 类用于模拟 USB 鼠标设备，其成员函数如下。

1. Mouse. begin()

功能：开始模拟鼠标。

语法：Mouse. begin()

参数：无。

返回值：无。

2. Mouse. click()

功能：点击鼠标，即按下鼠标按键，并立即释放按键。

语法：

Mouse. click()

Mouse. click(button)

参数：

button，被按下的按键，可指定以下三种按键：

- MOUSE_LEFT(默认),鼠标左键。
- MOUSE_RIGHT,鼠标右键。
- MOUSE_MIDDLE,鼠标中键(按下滚轮)。

当没有参数时默认为鼠标左键。

返回值:无。

3. Mouse. end()

功能:停止模拟鼠标。当不使用鼠标时,可以使用本函数关闭该功能。

语法:Mouse. end()

参数:无。

返回值:无。

4. Mouse. move()

功能:移动鼠标。

语法:Mouse. move(xVal, yPos, wheel)

参数:

xVal,X 轴上的移动量。

yPos,Y 轴上的移动量。

wheel,滚轮的移动量。

返回值:无。

5. Mouse. press()

功能:按下按键。按下后并不弹起,如需释放按键,则需使用 Mouse. release () 函数。

语法:

Mouse. press()

Mouse. press(button)

参数:

button,被按下的按键,可指定以下三种按键:

- MOUSE_LEFT(默认),鼠标左键;
- MOUSE_RIGHT,鼠标右键;
- MOUSE_MIDDLE,鼠标中键(按下滚轮)。

当没有参数时默认为鼠标左键。

返回值:无。

6. Mouse. release()

功能:释放按键。用于释放之前使用 Mouse. press()函数按下的按键。

语法:

Mouse. release()

Mouse. release(button)

参数:

button,被按下的按键,可指定以下三种按键:

- MOUSE_LEFT(默认),鼠标左键;
- MOUSE_RIGHT,鼠标右键;
- MOUSE_MIDDLE,鼠标中键(按下滚轮)。

当没有参数时默认为鼠标左键。

返回值:无。

7. Mouse. isPressed()

功能:检查当前鼠标的按键状态。

语法:

Mouse. isPressed()

Mouse. isPressed(button)

参数:

button,被按下的按键,可指定以下三种按键:

- MOUSE_LEFT(默认),鼠标左键;
- MOUSE_RIGHT,鼠标右键;
- MOUSE_MIDDLE,鼠标中键(按下滚轮)。

当没有参数时默认为鼠标左键。

返回值:boolean 型值;为 true 表示按键被按下;为 false 表示按键没有被按下。

9.1.2 USB 键盘类的成员函数

Keyboard 类用于模拟 USB 键盘,其成员函数如下。

1. Keyboard. begin()

功能:开始模拟键盘。

语法:Keyboard. begin()

参数:无。

返回值:无。

2. Keyboard. end()

功能:停止模拟键盘。当不使用键盘功能时,可以使用本函数关闭该功能。

语法:Keyboard. end()

参数:无。

返回值:无。

3. Keyboard. press(char)

功能:按下按键。当调用该函数时,相当于在键盘上按下一个按键并保持。要想释放该按键动作，需要使用 Keyboard. release()或者 Keyboard. releaseAll()函数。

语法：Keyboard. press(key)

参数：

key，需要按下的按键。

如需按下键盘上的功能键，请参照附录"A. 7　USB 键盘库支持的键盘功能按键列表"。

返回值：无。

4. Keyboard. print()

功能：输出到计算机。发送一个按键信号到所连接的计算机上。

语法：

Keyboard. print(character)

Keyboard. print(characters)

参数：

character，char 或 int 型，会以一个个按键的形式发送到计算机上。

characters，String 型，会以一个个按键的形式发送到计算机上。

返回值：发送的字节数。

5. Keyboard. println()

功能：输出到计算机并换行。发送一个按键信号到所连接的计算机上，并回车换行。

语法：

Keyboard. println()

Keyboard. println(character)

Keyboard. println(characters)

参数：

character，char 或 int 型，会以一个个按键的形式发送到计算机上。

characters，String 型，会以一个个按键的形式发送到计算机上。

返回值：发送的字节数。

6. Keyboard. release()

功能：释放按键。释放一个 press(char)函数按下的按键。释放按键后就会向计算机发送一个按键信号。

语法：Keyboard. release(key)

参数：

key，需要释放的按键。

如需释放键盘上的功能键，请参照附录"A. 7　USB 键盘库支持的键盘功能按键列表"。

返回值:释放的按键个数。

7. Keyboard. releaseAll()

功能:释放之前调用 press(char)函数按下的所有按键。使用该方法可以完成组合按键动作,例如 Ctrl+Alt+Delete 组合按键。

语法:Keyboard. releaseAll()

参数:无。

返回值:释放的按键个数。

8. Keyboard. write()

功能:发送一个按键信号到计算机上。类似于 press()组合 release()发送按键信号的方法。可通过该方法发送 ASCII 字符或者其他功能按键。write()函数仅支持键盘按键对应的 ASCII 字符。

语法:Keyboard. write(character)

参数:

character,char 或 int 型发送到计算机上的数据。

返回值:发送的字节数。

需要注意的是,当使用 Mouse. click(button)、Mouse. move()、Mouse. press()、Mouse. release()、Keyboard. print()、Keyboard. println()、Keyboard. write()函数时,Arduino 会接管鼠标或键盘,在使用这些命令之前,需要确保对 Arduino 的控制是正常的。例如,当程序正在使用的 I/O 脚悬空,高低电平无法读出时,则可能会出现控制失常的情况,因此,建议增加一个按键作为 Arduino 控制键盘功能的使能开关。

9.2 模拟键盘输入信息

要想直接模拟键盘输入信息很简单,只需使用 Keyboard. print()或者 Keyboard. println()函数即可。这里要做一个文本发送器,每按一次按键,输入一条信息。

实验连接示意图如图 9-1 所示,在 4 号引脚上连接一个 10 kΩ 的上拉电阻,如果使用的是按键模块,那么可能需要将对应引脚设置为开启内部上拉电阻。

如下示例程序可通过选择"文件"→"示例"→09. USB→Keyboard→KeyboardMessage 菜单项找到。

```
/*
  Keyboard Button test
  该程序仅适用于 Arduino 的 Leonardo 和 Micro 型号。
  当按下按键时,发送文本。
  created 24 Oct. 2011
```

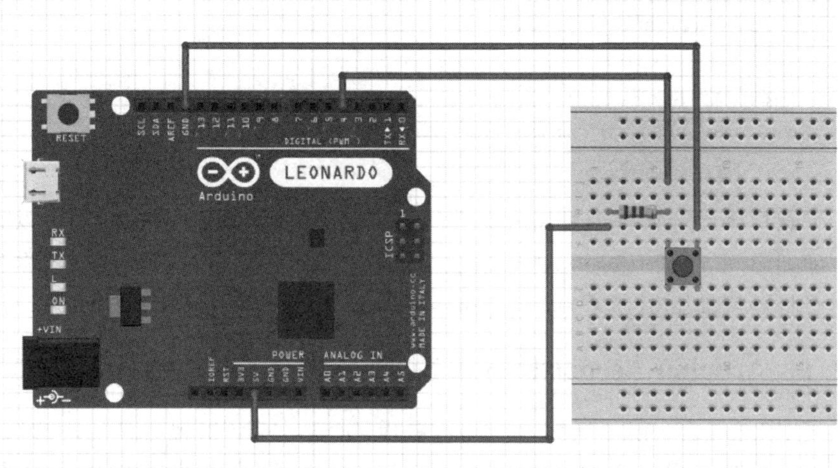

图 9-1　模拟键盘输入实验连接示意图

```
 modified 27 Mar. 2012
 by Tom Igoe

 This example code is in the public domain.

  */

const int buttonPin = 4;                    // 按键连接引脚
int previousButtonState = HIGH;             // 之前的按键状态
int counter = 0;                            // 按键计数器

void setup() {
  // 初始化按键引脚,如果没有上拉电阻,则需要使用 INPUT_PULLUP
  pinMode(buttonPin, INPUT);
  // 初始化模拟键盘功能
  Keyboard.begin();
}

void loop() {
  // 读按键状态
  int buttonState = digitalRead(buttonPin);
  // 如果按键状态改变,且当前按键状态为高电平
  if ((buttonState != previousButtonState) && (buttonState == HIGH)) {
    // 按键计数器加 1
    counter++;
    // 模拟键盘输入信息
    Keyboard.print("You pressed the button");
```

```
    Keyboard.print(counter);
    Keyboard.println(" times.");
  }
  // 保存当前按键状态,用于下一次比较
  previousButtonState = buttonState;
}
```

下载程序后选择一个可输入文本的输入框,随便按下任意按键,则可以看到文本框中随即出现了"You pressed the button 1 times."文本,再次按下按键,程序中的计数器会将数字加 1,并会看到"You pressed the button 2 times."文本。

9.2.1 Arduino Leonardo 在模拟 USB 设备后,无法正常下载程序

当用 Leonardo 模拟鼠标、键盘时,鼠标、键盘可能会出现失灵乱跳的情况,这往往是因为所对应的 I/O 脚悬空所致。当 I/O 脚悬空时,检测到的输入电平为不定值。可通过 pinMode(pin,INPUT_PULLUP)语句开启对应引脚上的内部上拉电阻,或者外接上拉或下拉电阻,使引脚悬空时检测到的电平稳定。

在模拟 USB 设备后,USB 口处于 USB 通信状态,此时可能无法正常下载程序,解决的方法是:按住 Arduino Leonardo 上的复位按键不放,单击 Upload 快捷键(参见图 1-25),等待 IDE 编译项目,待 Arduino 提示 Uploading 时放开复位按键,等待完成下载。

更推荐的方法是,给 USB 设备模拟程序添加一个按键开关,当单击该按键开关后,Arduino 才开始模拟 USB 设备。

9.2.2 模拟键盘组合按键

以下程序可将 Arduino Leonardo 模拟成键盘,通过触发 4 号引脚上连接的按键或者传感器,使计算机自动注销登录状态。

实现原理即是使用当前系统对应的快捷键功能,先通过 Keyboard.press()函数将需要使用的按键都选中,然后使用 Keyboard.releaseAll()函数释放所有按键,即可模拟键盘同时按下组合按键的效果。

在示例程序中,将通过以上方法模拟组合按键被按下的效果,以达到注销登录状态的目的。

可通过选择"文件"→"示例"→09.USB→Keyboard→KeyboardLogout 菜单项找到该程序。

```
/*
  Keyboard logout

 This sketch demonstrates the Keyboard library.

 When you connect pin 4 to ground, it performs a logout.
```

```
It uses keyboard combinations to do this, as follows:

On Windows, CTRL-ALT-DEL followed by ALT-l
On Ubuntu, CTRL-ALT-DEL, and ENTER
On OS X, CMD-SHIFT-q

To wake: Spacebar.

Circuit:
 * Arduino Leonardo or Micro
 * wire to connect D2 to ground.

created 6 Mar. 2012
modified 27 Mar. 2012
by Tom Igoe

This example is in the public domain

http://www.arduino.cc/en/Tutorial/KeyboardLogout
 */

#define OSX 0
#define WINDOWS 1
#define UBUNTU 2

//设置操作系统
int platform = WINDOWS;

void setup() {
  // 将 4 号引脚设置为输入状态
  //并开启内部上拉电阻
  pinMode(4, INPUT_PULLUP);
  Keyboard.begin();
}

void loop() {
  while (digitalRead(4) == HIGH) {
    // 等待 4 号引脚变成低电平
    delay(500);
  }
  delay(1000);

  switch (platform) {
  case OSX:
    Keyboard.press(KEY_LEFT_GUI);
    // SHIFT + Q 组合按键
    Keyboard.press(KEY_LEFT_SHIFT);
    Keyboard.press('Q');
    delay(100);
```

```
        Keyboard.releaseAll();
        //回车确认
        Keyboard.write(KEY_RETURN);
        break;
      case WINDOWS:
        // CTRL + ALT + DEL 组合按键
        Keyboard.press(KEY_LEFT_CTRL);
        Keyboard.press(KEY_LEFT_ALT);
        Keyboard.press(KEY_DELETE);
        delay(100);
        Keyboard.releaseAll();
        //ALT + L 组合按键
        delay(2000);
        Keyboard.press(KEY_LEFT_ALT);
        Keyboard.press('l');
        Keyboard.releaseAll();
        break;
      case UBUNTU:
        // CTRL + ALT + DEL 组合按键
        Keyboard.press(KEY_LEFT_CTRL);
        Keyboard.press(KEY_LEFT_ALT);
        Keyboard.press(KEY_DELETE);
        delay(1000);
        Keyboard.releaseAll();
        // 回车键确认登出
        Keyboard.write(KEY_RETURN);
        break;
      }
      // 进入死循环,相当于结束程序
      while(true);
    }
```

每种系统对应的快捷键均不相同,因此,在下载该程序之前需要先将程序设置为程序所对应的系统,这里使用宏定义来实现直接将系统名称赋值给一个变量的效果。

```
#define OSX 0
#define WINDOWS 1
#define UBUNTU 2
//设置你的操作系统
int platform = WINDOWS;
```

下载并运行程序,可通过触发 4 号引脚上的按键或者传感器,使得当在 4 号引脚上读到低电平时,即会触发计算机执行注销当前用户的操作。

9.3　实验:使用摇杆模块控制计算机鼠标

下面将使用遥杆模块和 Arduino Leonardo 来控制计算机鼠标。可以使用摇杆模块或者摇杆扩展板来完成本实验。

1. 遥杆模块

摇杆模块(图 9-2)由 X/Y 轴两个 10 kΩ 电位器和一个轻触按键组成。当摇杆处在不同位置时,X/Y 轴对应电位器读出的阻值也不同。

当该摇杆被按下时,会触动一个轻触开关;当被摇动时,会带动其中的两个电位器游标触点,以改变阻值。Arduino 通过读取这两个电位器的值,便可知道摇杆现在在 X/Y 坐标系中的位置。

摇杆模块引脚说明如表 9-1 所列。

图 9-2　摇杆模块

表 9-1　摇杆模块引脚

序　号	标　号	说　明
1	B	轻触按键的一端,另一端接到 GND
2	Y	Y 轴电位器游标触点对应的引脚
3	X	X 轴电位器游标触点对应的引脚
4	+	VCC
5	−	GND

2. 摇杆扩展板

摇杆扩展板(图 9-3)是集成了 1 个摇杆和 4 个彩色按键的扩展板。通过 Arduino可采集到摇杆和各个按键的状态。

该扩展板带有无线模块接口后可连接蓝牙或其他无线模块使用。

使用扩展板时直接将其堆叠到 Arduino 上即可,堆叠后的引脚占用情况如表 9-2 所列。

3. 实现原理

摇杆内部有两个带弹簧的可调电位器,可通过电位器的游标位置来判断当前摇杆的状态。而 Arduino 在使用 USB 来模拟鼠标、键盘时,Arduino 会接管鼠标或者键盘,在使用一些命令之前,需要确保对 Arduino 的控制是正常的。本例中将使用摇杆模块自带的按键来开启模拟 USB 鼠标的功能。

图 9-3 摇杆扩展板

表 9-2 摇杆扩展板引脚占用

扩展板功能	占用 Arduino 引脚
下方按键	3
右侧按键	4
左侧按键	5
上方按键	6
摇杆按键	7
摇杆 X 轴	A1
摇杆 Y 轴	A0

4. 示例程序代码

示例程序代码如下。

```
/*
OpenJumper Leonardo Example
使用摇杆扩展板模拟 USB 鼠标
http://www.openjumper.com/
*/
//摇杆硬件定义
int enableButton = 7;                    // 摇杆按键,用做鼠标功能使能按键
int upButton = 6;                        // 上方按键,模拟滚轮向上
int downButton = 3;                      // 下方按键,模拟滚轮向下
int leftButton = 5;                      // 左按键,模拟鼠标左键
int rightButton = 4;                     // 右按键,模拟鼠标右键
int xAxis = A1;                          // 摇杆 X 轴
int yAxis = A0;                          // 摇杆 Y 轴

int mouseSensitivity = 12;               //鼠标灵敏度
int wheelSensitivity = 1;                //滚轮灵敏度

boolean enable = false;                  //模拟鼠标功能是否可用
boolean lastEnableButtonState = HIGH;    // 上一次使能按键读值

void setup() {
  //初始化各个按键
  pinMode(enableButton,INPUT);
  pinMode(upButton,INPUT);
  pinMode(downButton,INPUT);
```

```
  pinMode(leftButton,INPUT);
  pinMode(rightButton,INPUT);
  // 开始控制鼠标
  Mouse.begin();
}

void loop() {
  // 使能按键按一次使能,再按一次禁能
  boolean EnableButtonState = digitalRead(enableButton);
  if( (EnableButtonState == LOW) && (EnableButtonState != lastEnableButtonState) ) {
    enable = !enable;
  }
  lastEnableButtonState = EnableButtonState;

  if (enable) {
    // 读取鼠标偏移值
    int x = readAxis(xAxis);
    int y = readAxis(yAxis);
    // 读取鼠标滚轮值
    int wheel = 0;
    if(digitalRead(upButton) == LOW){
      wheel = wheelSensitivity;
    }
    else if(digitalRead(downButton) == LOW){
      wheel = -wheelSensitivity;
    }
    // 移动鼠标位置或滚轮
    Mouse.move(x, y, wheel);
    //单击鼠标左、右键
    ifClickButton(leftButton,MOUSE_LEFT);
    ifClickButton(rightButton,MOUSE_RIGHT);
    // 延迟一段时间,可通过该值调整鼠标移动的速度
    delay(10);
  }
}
//读取摇杆数据,即摇杆电位器的偏移量
int readAxis(int thisAxis) {
  int reading = analogRead(thisAxis);
  // 将读出的模拟值缩小到一定范围
  reading = map(reading, 0, 1023, 0, mouseSensitivity);
  // 计算出一个鼠标的偏移量
  int distance = reading - (mouseSensitivity/2);
  int threshold = mouseSensitivity/4;
```

```
    //如果电位器偏移量较小,则不移动鼠标
    if (abs(distance) < threshold) {
      distance = 0;
    }
    // 返回鼠标偏移量
    return distance;
  }
  //判断按键是否被按下
  void ifClickButton(int Buttonpin,uint8_t Button) {
    if (digitalRead(Buttonpin) == LOW){
      if (!Mouse.isPressed(Button)) {
        Mouse.press(Button);
      }
    }
    else
      if (Mouse.isPressed(Button)) {
        Mouse.release(Button);
      }
  }
```

下载以上程序后,Leonardo 会自动切换到 USB 模拟鼠标模式,现在可以试着用摇杆和按键来完成计算机鼠标的操作了。

9.4 项目:PPT 播放遥控器

下面利用 Arduino Leonardo 的 USB 模拟键盘功能制作一个 PPT 播放遥控器,即通过红外遥控器来无线控制电脑播放 PPT,实现播放、停止、翻页功能。

在 PowerPoint 中播放 PPT 通常会用到 4 个快捷键:开始播放 F5,退出播放 Esc,上一页 Left,下一页 Right。本项目便是通过 Arduino Leonardo 模拟这四个按键来控制 PPT 的播放。

本项目要使用的器材有红外一体接收头和遥控器。将红外接收模块通过传感器扩展板连接到 Arduino 上。实物如图 9-4 所示。

图 9-4 PPT 遥控播放器实物图

按图 9-5 及表 9-3 所列的对应关系,将遥控器上的开、关、上、下键通过 Arduino

Leonardo转换为键盘上的按键。Arduino Leonardo在此起到一个转换器的作用，它将接收到的红外载波信号解码，再根据收到的编码做出对应模拟键盘的按键动作。

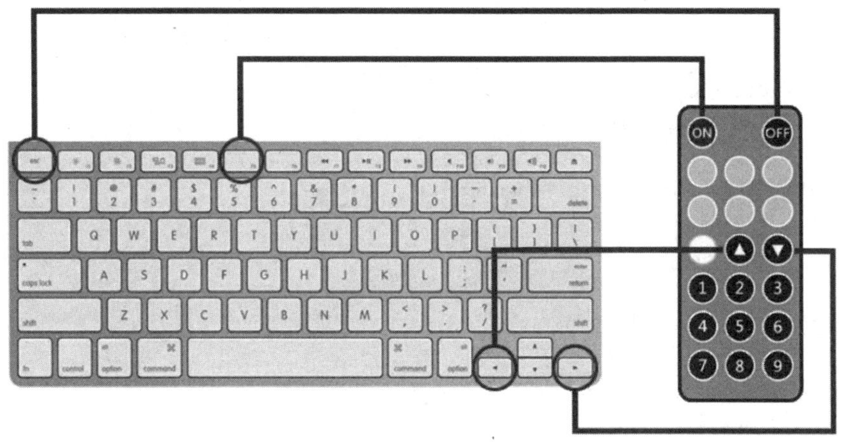

图9-5　快捷键与遥控器按键对应关系

表9-3　快捷键与遥控器按键对应关系

功　能	PowerPoint快捷键	遥控器按键
开始播放	F5	ON
退出播放	Esc	OFF
下一页	Right	▼
上一页	Left	▲

示例程序代码如下：

```
/*
按键对应关系：
ON> FFA25D
OFF>FFE21D
UP> FF9867
DOWN> FFB04F
 */
#include <IRremote.h>

int RECV_PIN = 11;

IRrecv irrecv(RECV_PIN);

decode_results results;

void setup(){
  Serial.begin(9600);
```

```
  // 开始接收红外信号
  irrecv.enableIRIn();
}

void loop()
{
  // 接收红外编码
  if (irrecv.decode(&results))
  {
    Serial.println(results.value, HEX);
    // 准备接收下一次编码
    irrecv.resume();
  }
  switch (results.value)
  {
    // 遥控器 ON 键>键盘 F5 键>开始播放
    case 0xFFA25D:
    Keyboard.press(KEY_F5);
    Keyboard.releaseAll();
    break;
    // 遥控器 OFF 键>键盘 Esc 键>退出播放
    case 0xFFE21D:
    Keyboard.press(KEY_ESC);
    Keyboard.releaseAll();
    break;
    // 遥控器向上键>键盘←键>向上翻页
    case 0xFF9867:
    Keyboard.press(KEY_LEFT_ARROW);
    Keyboard.releaseAll();
    break;
    // 遥控器向下键>键盘→键>向下翻页
    case 0xFFB04F:
    Keyboard.press(KEY_RIGHT_ARROW);
    Keyboard.releaseAll();
    break;
  }
  // 清空编码数据,开始下一次接收
  results.value = 0;
}
```

成功下载此程序到 Arduino Leonardo 后,打开 PowerPoint 文档,再使用红外遥控器便可无线控制 PPT 播放了。通过 Arduino Leonardo 模拟 USB 键盘输入快捷键的方法还适用于许多程序,可以尝试用它控制电脑上的其他软件。

第 10 章

Ethernet 类库的使用

Arduino 不仅可以和各种硬件通信，还可以接入互联网，进行网络通信。Arduino IDE 自带了 Arduino Ethernet 类库，使用它可以轻松地将 Arduino 接入到网络中，完成各种网络项目制作。

学习本章需要有一定的网络知识。可以查阅其他书籍了解网络通信的基本知识及 HTML 语言的使用方法。

10.1 Ethernet 相关硬件介绍

使用 Arduino Ethernet 类库需要有相应的硬件支持。下面是常见的 3 种支持 Ethernet 功能的硬件。

1. Ethernet 扩展板

Ethernet 扩展板(图 10－1)是集成 WIZnet W5100 网络芯片的扩展板。将扩展板连接到 Arduino 后，可使 Arduino 具有网络功能。同时扩展板还集成了 SD 卡卡槽，以配合 SD 卡库读/写 SD 卡。

图 10－1　Ethernet 扩展板

可以从地址 http://arduino.cc/en/Main/ArduinoEthernetShield 获取更多有关 Ethernet 扩展板的相关信息。

2. Arduino Ethernet

Arduino Ethernet(图 10-2)是集成 Ethernet 功能的 Arduino 控制器,使用单独一个控制器即可连接到网络上。集成了 SD 卡卡槽,并且可通过外接 POE 模块(图 10-3)来扩展 POE 的供电功能。

但是该控制器并没有下载功能,每次下载时都需要连接 USB 转串口模块(图 10-4)来进行程序下载。

图 10-2 Arduino Ethernet

图 10-3 POE 功能扩展模块

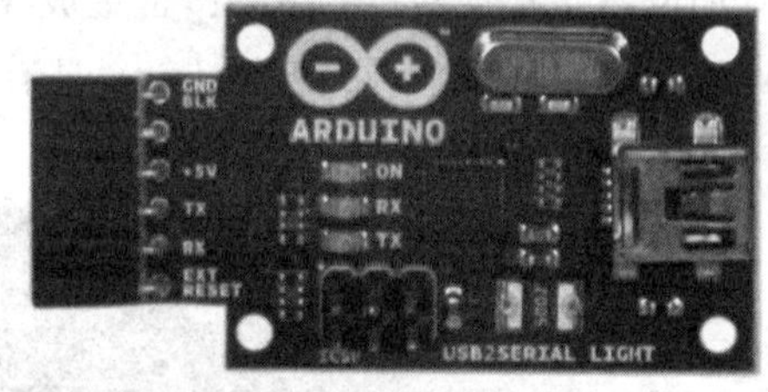

图 10-4 USB 转串口模块

可以从地址 http://arduino.cc/en/Main/ArduinoBoardEthernet 获取更多有关 Arduino Ethernet 控制器的相关信息。

3. Zduino Ethernet

Zduino Ethernet(图 10-5)是 OpenJumper 推出的一款高集成度的 Arduino Ethernet 兼容控制器。它集成了 USB 下载、POE 供电、SD 卡插槽等功能,并且完全兼容 Arduino UNO 的引脚位置。使用它可快速将控制器接入网络,从而搭建自己的网络应用。

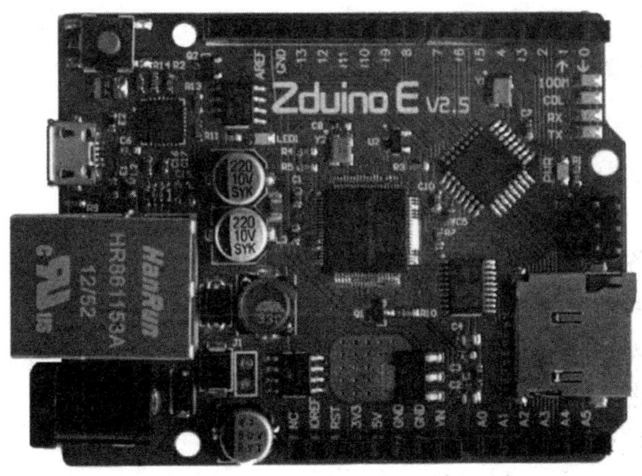

图 10－5　Zduino Ethernet

可以从地址 http://www.openjumper.cn/ethernet/获取更多有关 Zrduino Ethernet 控制器的相关信息。

4. W5100

以上硬件都使用 W5100 芯片实现了 Ethermet 功能。W5100 是 WIZnet 公司推出的一款多功能的单片网络接口芯片，内部集成有 10/100 以太网控制器，主要应用于高集成、高稳定、高性能和低成本的嵌入式系统中。

该芯片具有如下特点：

- 支持全硬件 TCP/IP 协议，包括 TCP、UDP、ICMP、IPv4 ARP、IGMP、PPPoE 和 Ethernet。
- 内嵌 10 BaseT/100 BaseTX 以太网物理层。
- 支持自动应答(全双工/半双工模式)。
- 支持自动 MDI/MDIX。
- 支持 ADSL 连接(支持 PPPoE 协议，带 PAP/CHAP 验证)。
- 支持 4 个独立端口。
- 内部 16 KB 存储器作为 TX/RX 缓存。
- 0.18 μm CMOS 工艺。
- 3.3 V 工作电压，I/O 口可承受 5 V 电压。
- 小巧的 LQFP80 无铅封装。
- 多种 PHY 指示灯信号输出(TX、RX、Full/Half duplex、Collision、Link 和 Speed)。

除此之外，Ethernet 设备通常还带有如下部件和功能。

5. SD 卡插槽

Ethernet 相关硬件都带有 Micro SD 卡(即 TF 卡)插槽,可用于读/写 Micro SD 卡。具体实现方法参见 6.2 节相关内容。

6. 指示灯

除了可编程指示灯 L 外,在 Ethernet 设备上还有多个指示灯,当各指示灯点亮时分别表示:

- PWR,设备已通电。
- LINK,网络已连接。当发送或接收数据时会闪烁。
- FULLD,网络连接是全双工通信。
- 100M,当前为 100 Mb/s 的网络连接。
- RX,网络接收数据时闪烁。
- TX,网络发送数据时闪烁。
- COLL,网络检测到冲突时闪烁。

需要注意的是,这里的 RX 和 TX 是网络通信指示灯,并不是其他控制器上的串口通信指示灯。

7. POE 供电

POE(Power Over Ethernet)指在现有以太网 Cat.5 布线基础架构不做任何改动的情况下,在为一些基于 IP 的终端(如 IP 电话机、无线局域网接入点 AP、网络摄像机等)传输数据信号的同时,还能为此类设备提供直流供电的技术。

带有 POE 供电功能的 Ethernet 控制器不需要通过 USB 或者直流插座供电,而只需要一根带有 POE 电源的网线即可供电。

8. 引脚使用

Ethernet 扩展板或 Ethernet 控制器上的 W5100 芯片,通过 SPI 总线与 Arduino 连接,板载的 Micro SD 卡槽也与 SPI 总线连接。使用时,两者需要通过不同的 SS 引脚选择使能。

在 Arduino UNO 或其他使用 ATmega328 芯片的 Ethernet 控制器上,占用 13(SCK)、12(MISO)、11(MOSI)、10(W5100 SS)、4(SD 卡 SS)引脚进行网络通信及 SD 卡存储。

Arduino MEGA 上的引脚占用情况如图 10-6 所示。

如果使用的是旧版的 Ethernet 扩展板,则需要注意其通过 10～13 号引脚连接到 W5100 仅能直接堆叠到 Arduino UNO 上;而 Arduino MEGA 的 SPI 引脚在 50～53 引脚处,Arduino Leonardo 的 SPI 引脚在 ICSP 引脚处,因此无法直接使用旧版的 Ethernet 扩展板。

新版的 Ethernet 扩展板均通过 ICSP 引脚连接到 Arduino 的 UNO、MEGA 和 Leonardo 处,并且均可直接堆叠使用。

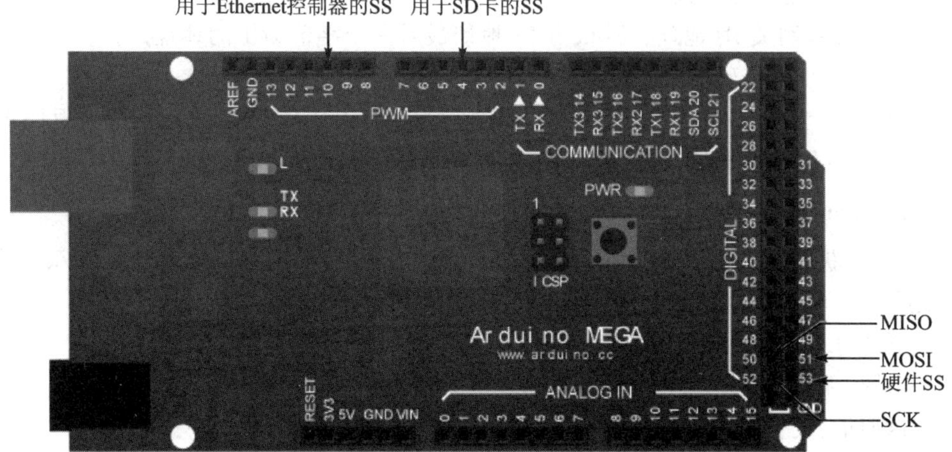

图 10-6　W5100 扩展板在 Arduino MEGA 上的引脚占用情况

10.2　Ethernet 类库

在使用网络功能时需要包含该库头文件 Ethernet.h；由于 Arduino 是通过 SPI 总线连接 W5100 实现网络功能的，所以也需要包含 SPI.h 头文件。Ethernet 类库中定义了多个类，要想完成网络通信，需要这几个类搭配使用。

10.2.1　Ethernet 类

Ethernet 类用于初始化以太网库和进行相关的网络配置。其成员函数如下。

1. begin()

功能：初始化以太网库并进行相关配置。

可以在参数中配置 MAC 地址、IP 地址、DNS 地址、网关、子网掩码。1.0 版的 Ethernet 库支持 DHCP，当只设置 MAC 地址时，设备会自动获取 IP 地址。

语法：

Ethernet.begin(mac)

Ethernet.begin(mac, ip)

Ethernet.begin(mac, ip, dns)

Ethernet.begin(mac, ip, dns, gateway)

Ethernet.begin(mac, ip, dns, gateway, subnet)

参数：

mac，本设备的 MAC 地址。

ip，本设备的 IP 地址。

dns,DNS 服务器地址。

gateway,网关 IP 地址。默认为 IP 地址最后一个字节为 1 的地址。

subnet,子网掩码。默认为 255.255.255.0。

返回值:当使用 Ethernet.begin(mac)函数进行 DHCP 连接时,连接成功返回 1,失败返回 0;如果指定了 IP 地址,则不返回任何数据。

2. localIP()

功能:获取设备的 IP 地址。当使用 DHCP 方式连接时,可以通过该函数获取到 IP 地址。

语法:Ethernet.localIP()

参数:无。

返回值:设备的 IP 地址。

3. maintain()

功能:更新 DHCP 租约。本函数是 Arduino 1.0.1 版新增加的函数。

语法:Ethernet.maintain()

参数:无。

返回值:byte 型,可为下列值之一:

- 0,没有改变。
- 1,更新失败。
- 2,更新成功。
- 3,重新绑定失败。
- 4,重新绑定成功。

10.2.2 IPAddress 类

IPAddress 类只有一个构造函数,用于定义一个存储 IP 地址的对象。如 Ethernet.begin(mac, ip)等函数都会依赖该对象。

IPAddress()

功能:定义一个对象用于存储一个 IP 地址。

语法:IPAddress ip(address)

参数:

ip,用户自定义的一个存储 IP 地址的对象。

address,一个 IP 地址。实际上这里是 4 个 byte 型的参数,需要以逗号分隔,如 192,168,3,3。

10.2.3 EthernetServer 类

使用 EthernetServer 类可以创建一个服务器端对象,用于向客户端设备发送数据,或者接收客服端传来的数据。其成员函数如下。

1. EthernetServer()

功能:创建一个服务器对象,并指定监听端口。它是 EthernetServer 类的构造函数。

语法:EthernetServer server(port)

参数:

server,一个 EthernetServer 类的对象。

port,监听的端口。

2. begin()

功能:使服务器开始监听接入的连接。

语法:server. begin()

参数:

server,一个 EthernetServer 类的对象。

返回值:无。

3. available()

功能:获取一个连接到本服务器且可读取数据的客户端对象。

语法:server. available()

参数:

server,一个 EthernetServer 类的对象。

返回值:一个客户端(EthernetClient 类型)对象。

4. write()

功能:发送数据到所有连接到本服务器的客户端。

语法:server. write(data)

参数:

server,一个 EthernetServer 类的对象。

data,发送的数据(byte 或 char 类型)。

返回值:发送的字节数。

5. print()

功能:发送数据到所有连接到本服务器的客户端。数据将以 ASCII 码的形式一个一个地发送。

语法:

server. print(data)

server. print(data, BASE)

参数:

server,一个 EthernetServer 类的对象。

data,发送的数据(可为 char、byte、int、long、String 类型)。

BASE,指定数据以何种进制形式输出。

返回值:发送的字节数。

6. println()

功能:发送数据到所有连接到本服务器的客户端,并换行。数据将以 ASCII 码的形式一个一个地发送。

语法:

server. println()

server. println(data)

server. println(data, BASE)

参数:

server,一个 EthernetServer 类的对象。

data,发送的数据(可为 char、byte、int、long、String 类型)。

BASE,指定数据以何种进制形式输出。

返回值:发送的字节数。

10.2.4 EthernetClient 类

使用 EthernetClient 类可以创建一个客户端对象,用于连接到服务器,并发送/接收数据。其成员函数如下。

1. EthernetClient()

功能:创建一个客户端对象。它是 EthernetClient 类的构造函数。可使用 connected()函数来指定某对象连接到的 IP 地址和端口。

语法:EthernetClient client

参数:

client,一个 EthernetClient 类的对象。

2. if (EthernetClient)

功能:检查指定的客户端设备是否可用。

语法:if (client)

参数:

client,一个 EthernetClient 类的对象。

返回值:boolean 型值,为 ture 表示可用,为 false 表示不可用。

3. connect()

功能:连接到指定的 IP 地址和端口。

语法:

client. connect()

client. connect(ip, port)

client. connect(URL, port)

参数：

client,一个 EthernetClient 类的对象。

返回值:boolean 型值,为 ture 表示连接成功,为 false 表示连接失败。

4. connected()

功能:检查客户端是否已经连接。

语法:client. connected()

参数：

client,一个 EthernetClient 类的对象。

返回值:boolean 型值,为 ture 表示已经连接,为 false 表示没有连接。

5. write()

功能:发送数据到已经连接了的服务器上。

语法:client. write(data)

参数：

client,一个 EthernetClient 类的对象。

data,发送的数据(byte 或 char 类型)。

返回值:发送的字节数。

6. print()

功能:发送数据到已经连接了的服务器上。数据将以 ASCII 码的形式一个一个地发送。

语法：

client. print(data)

client. print(data, BASE)

参数：

client,一个 EthernetClient 类的对象。

data,发送的数据(可为 char、byte、int、long、String 类型)。

BASE,指定数据以何种进制形式输出。

返回值:发送的字节数。

7. println()

功能:发送数据到已经连接了的服务器上,并换行。数据将以 ASCII 码的形式一个一个地发送。

语法：

client. println()

client. println(data)

client. print(data, BASE)

参数:

client,一个 EthernetClient 类的对象。

data,发送的数据(可为 char、byte、int、long、String 类型)。

BASE,指定数据以何种进制形式输出。

返回值:发送的字节数。

8. available()

功能:获取可读字节数。可读数据为所连接的服务器端发送来的数据。

语法:

client. available()

参数:

client,一个 EthernetClient 类的对象。

返回值:可读的字节数。

9. read()

功能:读取接收到的数据。

语法:client. read()

参数:

client,一个 EthernetClient 类的对象。

返回值:一个字节的数据。如果没有可读数据,则返回-1。

10. flush()

功能:清除已写入客户端,但还没有被读取的数据。

语法:client. flush()

参数:

client,一个 EthernetClient 类的对象。

返回值:无。

11. stop()

功能:断开与服务器间的连接。

语法:client. stop()

参数:

client,一个 EthernetClient 类的对象。

返回值:无。

10.3　Ethernet 的初始化

在使用 Ethernet 功能之前，所有的网络通信程序都需要先使用 Ethernet.begin()函数来对网络设备进行初始化，以配置 MAC 地址、IP 地址、子网掩码和网关等信息。

10.3.1　自定义 IP 地址

以下示例展示了 Ethernet 定义 MAC 地址及 IP 地址的方法。MAC 地址用一个 6 字节的数组存储，通常以十六进制形式表示；IP 地址用一个 4 字节的数组存储，通常以十进制的形式表示。示例程序代码如下。

```
#include <SPI.h>
#include <Ethernet.h>

// 设置一个 MAC 地址
byte mac[] = { 0xDE, 0xAD, 0xBE, 0xEF, 0xFE, 0xED };
//设置一个 IP 地址
byte ip[] = { 192, 168, 1, 177 };

void setup(){
  // 初始化 Ethernet 功能
  Ethernet.begin(mac, ip);
}

void loop(){
}
```

在 Arduino 1.0 及更高的版本中，Ethernet 也支持以 DHCP 方式自动获取设备 IP 地址的功能。

10.3.2　DHCP 获取 IP 地址

动态主机设置协议(Dynamic Host Configuration Protocol, DHCP)主要用来为局域网中的设备分配动态的 IP 地址。当使用 Ethernet.begin(mac)函数形式初始化网络功能时，即会开启 DHCP 模式，Arduino 会向路由器请求一个 IP 地址。成功获取 IP 地址后，可以使用 Ethernet.localIP()读出本设备的 IP 地址。

示例程序代码如下。

```
/*
OpenJumper DHCP Example
http://www.openjumper.com/
*/
#include <SPI.h>
```

```
#include <Ethernet.h>

// 设置 MAC 地址
byte mac[] = { 0x00, 0xAA, 0xBB, 0xCC, 0xDE, 0x02 };

void setup() {
  // 初始化串口通信
  Serial.begin(9600);
  // 开启 Ethernet 连接
  if (Ethernet.begin(mac) == 0) {
    Serial.println("Failed to configure Ethernet using DHCP");
    // 连接失败,进入一个死循环(相当于结束程序运行)
    for(;;);
  }
  // 输出本地 IP 的地址
  Serial.print("My IP address: ");
  for (byte thisByte = 0; thisByte < 4; thisByte++) {
    // 将 4 个字节的 IP 地址逐字节输出
    Serial.print(Ethernet.localIP()[thisByte], DEC);
    Serial.print(".");
  }
  Serial.println();
}

void loop() {
}
```

下载程序后,将 Arduino Ethernet 连接到路由器上,再通过串口查看分配到的 IP 地址。如果成功分配到 IP 地址,则会看到如“My IP address: 192.168.0.102.”的提示。

10.4 通过 Telnet 建立简易聊天室

这里将着手建立一个 Arduino 聊天服务器,服务器使用 Telnet 协议连接。

1. TCP 协议

传输控制协议(Transmission Control Protocol,TCP)是基于连接的协议,也就是说,在正式收/发数据之前必须与对方建立可靠的连接。后面使用到的 Telnet、HTTP 协议均是 TCP 协议的子集。

2. Telnet 协议

Telnet 是用于因特网或者局域网的网络协议,可为设备间提供一个双向的交互式通信。带有 TCP/IP 协议栈的网络设备基本都支持 Telnet 服务。

10.4.1 建立 Arduino Telnet 聊天服务器

通常情况下 Telnet 的默认端口为 23，因此需要先建立一个 EthernetServer 对象，并指定监听 23 号端口，实现语句如下。

```
EthernetServer server(23);
```

然后在 setup()函数中，使用 server. begin()函数便可以开启对指定端口的监听。这样就建立了一个可与客户端连接并进行通信的 Telnet 服务器。

要想与客户端通信，还需要使用如下语句新建客户端对象，即：

```
EthernetClient client = server.available();
```

其中，server. available()会返回一个连接到本服务器且有可读数据的客户端对象。然后使用语句

```
if (client) { }
```

检查当前连接的客户端是否可用。如果可用，便可以使用 client. println()和 client. read()语句向客户端发送数据，或是读取客户端传来的数据。

示例程序代码如下。

```
/*
OpenJumper ChatServer Example
http://www.openjumper.com/
*/

#include <SPI.h>
#include <Ethernet.h>
// 输入 MAC 地址和 IP 地址，在此后的设置中将会使用到
// IP 地址需要根据本地网络进行设置
// 网关和子网掩码是可选项，可以不用
byte mac[] = {
  0xDE, 0xAD, 0xBE, 0xEF, 0xFE, 0xED };
IPAddress ip(192,168,1, 177);

// Telnet  默认端口为 23
EthernetServer server(23);
boolean alreadyConnected = false; // 记录是否之前有客户端被连接
String thisString = "";

void setup() {
  // 初始化网络设备
  Ethernet.begin(mac, ip);
  // 开始监听客户端
```

```
    server.begin();
    // 初始化串口
    Serial.begin(9600);
    // 串口输出提示信息
    Serial.print("Chat server address:");
    Serial.println(Ethernet.localIP());
}

void loop() {
    // 等待一个新的客户端连接
    EthernetClient client = server.available();
    // 当服务器第一次发送数据时,发送一个 Hello 回应
    if (client) {
      if (!alreadyConnected) {
        // 清除输入缓冲区
        client.flush();
        Serial.println("We have a new client");
        client.println("Hello, client!");
        alreadyConnected = true;
      }

      if (client.available() > 0) {
        // 读取从客户端发来的数据
        char thisChar = client.read();
        thisString += thisChar;
        // 检测到结束符,便输出字符串
        if(thisChar == '\n'){
          server.println(thisString);
          Serial.println(thisString);
          thisString = "";
        }
      }
    }
}
```

10.4.2 Windows Telnet 客户端的使用

在用 Telnet 进行通信之前,需要先打开 Windows 的 Telnet 客户端功能(在 Windows XP 系统中,该功能默认为开启状态)。打开方式如图 10-7 所示,在“控制面板”→“程序”→“程序和功能”窗口中选择“启动或关闭 Windows 功能”打开“Windows 功能”对话框,然后选中“Telnet 客户端”,并单击“确定”按钮,Windows 将会启用 Telnet 客户端功能。

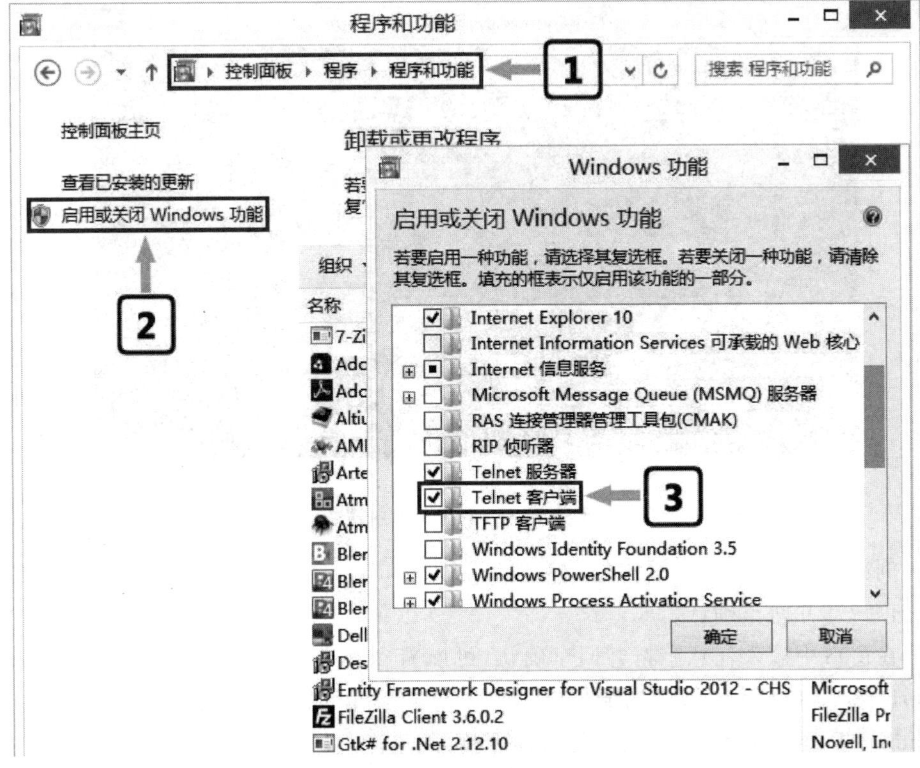

图 10－7　开启 Windows Telnet 客户端功能

如图 10－8 所示，通过选择“开始菜单”→“运行”菜单项打开对话框，输入“telnet”，单击“确定”按钮进入微软 Telnet 客户端。

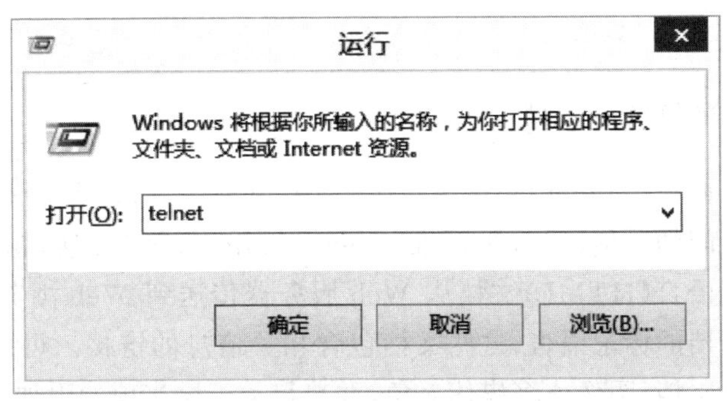

图 10－8　运行 Telnet 客户端

如图 10－9 所示，在命令行窗口中输入“?/help”即可获得 Telnet 相关命令的提示。

使用 open hostname 命令连接到 Arduino 服务器上。

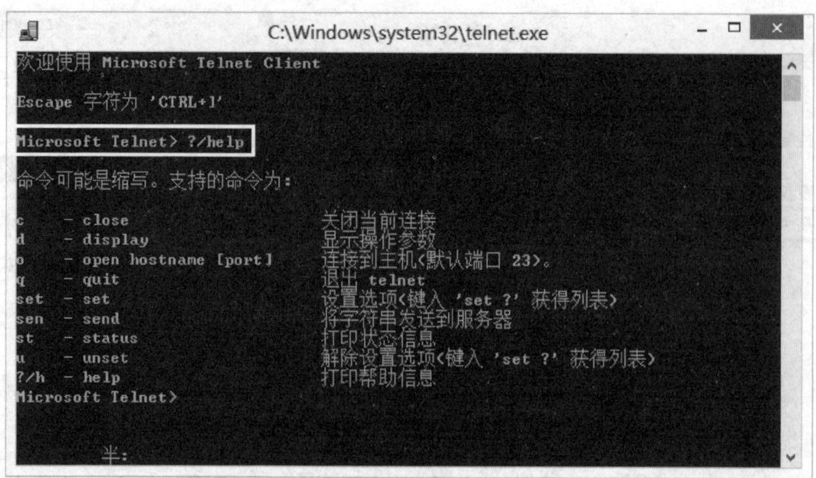

图 10-9 Telnet 客户端

例如,之前在程序中设定的设备地址为 192.168.1.177,这里便输入“open 192.168.1.177”并回车确认。

在窗口中输入任意字符并回车确认,可以看到 Arduino 服务器会将发送的数据打印出来。可以用在同一局域网 IP 网段的计算机,以 Telnet 客户端的方式访问 Arduino Telnet 服务器,输入字符后即可聊天。

当然,这个聊天服务器还有很多可以改进的地方,希望大家能够尝试着进行修改。

10.5 Ethernet 与 Web 应用

10.5.1 HTTP 协议简介

超文本传输协议(HyperText Transfer Protocol,HTTP)是分布式、协作式、超媒体系统应用之间的通信协议,是万维网(world wide web)交换信息的基础。它允许将超文本标记语言(HTML)文档从 Web 服务器传送到 Web 浏览器。HTML 是一种用于创建文档的标记语言,这些文档包含相关信息的链接。可以通过单击一个链接来访问其他文档、图像或多媒体对象,并获得关于链接项的附加信息。

在制作 Arduino 网页服务器或者网页客户端时,需要理解 HTTP 协议的大致原理。

HTTP(超文本传输协议)是一个基于请求与响应模式的、无状态的、应用层的协议,常基于 TCP 的连接方式,绝大多数的 Web 开发都是构建在 HTTP 协议之上的 Web 应用。

当使用浏览器(客户端)访问一个网页时,大致经过了以下三步:

① 用户输入网址后,浏览器(客户端)会向服务器发出 HTTP 请求;

② 服务器收到请求后会返回 HTML 形式的文本以响应请求;

③ 浏览器收到服务器返回的 HTML 文本后,将文本转换为网页显示出来。

当客户端访问网页时,会先发起 HTTP 请求。HTTP 请求由三部分组成,分别是请求行、请求报头和请求正文。

1. 请求行

请求行以一个方法符号开头,以空格分开,后面跟着请求的网页地址和协议的版本。请求行格式是:

```
Method Request-URI HTTP-Version CRLF
```

其中各参数意义如表 10-1 所列。

表 10-1　请求行各参数的意义

参　数	说　明
Method	请求方法
Request-URI	资源标识符,即需要访问的网页地址
HTTP-Version	请求的 HTTP 协议版本,在 Arduino 中,通常使用 HTTP 1.0
CRLF	回车和换行,表示 HTTP 请求结束

Method 请求方法有多种,经常使用的有 GET 和 POST 两种,如表 10-2 所列。

表 10-2　两种常用的 Method 方法

Method 方法	说　明
GET	请求获取 Request-URI 所标识的资源
POST	在 Request-URI 所标识的资源后附加新的数据

2. 请求报头

请求报头允许客户端向服务器端传递请求的附加信息以及客户端自身的信息。常用的报头有如下两种。

(1) Accept

请求报头域用于指定客户端接收哪些类型的信息,例如:

```
Accept:text/html
```

表明客户端希望接收 HTML 文本。

(2) Host

请求报头域主要用于指定被请求资源的 Internet 主机和端口号,它通常是从网页地址中提取出来的,例如在浏览器中输入 http://www.arduino.cn 网址后,在浏览器发送的请求消息中会包含如下 Host 请求报头域：

```
Host:www.arduino.cn
```

此处使用了默认端口号 80，若指定了端口号，则 Host 请求报头域变成：

```
Host:www.arduino.cn:指定端口号
```

3. 请求正文

请求正文可以包含更多的请求信息，但在 Arduino 中使用得不多，在此不做论述。

10.5.2 HTTP 响应

服务器在接收到 HTTP 请求消息后，会返回一个响应消息。HTTP 响应也是由三个部分组成，分别是状态行、响应报头和响应正文。

1. 状态行

状态行格式是：

```
HTTP-Version Status-Code Reason-Phrase CRLF
```

其中各参数的意义如表 10－3 所列。

表 10－3 状态行各参数意义

参 数	说 明
HTTP-Version	服务器 HTTP 协议的版本
Status-Code	服务器发回的响应状态代码
Reason-Phrase	状态代码的文本描述
CRLF	回车和换行，表示 HTTP 响应结束

常见的状态代码和文本描述如表 10－4 所列。

表 10－4 状态代码及文本描述

状态代码及文本描述	说 明
200 OK	客户端请求成功
400 Bad Request	客户端请求有语法错误，不能被服务器所理解
401 Unauthorized	请求未经授权
403 Forbidden	服务器收到请求，但是拒绝提供服务
404 Not Found	请求资源不存在
500 Internal Server Error	服务器发生不可预期的错误
503 Server Unavailable	服务器当前不能处理客户端的请求，一段时间后可能恢复正常

2. 响应报头

响应报头允许服务器传递不能放在状态行中的附加响应信息，以及关于服务器的信息和对 Request-URI 所标识的资源进行下一步访问的信息。

3. 响应正文

响应正文是服务器返回的资源的内容，例如，浏览器获取到返回的、可利用的 HTML 文本后，就可以将其显示为网页了。

10.5.3 网页客户端

当使用浏览器访问网站时，会在浏览器的地址栏中输入需要访问的域名，浏览器会先通过 DNS 服务器连接到域名所对应的网站服务器，再将主域名后的数据用 GET 方法发送到服务器上，请求获取对应的数据。服务器收到请求后，即会返回对应的数据。

如在浏览器地址栏中输入"www.baidu.com/s?wd=Arduino"，浏览器会先连接百度服务器，然后发送以 GET 方法发送的数据"GET/s?wd=ArduinoHTTP/1.0"，并以回车换行(CRLF)结束请求。

这里将使用 Arduino 作为一个网页客户端连接到百度上，通过发送"GET /s?wd=关键字 HTTP/1.0"来使用百度搜索功能。示例程序代码如下。

```
/*
OpenJumper WebClient Example
访问百度，搜索"OpenJumper Arduino"
并返回搜索结果。
http://www.openjumper.com/
*/
#include <SPI.h>
#include <Ethernet.h>
// 输入 MAC 地址及要访问的域名
byte mac[] = {0x00, 0xAA, 0xBB, 0xCC, 0xDE, 0x02};
IPAddress ip(192,168,1,177);
char serverName[] = "www.baidu.com";
// 初始化客户端功能
EthernetClient client;

void setup() {
  // 初始化串口通信
  Serial.begin(9600);

  //开始 Ethernet 连接
  if (Ethernet.begin(mac) == 0) {
```

```
    Serial.println("Failed to configure Ethernet using DHCP");
    // 如果 DHCP 方式获取 IP 失败,则使用自定义 IP
    Ethernet.begin(mac, ip);
  }
  // 等待 1 秒钟用于 Ethernet 扩展板或 W5100 芯片完成初始化
  delay(1000);
  Serial.println("connecting...");
  // 如果连接成功,则通过串口输出返回数据
  if (client.connect(serverName, 80)) {
    Serial.println("connected");
    // 发送 HTTP 请求
    client.println("GET /s?wd = openjumper + arduino HTTP/1.1");
    client.println();
  }
  else {
    // 如果连接失败则输出提示
    Serial.println("connection failed");
  }
}
void loop()
{
  // 如果有可读的服务器返回数据,则读取并输出数据
  if (client.available()) {
    char c = client.read();
    Serial.print(c);
  }
  //如果服务器中断了连接,则中断客户端功能
  if (!client.connected()) {
    Serial.println();
    Serial.println("disconnecting.");
    client.stop();
    // 进入一个死循环,相当于停止程序
    while(true);
  }
}
```

下载以上程序后,将 Arduino 接入网络,并打开串口监视器,则可以看到如图 10-10所示的返回信息,Arduino 访问了指定网址,并通过串口显示了服务器返回的数据。

如果需要连接的网站运行在共享 IP 的服务器(一个 IP 地址上有多个网站)上,则需要在连接服务器之后,使用 HOST 请求报头向服务器指定一个访问的域名,代码如下。

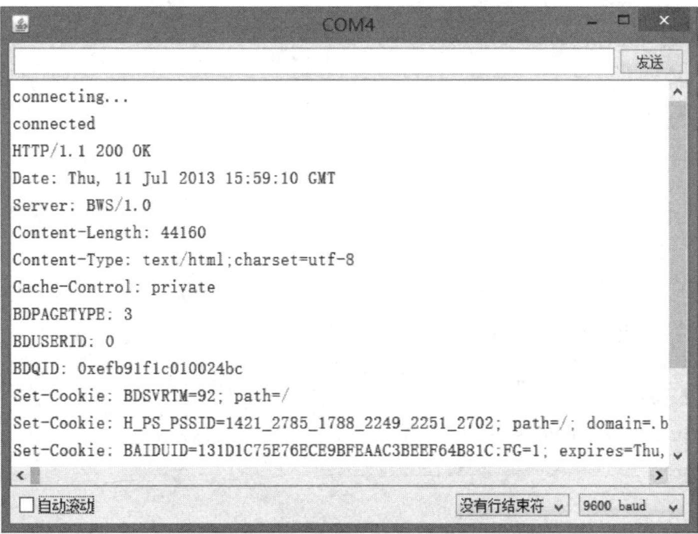

图 10-10　从服务器上返回的信息

```
client.println("GET/ HTTP/1.0");
client.println("HOST:www.openjumper.com");
client.println();
```

10.5.4　网页服务器

这里使用 Arduino Ethernet 建立一个简单网页服务器，当 Arduino 服务器接收到浏览器的访问请求时，即会发送响应消息，浏览器接收到响应消息后，会将其中包含的 HTML 文本转换为网页显示出来。

这样就可以将传感器获取到的信息显示到网页上，每个在该网络范围内的计算机或其他移动设备，无论什么平台都可以通过网页浏览器了解到各传感器的数据。

示例程序代码如下。

```
/*
OpenJumper WebServer Example
建立一个显示传感器信息的 Arduino 服务器
http://www.openjumper.com/
*/
#include <SPI.h>
#include <Ethernet.h>
// 设定 MAC 地址和 IP 地址
// IP 地址需要参考本地网络的设置
byte mac[] = {
```

```
  0xDE, 0xAD, 0xBE, 0xEF, 0xFE, 0xED };
IPAddress ip(192,168,1,177);

// 初始化 Ethernet 库
// HTTP 的默认端口为 80
EthernetServer server(80);

void setup() {
  // 初始化串口通信
  Serial.begin(9600);

  // 开始 Ethernet 连接,并作为服务器初始化
  Ethernet.begin(mac, ip);
  server.begin();
  Serial.print("server is at ");
  Serial.println(Ethernet.localIP());
}

void loop() {
  // 监听客户端传来的数据
  EthernetClient client = server.available();
  if (client) {
    Serial.println("new client");
    // HTTP 请求结尾带有一个空行
    boolean currentLineIsBlank = true;
    while (client.connected()) {
      if (client.available()) {
        char c = client.read();
        Serial.write(c);
        // 如果收到空白行,说明 HTTP 请求结束,并发送响应消息
        if (c == '\n' && currentLineIsBlank) {
          // 发送标准的 HTTP 响应
          client.println("HTTP/1.1 200 OK");
          client.println("Content-Type: text/html");
          client.println("Connection: close");
          client.println();
          client.println("<!DOCTYPE HTML>");
          client.println("<html>");
          // 添加一个 meta 刷新标签, 浏览器会每 5 秒刷新一次
          // 如果此处刷新频率设置过高,可能会出现网页卡死的状况
          client.println("<meta http-equiv = \"refresh\" content = \"5\">");
          // 输出每个模拟口读到的值
          for (int analogChannel = 0; analogChannel < 6; analogChannel++) {
            int sensorReading = analogRead(analogChannel);
```

```
          client.print("analog input ");
          client.print(analogChannel);
          client.print(" is ");
          client.print(sensorReading);
          client.println("<br/>");
        }
        client.println("</html>");
        break;
      }
      if (c == '\n') {
        // 已经开始一个新行
        currentLineIsBlank = true;
      }
      else if (c != '\r') {
        // 在当前行已经得到一个字符
        currentLineIsBlank = false;
      }
    }
  }
  // 等待浏览器接收数据
  delay(1);
  // 断开连接
  client.stop();
  Serial.println("client disonnected");
 }
}
```

下载程序后，通过浏览器访问 Arduino Ethernet 所在的 IP 地址（如程序中设定的 IP 地址为 192.168.1.177），即可看到如图 10－11 所示的网页了。

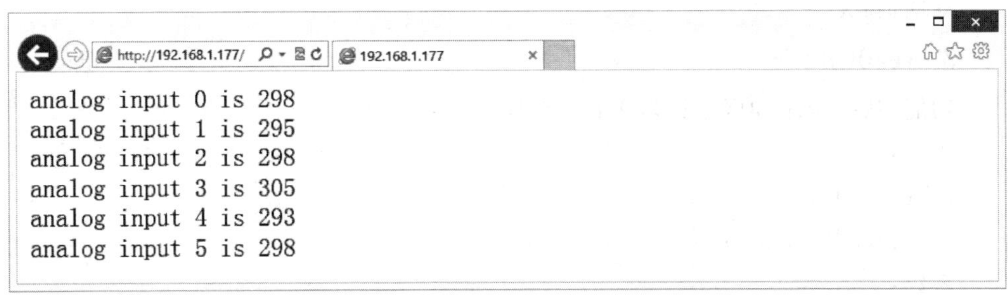

图 10－11　Arduino 网页服务器生成的网页

在网页中显示了 A0～A5 所读出的模拟值，也可以通过修改以上程序显示其他类型的数据。

10.6 UDP 通信

Arduino 除了能够进行 TCP 通信外,还可以进行 UDP 通信。

用户数据报协议(User Datagram Protocol,UDP)是与 TCP 相对的协议,是一种非连接型的协议。它不与对方建立连接,而是直接把数据包发送过去。UDP 不提供数据包分组和组装,不能对数据包进行排序,也就是说,当报文发送之后是无法得知其是否安全、完整地到达的。但由于它不属于连接型协议,因而具有资源消耗少、传输速度快的优点。

10.6.1 EthernetUDP 类

在 Ethernet 类库中,还提供了一个 EthernetUDP 类用于进行 UDP 通信。其成员函数如下。

1. EthernetUDP()

功能:EthernetUDP 类的构造函数。

语法:EthernetUDP UDP

参数:

UDP,一个 EthernetUDP 类的对象。

2. begin()

功能:初始化 UDP 库和相关网络设置。

语法:UDP. begin(localPort)

参数:

UDP,一个 EthernetUDP 类的对象。

localPort,需要监听的本地端口。

返回值:无。

3. read()

功能:从指定缓冲区中读取 UDP 数据。

语法:

UDP. read()

UDP. read(packetBuffer, MaxSize)

参数:

UDP,一个 EthernetUDP 类的对象。

packetBuffer,用于接收数据包的缓冲区。

MaxSize,缓冲区的最大容量。

返回值:char 型值,表示从缓冲区读取到的字符。

4. write()

功能：写 UDP 数据包到远程连接。

write()函数需要在 beginPacket()和 endPacket()之间调用。在 beginPacket()初始化数据包之后，再使用 write()写入需要发送的数据，最后调用 endPacket()发送这个数据包。

语法：UDP. write(message)

参数：

UDP，一个 EthernetUDP 类的对象。

message，需要输出的信息(char 型)。

返回值：发送的字节数。

5. beginPacket()

功能：开始向远程设备发送 UDP 数据包。

语法：UDP. beginPacket(remoteIP, remotePort)

参数：

UDP，一个 EthernetUDP 类的对象。

remoteIP，远程连接的 IP 地址。

remotePort，远程连接的端口。

返回值：无。

6. endPacket()

功能：完成 UDP 数据包的发送。

语法：UDP. endPacket()

参数：

UDP，一个 EthernetUDP 类的对象。

返回值：无。

7. parsePacket()

功能：检查是否有 UDP 数据包可读取，如果有则返回其大小。

parsePacket()应用在 read()读取缓冲区之前。

语法：UDP. parsePacket()

参数：

UDP，一个 EthernetUDP 类的对象。

返回值：int 型值，表示 UDP 数据包的大小。

8. available()

功能：获取缓冲区中可读取的字节数。

available()应在使用 parsePacket()后调用。

语法:UDP. available()

参数:

UDP,一个 EthernetUDP 类的对象。

返回值,可读的字节数。

9. remoteIP()

功能:获取远程设备的 IP 地址。

语法:UDP. remoteIP()

参数:

UDP,一个 EthernetUDP 类的对象。

返回值:远程连接的 IP 地址。

10. remotePort()

功能:获取远程连接的端口。

语法:UDP. remotePort()

参数:

UDP,一个 EthernetUDP 类的对象。

返回值:远程连接的端口。

10.6.2 使用 UDP 收/发数据

可以通过选择"文件"→"示例"→ Ethernet→UDPSendReceiveString 菜单项找到以下程序,该示例程序将展示 Arduino UDP 通信的收/发过程。

```
/*
  UDPSendReceive.pde:
 This sketch receives UDP message strings, prints them to the serial port
 and sends an "acknowledge" string back to the sender

 A Processing sketch is included at the end of file that can be used to send
 and receive messages for testing with a computer.

 created 21 Aug. 2010
 by Michael Margolis
 This code is in the public domain.
 */

#include <SPI.h>
#include <Ethernet.h>
#include <EthernetUdp.h>

// 为 Arduino 设置 MAC 地址和 IP 地址
byte mac[] = {
  0xDE, 0xAD, 0xBE, 0xEF, 0xFE, 0xED };
```

```
IPAddress ip(192, 168, 0, 177);
unsigned int localPort = 8888;                    // 设置需要监听的端口
// 接收和发送数据的数组
char packetBuffer[UDP_TX_PACKET_MAX_SIZE];        //保存收到数据包的缓冲区
char ReplyBuffer[] = "acknowledged";              // 一个返回的字符串
// 程序中需要使用 EthernetUDP 类库发送/接收数据包
EthernetUDP Udp;

void setup() {
  // 初始化网络并开始 UDP 通信
  Ethernet.begin(mac,ip);
  Udp.begin(localPort);
  Serial.begin(9600);
}

void loop() {
  // 如果有可读数据，那么读取一个包
  int packetSize = Udp.parsePacket();
  if(packetSize)
  {
    Serial.print("Received packet of size ");
    Serial.println(packetSize);
    Serial.print("From ");
    // 输出 IP 地址和端口等 UDP 连接信息
    IPAddress remote = Udp.remoteIP();
    for (int i =0; i < 4; i++)
    {
      Serial.print(remote[i], DEC);
      if (i < 3)
      {
        Serial.print(".");
      }
    }
    Serial.print(", port ");
    Serial.println(Udp.remotePort());
    // 将数据包读入数组
    Udp.read(packetBuffer,UDP_TX_PACKET_MAX_SIZE);
    Serial.println("Contents:");
    Serial.println(packetBuffer);
    // 发送应答到刚才传输数据包来的设备
    Udp.beginPacket(Udp.remoteIP(), Udp.remotePort());
```

```
    Udp.write(ReplyBuffer);
    Udp.endPacket();
  }
  delay(10);
}
```

从以上程序可以看出,在接收数据包时,UDP 通信可以先通过 Udp. parsePacket()检测是否接收到数据包,并获取到包的长度,再使用 Udp. read()将数据存入数组中。

发送 UDP 数据需要三步:

① 使用 Udp. beginPacket()指定通信的 IP 地址和端口;

② 使用 Udp. write()发送数据;

③ 使用 Udp. endPacket()结束包的发送。

可以在一个路由器上连接多个 Ethernet 设备,以测试它们的通信功能。

10.7 项目:网页控制 Arduino

在前面的章节中,使用 Arduino Ethernet 构建了一个简单的 Web 服务器。但仅仅是通过 Arduino 将获取到的传感器数据信息输出到浏览器,并且每次获取都需要刷新浏览器页面。现今,在 Web 开发中,一般是通过 AJAX 不刷新网页来与服务器通信的。

本项目中,将展示浏览器通过 AJAX 与 Arduino 交换信息。不仅会将 Arduino 读出的传感器值显示在网页中,还要通过网页上的按键控制 Arduino 开关 LED。

要制作这个项目,首先需要准备一个如图 10-12 所示的网页。

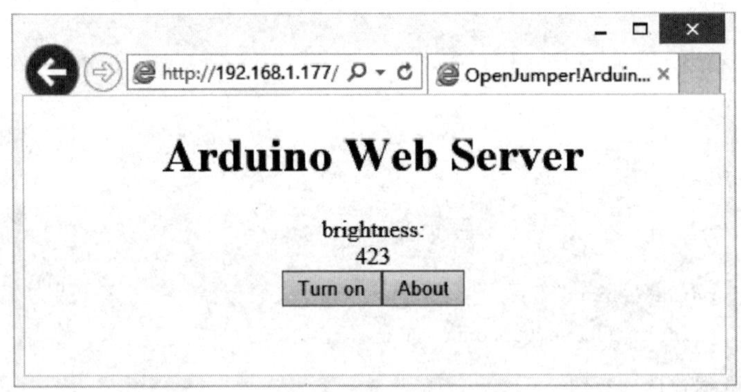

图 10-12 准备存放在 Arduino 上的网页

该网页 HTML 源码如下:

```
<!-- 例程网页控制 Arduino -->
<!-- Arduino Ethernet Example  -->
<!-- 奈何 col? 2014.12.24 v3.0 -->

<html>
<head>
<meta charset = "UTF - 8">
<title>OpenJumper! Arduino Web Server</title>
<script type = "text/javascript">
function send2arduino(){
    var xmlhttp;
    if (window.XMLHttpRequest)
    {// code for IE7 + , Firefox, Chrome, Opera, Safari
        xmlhttp = new XMLHttpRequest();
    }
    else
    {// code for IE6, IE5
        xmlhttp = new ActiveXObject("Microsoft.XMLHTTP");
    }
    element = document.getElementById("light");
    if (element.innerHTML.match("Turn on"))
      {
            element.innerHTML = "Turn off";
            xmlhttp.open("GET","? on",true);
      }
    else
      {
            element.innerHTML = "Turn on";
            xmlhttp.open("GET","? off",true);
      }
    xmlhttp.send();
}
function getBrightness(){
    var xmlhttp;
    if (window.XMLHttpRequest)
    {// code for IE7 + , Firefox, Chrome, Opera, Safari
        xmlhttp = new XMLHttpRequest();
    }
    else
    {// code for IE6, IE5
        xmlhttp = new ActiveXObject("Microsoft.XMLHTTP");
```

```
    }
    xmlhttp.onreadystatechange = function()
{
        if (xmlhttp.readyState = = 4 && xmlhttp.status = = 200)
        {
            document.getElementById("brightness").innerHTML = xmlhttp.responseText;
        }
}
    xmlhttp.open("GET","? getBrightness",true);
    xmlhttp.send();
}
window.setInterval(getBrightness,1000);
</script>
</head>
<body>
    <div align = "center">
        <h1>Arduino Web Server</h1>
        <div>brightness:</div>
        <div id = "brightness">?? </div>
        <button id = "light" type = "button">Turn on</button>
        <button type = "button">About</button>
    </div>
</body>
</html>
```

在该网页中,第一个 id 为 light 的 button 标签,用于控制开关灯。单击后,会调用 send2arduino()函数。浏览器会以 AJAX 的方式向 Arduino 服务器发送含有"? on"或"? off"的 GET 请求。Arduino 服务器通过判断请求中的内容,做出开/关灯动作。

而 getBrightness()函数通过一个定时操作,每秒运行一次。每次都以 AJAX 的方式向 Arduino 服务器发送含有"? getBrightness"的 GET 请求。Arduino 接收到该请求后,就会读取传感器数据并返回给浏览器。同时 getBrightness()函数会将 id 为 brightness 的 div 标签中的内容更新为返回的数据。

此外,将 A0 引脚连接光敏模块,用于采集室内光线;D2 引脚连接 LED 模块。

示例程序代码如下:

```
/ *
OpenJumper WebServer Example
http://www.openjumper.cn/ethernet/
显示室内照度 + 开关灯控制
```

```
通过手机、平板、计算机等设备访问 Arduino Server,就看到当前室内光线照度
A0 引脚连接光敏模块,用于采集室内光线;2 号引脚连接 LED 模块
奈何 col 2014.12.25
*/
#include <SPI.h>
#include <Ethernet.h>
byte mac[] = { 0xDE, 0xAD, 0xBE, 0xEF, 0xFE, 0xED };
IPAddress ip(192,168,1,177);
EthernetServer server(80);
EthernetClient client;
String readString = "";
//LED 及传感器连接位置
int Light = 2;
int Sensor = A0;
void setup() {
  Serial.begin(9600);
  //初始化 Ethernet 通信
  Ethernet.begin(mac, ip);
  server.begin();
  pinMode(Light,OUTPUT);
  Serial.print("Server is at ");
  Serial.println(Ethernet.localIP());
}
void loop() {
  //监听连入的客户端
  client = server.available();
  if (client) {
    Serial.println("new client");
    //接受浏览器发送来的信息
    //并根据内容返回不同的信息
    while (client.connected()) {
      if (client.available()) {
        char c = client.read();
        readString + = c;
        //只读取浏览器请求的第一行
        //该行已包含所需的 GET 信息
        if (c = = '\n') {
          Serial.println(readString);
```

```
          //检查收到的信息中是否有"? on",有则开灯
          if(readString.indexOf("? on") >0) {
            digitalWrite(Light, HIGH);
            Serial.println("Led On");
            break;
          }
          //检查收到的信息中是否有"? off",有则关灯
          if(readString.indexOf("? off") >0) {
            digitalWrite(Light, LOW);
            Serial.println("Led Off");
            break;
          }
          //检查收到的信息中是否有"getBrightness"
          //有则读取光敏模拟值,并返回给浏览器
          if(readString.indexOf("? getBrightness") >0) {
            client.println(analogRead(Sensor));
            break;
          }
          //发送 HTML 文本
          SendHTML();
          break;
        }
      }
    }
    delay(1);
    client.stop();
    Serial.println("client disonnected");
    readString = "";
  }
}
//用于输出 HTML 文本的函数
//HTML 文本中的引号都需要在其前面加上转义符"\"
void SendHTML()
{
  client.println("HTTP/1.1 200 OK");
  client.println("Content - Type: text/html");
  client.println("Connection: close");
  client.println();
  client.println("<! DOCTYPE HTML>");
  client.println("<html><head><meta charset = \"UTF - 8\"><title>OpenJumper!
Arduino Web Server</title>");
```

```
    client.println("<script type = \"text/javascript\">");

    client.println("function send2arduino(){var xmlhttp;if (window.XMLHttpRequest)xmlhttp = new XMLHttpRequest();else xmlhttp = new ActiveXObject(\"Microsoft.XMLHTTP\");element = document.getElementById(\"light\");if (element.innerHTML.match(\"Turn on\")){element.innerHTML = \"Turn off\"; xmlhttp.open(\"GET\",\"? on\",true);}else{ element.innerHTML = \"Turn on\";xmlhttp.open(\"GET\",\"? off\",true); }xmlhttp.send();}");

    client.println("function getBrightness(){var xmlhttp;if (window.XMLHttpRequest)xmlhttp = new XMLHttpRequest();else xmlhttp = new ActiveXObject(\"Microsoft.XMLHTTP\");xmlhttp.onreadystatechange = function(){if (xmlhttp.readyState = = 4 && xmlhttp.status = = 200) document.getElementById(\"brightness\").innerHTML = xmlhttp.responseText;};xmlhttp.open(\"GET\",\"? getBrightness\",true); xmlhttp.send();}");

    client.println("window.setInterval(getBrightness,1000);");
    client.println("</script>");
    client.println("</head><body><div align = \"center\"><h1>Arduino Web Server</h1><div>brightness:</div>");
    client.println("<div id = \"brightness\">");

    //模拟值显示位置,读取模拟值并输出
    client.println(analogRead(Sensor));
    client.println("</div>");

    //开关灯按钮
    client.println("<button id = \"light\" type = \"button\" onclick = \"send2arduino()\">Turn on</button>");
    client.println("<button type = \"button\" onclick = \"alert('OpenJumper Web Server')\">About</button></div></body></html>");
}
```

下载程序,并将 Arduino 接入局域网中。现在就可以通过浏览器访问 Arduino 了。页面中的亮度数据,每秒更新一次。还可以通过"Turn on"、"Turn off"按键控制 LED 的开关。

需要注意的是 Arduino 本身存储空间有限,存放和输出网页信息会消耗掉很多空间。因此,在以上示例程序中,应尽量减少 client.println()输出的文本行数,这样可以节省一定的存储空间。

在 Arduino Ethernet 控制器及扩展板上通常都带有 SD 卡槽。也可以尝试将网页数据放置在 SD 卡上,然后分段读取,并通过 Ethernet 输出,从而达到节省存储空间的目的。

附　录

A.1　使用专业 IDE 编写 Arduino 项目

如果想用 Arduino 开发比较大型的项目，可能会感到简单直观的 Arduino IDE 不是太好用。因为它无法进行中文注释，没有代码补全功能，也不能很好地管理项目资源。对于新手，笔者更推荐 Arduino IDE，因为它简单明了，能够很快地让人掌握。但对于已经掌握了 Arduino 的人，该 IDE 就显得过于简陋了。

其实还有很多 IDE 都可以通过自己配置或者安装插件的方式来支持 Arduino 的开发，如 Eclipse 和 Atmel Stduio 等，但配置方式都较为复杂。

笔者推荐使用 Microsoft Visual Studio 结合 Arduino for Visual Studio 插件的方法来安装配置基于 Microsoft Visual Studio 的 Arduino 开发环境。具体步骤是：

① 电脑中需要安装 Visual Studio 2012\2010\2008 的任一版本。

注意：非 Express 版的 Microsoft Visual Studio 才可以安装第三方插件。

如果没有安装 Microsoft Visual Studio，则推荐安装 Atmel Studio 6，这是完全免费的。

② 下载并安装 Arduino for Visual Studio 插件。从地址 http://visualmicro.codeplex.com/下载 Arduino for Visual Studio 插件。

③ 安装后运行 Visual Studio 即会提示指定 Arduino 安装地址（如"E:\arduino-1.0.2"）。另有一个 30 天试用提示，这是 debug 工具的试用提示，插件是免费的，不用理会它。此后，也可以通过选择"工具"→"选项"→Visual Micro 菜单项，在打开的对话框中更改 Arduino 的安装地址，如图 A-1 所示。

④ 设置好 Arduino 的路径后进入 Microsoft Visual Studio，在"文件"→"新建"菜单中已经可以看到 Arduino Project 选项，如图 A-2 所示。

⑤ 选择 Arduino Project 选项即可弹出如图 A-3 所示的对话框，输入项目名称，并单击"确定"按钮。

⑥ Microsoft Visual Studio Arduino 工程已经建立成功，现在可以在 Microsoft

Visual Studio 下开发 Arduino 了。如图 A-4 所示，在界面的左上侧可以看到控制器板的型号选择、串口选择和串口调试器按钮，并且原来 Visual Studio 中的运行调试按钮变为了 Arduino 的 Upload 按键。

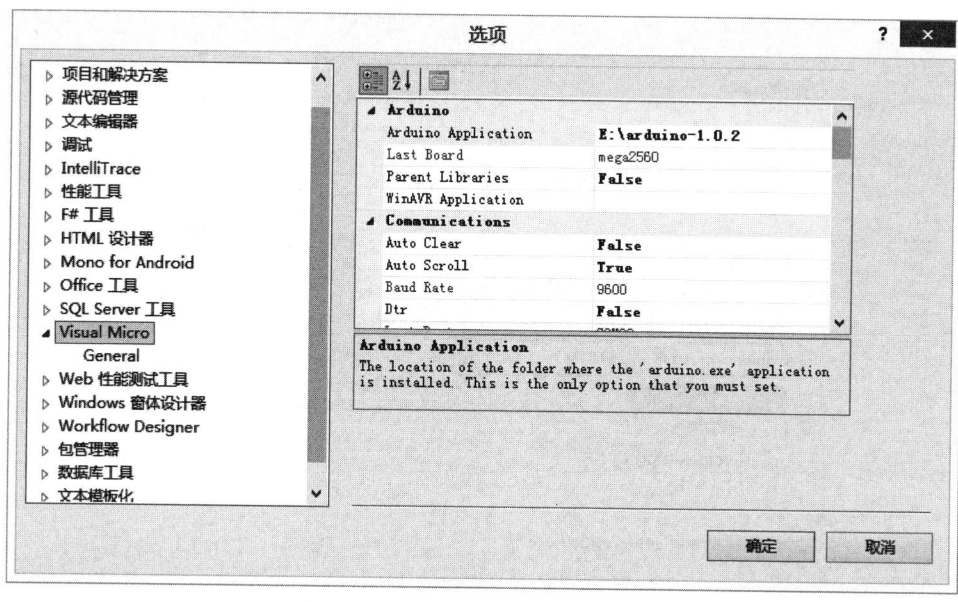

图 A-1　设置 Arduino IDE 安装地址

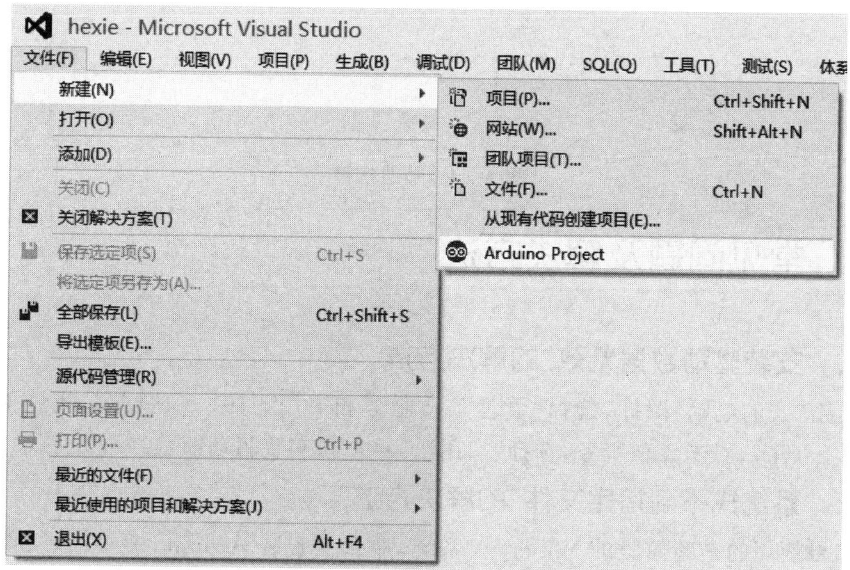

图 A-2　新建 Arduino 项目

Create a new arduino sketch project?
Enter a name for the new sketch
确定
取消
Example

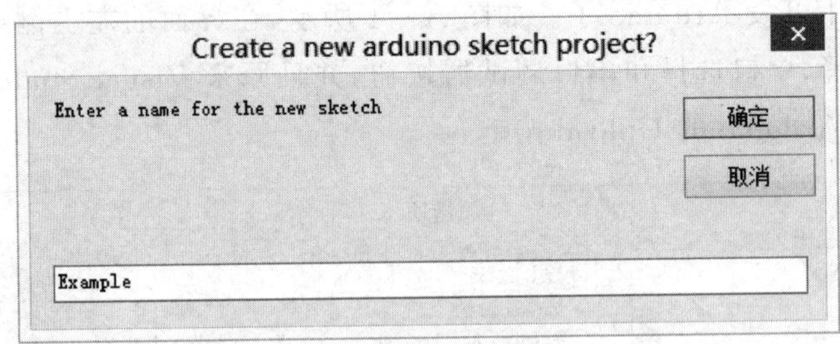

图 A-3　命名新项目

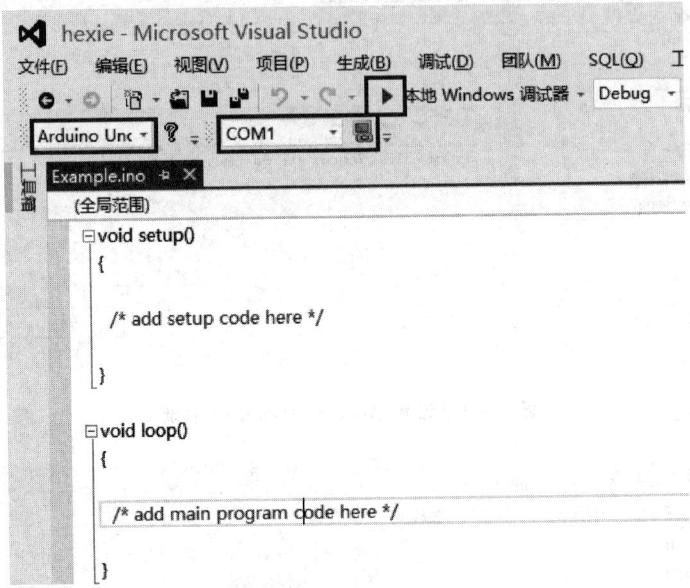

hexie - Microsoft Visual Studio
文件(F)
编辑(E)
视图(V)
项目(P)
生成(B)
调试(D)
团队(M)
SQL(Q)
本地 Windows 调试器
Debug
Arduino Unc
COM1
Example.ino
(全局范围)
void setup()
{
/* add setup code here */
}
void loop()
{
/* add main program code here */
}

图 A-4　功能按键

A.2　常见问题及解决方法

1. “安装驱动数据无效”的解决方法

右击“我的电脑”图标，选择“管理”→“服务和应用程序”→“服务”，找到 Device Install Service，右击该项服务，选择“启用”。再重新安装驱动即可。

2. “系统找不到指定文件”的解决方法

如果使用的是精简版的 Windows 系统，那么在安装 Arduino 驱动时，可能会遇到“系统找不到指定的文件”的问题，如图 A-5 所示。

出现以上问题的原因是精简版的 Window 系统删掉了一些不常用的驱动信息。解决的方法如下。

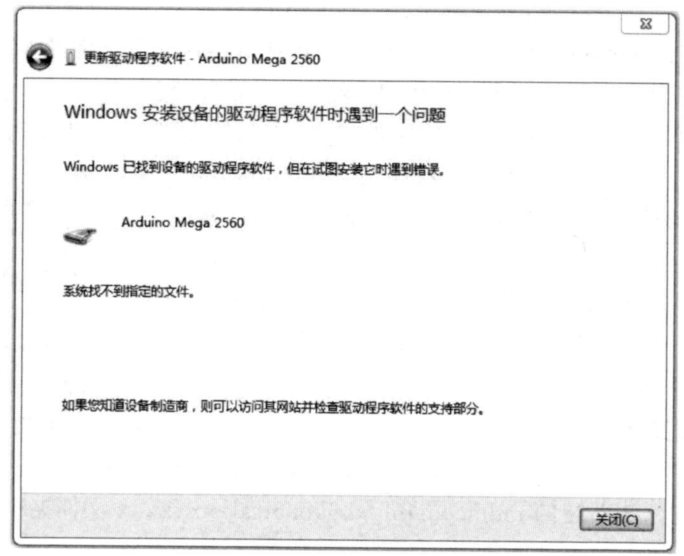

图 A-5 驱动安装失败提示

(1) 打开 C:\windows\inf\setupapi.dev.log 文件

该文件包含了有关即插即用设备和驱动程序安装的信息，当然也记录了Arduino驱动安装失败的原因。

打开该文件，滚动到文件末尾附近，则可以看到如图 A-6 所示的信息。

setupapi.dev.log - 记事本

文件(F) 编辑(E) 格式(O) 查看(V) 帮助(H)

```
     flq:                     CommitQ DelNodes=0 RenNodes=0 CopyNodes=1
     flq:                     {SPFILENOTIFY_STARTQUEUE}
     flq:                     {SPFILENOTIFY_STARTQUEUE - exit(0x00000001)}
     flq:                     {_commit_copy_subqueue}
     flq:                          subqueue count=1
     flq:                          {SPFILENOTIFY_STARTSUBQUEUE}
     flq:                          {SPFILENOTIFY_STARTSUBQUEUE - exit(0x00000001)}
     flq:                          source media:
     flq:                               Description   - [windows cd]
     flq:                               SourcePath    - [C:\Windows\System32\DriverStore\FileRepository
\mdmcpq.inf_x86_neutral_9f203c20b6f0dabd]
     flq:                               SourceFile    - [usbser.sys]
     flq:                               Flags         - 0x00000000
     flq:                          {SPFQNOTIFY_NEEDMEDIA}
     flq:                               {SPFILENOTIFY_NEEDMEDIA}
     flq:                               {SPFILENOTIFY_NEEDMEDIA - exit(0x00000000)}
     flq:                          {SPFQNOTIFY_NEEDMEDIA - returned 0x00000000}
!!!  flq:                          source media: SPFQOPERATION_ABORT.
!!!  flq:                          Error 2: The system cannot find the file specified.
     flq:                     {_commit_copy_subqueue exit(0x00000002)}
!!!  flq:                     FileQueueCommit aborting!
!!!  flq:                     Error 2: The system cannot find the file specified.
     flq:                     {SPFILENOTIFY_ENDQUEUE}
     flq:                     {SPFILENOTIFY_ENDQUEUE - exit(0x00000001)}
     flq:                {_commit_file_queue exit(0x00000002)}
     ndv:                Device install status=0x00000002
     ndv:                Performing device install final cleanup...
!    ndv:                Queueing up error report since device installation failed...
     ndv:           {Core Device Install - exit(0x00000002)} 22:57:36.414
     dvi:           {DIF_DESTROYPRIVATEDATA} 22:57:36.414
     dvi:                CoInstaller 1: Enter 22:57:36.414
     dvi:                CoInstaller 1: Exit
```

图 A-6 驱动安装提示信息

正是这个文件的缺失,致使 Arduino 驱动无法安装。

(2) 在 C:\Windows\System32\DriverStore\FileRepository\路径下新建一个名为 mdmcpq.inf_x86_neutral_xxxxxxx 的文件夹

每台计算机后面的标示不一样,文件夹中的 xxxxxxx 具体是什么请参照图 A-6 中 setupapi.dev.log 文件给出的提示信息。例如,笔者计算机中给出的信息为 C:\Windows\System32\DriverStore\FileRepository\mdmcpq.inf_x86_neutral_9f203c20b6f0dabd。根据该提示,在 C:\Windows\System32\DriverStore\FileRepository\路径下建立了一个同名的文件夹,如图 A-7 所示。

图 A-7 需要添加的文件夹

(3) 下载文件

从网址 http://www.openjumper.cn/arduino-driver-support/将如图 A-8 所示的文件下载到刚才新建的 mdmcpq.inf_x86_neutral_xxxxxxx 文件夹中。

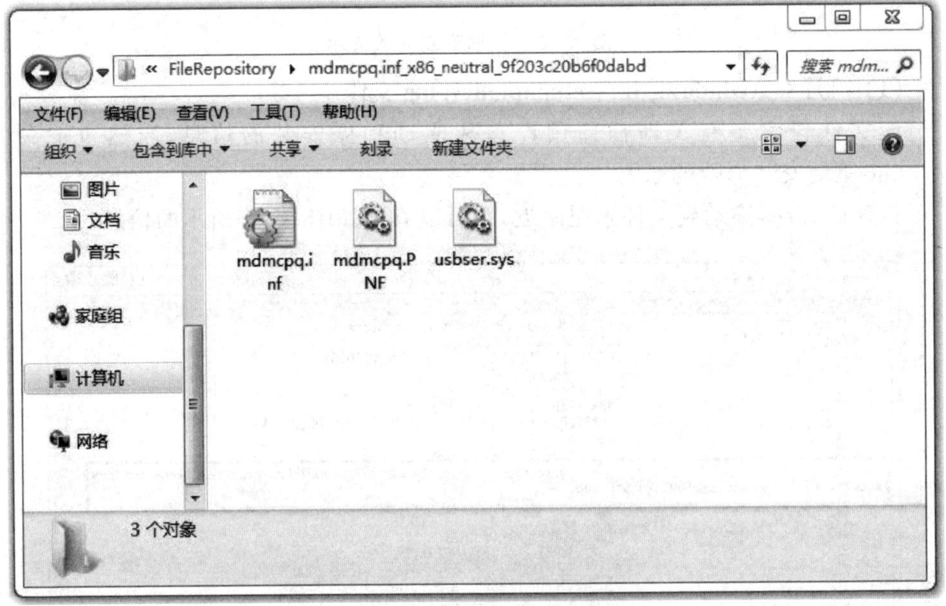

图 A-8 需要添加的驱动文件

(4) 重新按步骤安装驱动

现在驱动就可以正常安装了,安装方法参照第 1 章的内容。

3. 下载程序时提示 avrdude: stk500_getsync(): not in sync: resp=0x00

这是由串口通信失败引起的错误提示。原因可能如下。

(1) 选错了串口或者板子型号

解决办法:在"工具"菜单中正确选择对应的控制器型号及串口号。

(2) Arduino 在 IDE 下载过程中没有复位

在串口芯片 DTR 的输出脚与单片机的 Reset 脚之间有一个 100 nF 的电容。IDE 在向 Arduino 传输程序之前，会通过 DTR 引脚发出一个复位信号，使单片机复位，从而使单片机进入 bootloader 区运行下载所需的程序。如果这个过程出错，也会出现 stk500_getsync()：not in sync：resp=0x00 错误。

解决办法：当程序编译完成后提示进行下载时，手动按一下复位键，使 Arduino 运行 bootloader 程序。

(3) 串口脚(0、1)被占用

Arduino 下载程序时会使用 0、1 两个引脚，如果这两个引脚接有外部设备，则可能会导致通信不正常。

解决办法：拔掉 0、1 脚上连接的设备，再尝试下载。

(4) USB 转串口通信不稳定

该问题主要存在于一些劣质的 Arduino 兼容板及劣质的 Arduino 控制器上，通常由转串口芯片的质量问题引起，也可能是 USB 连接线的问题。

解决办法：更换控制板，或者更换 USB 连接线。

(5) bootloader 损坏或 AVR 单片机损坏

该问题出现的可能性极小，如果以上几种解决方法均尝试无果，则可能是 bootloader 程序损坏，或者 AVR 单片机损坏。

解决办法：使用烧写器，给 AVR 芯片重新写入 bootloader。如果无法写入，或写入后仍然不正常，则请更换 AVR 芯片再尝试。

4. 使用第三方类库时编译出错，提示 WProgram.h：No such file or directory：

这是因为程序中调用的库与最新版的 Arduino IDE 不兼容。可以尝试在库中的.h 和.cpp 文件中，用如下代码替换原来的"#include "WProgram.h""，使之能够兼容最新版的 Arduino IDE。

```
#if ARDUINO >= 100
  #include "Arduino.h"
#else
  #include "WProgram.h"
#endif
```

如果仍然无法编译通过，或运行不正常，请下载支持 Arduino 最新 IDE 的库版本。

5. 能否使用 AVRGCC 的方法在 Arduino IDE 中开发 Arduino

可以。但是需要注意 IDE 自带的 GCC 版本为 4.3.2，AVR-LibC 的版本为 1.6.4，不同版本之间可能有少许差异。

6. Arduino 是否支持其他型号的芯片

Arduino 官方支持的芯片型号有限,大部分均为 AVR 芯片。对于官方不支持的 AVR 型号,可以寻找第三方支持库来使用。

对于 STM32 部分型号,可以使用 Maple 来开发,网址为 http://www.leaflabs.com/。

对于 MSP430 部分型号,可以使用 Energia 来开发,网址为 http://www.energia.nu/。

对于 PIC32 部分型号,可以使用 chipKIT 来开发,网址为 http://www.chipkit.net/。

7. Arduino 开源使用的协议是什么

Arduino 硬件使用 Creative Commons 发布,IDE 使用 GPL 发布,Arduino 库文件使用 LGPL 发布。

8. 能否使用 AVR-Libc 和汇编等开发 Arduino

可以,Arduino IDE 支持这样的开发,如果要使用其他 AVR 开发工具来开发 Arduino 也是可以的。

A.3 Arduino Leonardo 手册

1. 概　述

Arduino Leonardo(图 A-9)是一块基于 ATmega32U4 CPU 的 Arduino 微控制器板;有 20 个数字输入/输出引脚(其中 7 个可用于 PWM 输出、12 个可用于模拟输入),1 个 16 MHz 的晶体振荡器,1 个 Micro USB 接口,1 个 DC 接口,1 个 ICSP 接口,1 个复位按钮;包含了支持微控制器所需的一切,可以简单地通过将它连接到计算机的 USB 接口,或者使用 AC/DC 适配器,或者使用电池来驱动它。

Leonardo 不同于之前所有的 Arduino 控制器,它直接使用了 ATmega32U4 的 USB 通信功能,取消了 USB 转 UART 芯片。这使得 Leonardo 不仅可作为一个虚拟的(CDC)串行/ COM 端口,还可模拟成鼠标或者键盘设备连接到计算机上。

2. 摘　要

- 微控制器:ATmega32U4。
- 工作电压:5 V。
- 输入电压:7～12 V。
- 数字 I/O 口引脚:20 个。
- PWM 通道:7 个。
- 模拟输入通道:12 个。

图 A－9　Arduino Leonardo

- 每个 I/O 口的直流输出能力:40 mA。
- 3.3 V 端口输出能力:50 mA。
- Flash 空间:32 KB,其中 4 KB 由引导程序使用。
- SRAM 空间:2.5 KB。
- EEPROM 空间:1 KB。
- 时钟速度:16 MHz。

3. 电　源

Arduino Leonardo 可通过 Micro USB 接口或外接电源来供电。其自带的电源切换电路可以自动切换至合适的电源。

外部(非 USB)电源可以使用 AC/DC 适配器或电池。适配器可以插在一个 2.1 mm规格的、中心为正极的电源插座上,以此连接到控制器电源。根据电池的信息,可将电池插在电源连接器的 GND 和 VIN 引脚头。

可以输入 7～12 V 的外部电源。但是,如果低于 7 V,则 5 V 引脚将提供小于 5 V的电源,控制板可能会不稳定。如果使用大于 12 V 的电源,则稳压器可能过热,从而损坏电路板。因此推荐的范围是 7～12 V。

电源引脚如下:

- VIN,外接电源引脚。可通过此引脚提供电压,或者通过该引脚使用电源座输入的电压。
- 5 V,5 V 电压引脚,可通过该引脚获得 5 V 电压,亦可通过该引脚输入 5 V

电压供 Arduino 工作。

- 3V3，通过板载稳压器输出 3.3 V 电压的引脚。最大电流为 50 mA。
- GND，接地引脚。
- IOREF，I/O 口参考电压引脚，也是 Arduino 工作电压。

4. 存储空间

ATmega32u4 具有 32 KB 的 Flash(其中 4 KB 被引导程序使用)，还有 2.5 KB 的 SRAM 和 1 KB 的 EEPROM(EEPROM 的读/写可以参见 6.1 节有关 EEPROM 库的内容)。

5. 输入和输出引脚

通过使用 pinMode()、digitalWrite()和 digitalRead()函数，Leonardo 上的 20 个 I/O 引脚中的每一个都可作为输入/输出端口。每个引脚都有一个 20～50 kΩ 的内部上拉电阻(默认断开)，可以输出或者输入最大 40 mA 的电流。此外部分引脚还有专用功能：

- UART，0(RX)和 1(TX)引脚。使用 ATmega32U4 硬件串口，用于接收(RX)和发送(TX)TTL 串行数据。需要注意的是，Leonardo 的 Serial 类是指 USB(CDC)的通信，而引脚 0 和 1 的 TTL 串口则使用 Serial1 类。
- TWI，2(SDA)和 3(SCL)引脚。通过使用 Wire 类库来支持 TWI 通信。
- 外部中断，0、1、2、3 和 7 引脚。可以被配置为外部中断。
- PWM，3，5，6，9，10，11，13 引脚。能够使用 analogWrite()函数支持 8 位的 PWM 输出。
- SPI，ICSP 引脚。能够通过使用 SPI 类库支持 SPI 通信。需要注意的是，SPI 引脚不像 UNO 一样可连接到任何数字 I/O 引脚上，它们只能在 ICSP 端口上工作。这就意味着，如果扩展板没有连接 6 脚的 ICSP 引脚，那么它将无法工作。
- LED，13 引脚。有一个板载的 LED 在数字脚 13 上，当引脚为高电平时，LED 亮；当引脚为低电平时，LED 不亮。
- 模拟输入，A0～A5，A6～A11(数字引脚 4，6，8，9，10，12)引脚。Leonardo 有 12 个模拟输入引脚，A0～A11 都可以作为数字 I/O 口。引脚 A0～A5 的位置与 UNO 上的相同；A6～A11 分别是数字 I/O 引脚 4，6，8，9，10 和 12。每个模拟输入都为 10 位分辨率(即有 1 024 个不同的值)。默认情况下，模拟输入量为 0～5 V，也可以通过 AREF 引脚改变参考电压。

6. 其他引脚

其他引脚还有：

- AREF，模拟输入信号参考电压引脚。通过 analogReference()函数使用。
- Reset 复位引脚。通过置低该引脚来复位 Arduino，通常用在带复位按键的扩展板上。

7. 通 信

要想使 Leonardo 与电脑、其他 Arduino 或其他微控制器通信,有多种设备可供选择。在 0、1 引脚上 ATmega32u4 提供了 UART TTL(5 V)的通信方式,ATmega32u4 还允许通过 USB 在电脑上虚拟 COM 端口来进行虚拟串行(CDC)通信。该芯片使用标准的 USB 串行驱动(在 Windows 上需要一个.inf 文件),可作为一个全速 USB 2.0 设备。Arduino 软件包含一个串口监视器,可与 Arduino 板子相互发送或者接收简单的数据。当使用 USB 传输数据时,板子上表示接收和发送的 LED 会闪烁(该特性不适用于 0、1 端口)。

SoftwareSerial 类库能够使任意的数字 I/O 口进行串行通信。

ATmega32u4 还支持 TWI(IIC)和 SPI 通信。Arduino 软件有一个用于简化 TWI(IIC)通信的 Wire 类库。SPI 通信可使用 SPI 类库。

Leonardo 可以作为鼠标或键盘出现,也可以通过编程来控制这类鼠标、键盘输入设备。

8. 编 程

Leonardo 可以通过 Arduino 软件来编程,可通过选择 Tool→board→Arduino Leonardo(根据控制器型号进行选择)菜单项来选择控制器型号。

Leonardo 的 ATmega32u4 芯片烧写了一个引导程序(bootloader),使其可以不通过外部硬件编程器也可以上传新的程序到 Leonardo。bootloader 使用 AVR109 协议通信。

还可以绕过引导程序,使用外部编程器通过 ICSP(在线串行编程)引脚来烧写程序。

9. 自动复位和引导程序的启动

在 Leonardo 中被设定为在上传时,当用软件建立连接时使控制器复位,从而免去了手动按下复位按键的操作。当 Leonardo 作为虚拟(CDC)串行/COM 端口以 1 200 波特率运行时,复位功能将被触发,串口也将关闭。此时,处理器会被复位,USB 连接会断开(即虚拟(CDC)串行/COM 端口会断开)。处理器复位后,引导程序紧接着启动,大概要等待 8 s 来完成启动过程。也可以通过按下板子上的复位按键来启动引导程序。

注意,当板子第一次通电时,如果有用户程序,则将直接跳转到用户程序区,而不启动 bootloader。

Leonardo 最好的复位处理方式是在上传程序之前使 Arduino 软件端试图启动复位功能,而不是手动单击复位按钮。

如果软件没有使控制板自动复位,则也可以通过手动按下复位按键来使板子复位运行引导程序。

10. USB 过流保护

Leonardo 上有一个自恢复保险丝，如果电流超过 500 mA，则保险丝会自动断开电路连接，以防短路或过载，从而保护计算机的 USB 端口。虽然现在大多数计算机的 USB 口都带有内部保护功能，但保险丝也可以提供额外的保护。

11. 外形和扩展板兼容性

外形兼容 Arduino UNO，但需注意部分引脚的第二功能不同。

有关 Arduino Leonardo 更详细的信息，英文原文参见网址 http://arduino.cc/en/Main/ArduinoBoardLeonardo，译文原文参见网址 http://www.arduino.cn/thread-1205-1-1.html。

A.4 Arduino Due 手册

1. 概　述

Arduino Due（图 A-10）是一块基于 Atmel SAM3X8E CPU 的微控制器板，是第一块基于 32 位 ARM 核心的 Arduino；具有 54 个数字 I/O 口（其中 12 个可用于 PWM 输出），12 个模拟输入口，4 路 UART 硬件串口，84 MHz 的时钟频率，1 个 USB OTG 接口，两路 DAC（模/数转换），两路 TWI，1 个电源插座，1 个 SPI 接口，1 个 JTAG 接口，1 个复位按键和 1 个擦写按键。

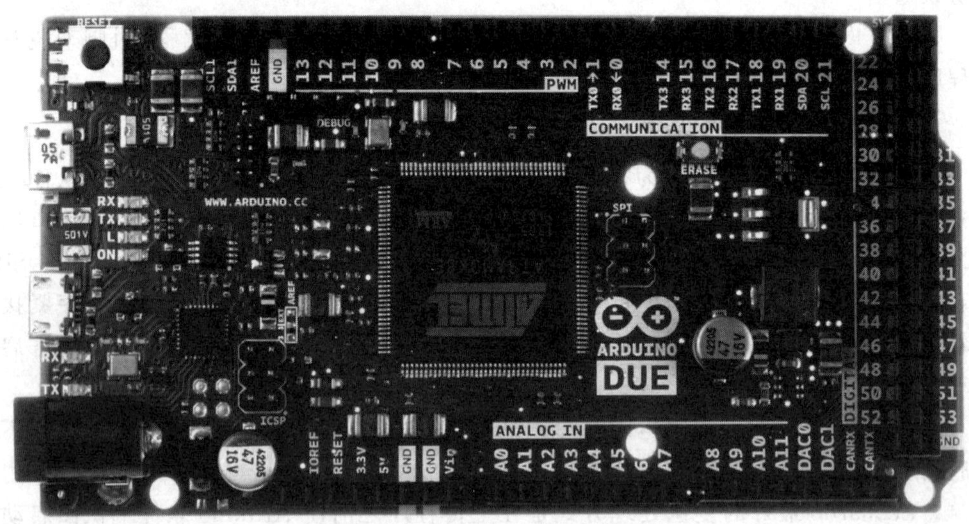

图 A-10　Arduino Due

警告：不同于其他 Arduino，Arduino Due 的工作电压为 3.3 V。I/O 口可承载的电压也为 3.3 V。如果使用更大的电压如 5 V 到一个 I/O 口,则可能会烧毁芯片。

电路板上已经包含控制运行所需的各种部件,仅需通过 USB 连接到电脑或者通过 AC/DC 适配器、电池连接到电源插座即可让控制器开始运行。Arduino Due 兼容工作在 3.3 V 且引脚排列符合 Arduino 1.0 标准的 Arduino 扩展板。

2. ARM 内核的优势

使用 32 位 ARM 内核的 Due 相较于以往使用 8 位 AVR 内核的其他 Arduino 更强大。明显的差别有:

- 32 位核心在一个时钟周期能够处理 32 位数据。
- 84 MHz 的 CPU 时钟频率。
- 96 KB 的 SRAM。
- 512 KB 的 Flash。
- 一个 DMA 控制器,能够减轻 CPU 在做大量运算时的压力。

3. 摘 要

- 微控制器:AT91SAM3X8E。
- 工作电压:3.3 V。
- 输入电压(推荐):7~12 V。
- 输入电压(限制):6~20 V。
- 数字 I/O 引脚:54 个(其中 12 路为 PWM 输出)。
- 模拟输入通道:12 个。
- 模拟输出通道(DAC):2 个。
- I/O 口总输出电流:130 mA。
- 3.3 V 端口输出能力:800 mA。
- 5 V 端口输出能力:800 mA。
- Flash 空间:512 KB(所有空间都可以储存用户程序)。
- SRAM 空间:96 KB (分为两个部分: 64 KB 和 32 KB)。
- 时钟速率:84 MHz。

4. 电 源

Arduino Due 可通过 Micro USB 接口或外接电源进行供电,电源可以自动被选择。外部(非 USB)电源可使用 AC/DC 适配器或电池。适配器可以插在一个 2.1 mm规格的、中心为正极的电源插座上,以此连接到控制器电源上。控制器能够支持 6~20 V 的电压输入。如果输入电压低于 7 V,则 5 V 引脚得到的电压可能会低于 5 V,控制器运行可能会不稳定。如果输入电压超过 12 V,则可能会造成控制器过热,甚至损坏。推荐输入电压范围为 7~12 V。电源相关引脚如下:

- VIN,Arduino 使用外部电源时的输入电压引脚(可通过该引脚供电,或者当使用 DC 插座供电时,通过该引脚使用 DC 电源)。

- 5V,通过板载稳压芯片输出的 5 V 电压引脚。可从 DC 电源口、USB 和 VIN 三处给控制器供电。也可绕过稳压 IC,直接从 5V、3.3 V 引脚供电,但不建议这样使用。
- 3.3V,通过板载稳压芯片输出的 3.3V 电压引脚。最大电流为 800 mA。该电压也是 SAM3X 的工作电压。
- GND,接地引脚。
- IOREF,该引脚提供 Arduino 微控制器的工作参考电压,Arduino 扩展板能够通过设计来读取 IOREF 引脚的电压,以选择合适的电源,或者提供 3.3 V 或 5 V 的电平转换。

5. 存储空间

SAM3X 有 512 KB (两块 256 KB)的 Flash 空间用于存储用户程序。Atmel 已经在生产芯片时将 bootloader 预烧写进了 ROM 里。SRAM 有 96 KB,由两个连续空间 64 KB 和 32 KB 组成。所有可用存储空间(Flash、RAM 和 ROM)都可直接寻址。可通过板子上的擦写按键擦除 SAM3X 的 Flash 中的数据,该操作将删除当前加载的项目。在通电状态下,按住擦写按键几秒钟即可擦写。

6. 输入和输出引脚

(1) 数字引脚:0～53 引脚

使用 pinMode()、digitalWrite()和 digitalRead()函数,每一个 I/O 口都可作为输入/输出端口。它们工作于 3.3 V 电压。每一个 I/O 口都可输出 3 mA 或 15 mA 电流,或者输入 6 mA 或 9 mA 电流。它们也都有 100 kΩ 的内部上拉电阻(默认状态下不上拉)。另外,以下一些引脚具有特殊功能:

- Serial,0 (RX)和 1 (TX)引脚。
- Serial 1,19 (RX)和 18 (TX)引脚。
- Serial 2,17 (RX)和 16 (TX)引脚。
- Serial 3,15 (RX)和 14 (TX)引脚。

它们是串口发送/接收端口(工作于 3.3 V 电平)。其中 0、1 连接到 ATmega-16U2 的对应串口上,用于 USB 转 UART 通信。

(2) PWM:2～13 引脚

使用 analogWrite()函数提供 8 位的 PWM 输出。可通过 analogWriteResolution()函数改变 PWM 的输出精度。

(3) SPI:SPI 接口 (在其他 Arduino 控制器上称为 ICSP 接口)

可通过使用 SPI 类库进行 SPI 通信。SPI 引脚已经引到了 6 针接口的位置,可与 UNO、Leonardo、Mega2560 兼容。该 SPI 针仅用于与其他 SPI 设备通信,不能用于 SAM3X 的程序烧写。Due 的 SPI 可通过 Due 专用的扩展库来使用其高级特性。

(4) CAN:CANRX 和 CANTX 引脚

虽然 Due 硬件支持 CAN 协议,但 Arduino 目前并没有提供该 API。

(5) L-LED：13 引脚

有一个内置的 LED 连接在数字脚 13 上，当引脚为高电平时，LED 亮；当引脚为低电平时，LED 不亮。因为 13 脚带有 PWM 输出功能，因此可以进行亮度调节。

(6) TWI 通信

TWI 通信引脚包括：

● TWI 1，20 (SDA)和 21 (SCL)引脚。

● TWI 2，SDA1 和 SCL1 引脚。

它们支持使用 Wire 类库来进行 TWI 通信。

(7) 模拟输入:A0～ A11 引脚

Arduino Due 有 12 路模拟输入端，每一路都有 12 位精度(0～4 095)。默认情况下，模拟输入精度为 10 位，这与其他型号的 Arduino 控制器一样。通过 analogReadResolution()函数可以改变 ADC 的采样精度。Due 的 analog inputs 引脚的测量范围为 0～3.3 V。如果测量高于 3.3 V 电压，则可能会烧坏 SAM3X，并且当电压高于 3.3 V 时，analogReference()函数在 Due 上是无效的。

AREF 引脚通过一个电阻 BR1 桥接到 SAM3X 的模拟参考电压脚上。如果要使用 AREF 引脚，则需要先从 PCB 上拆下电阻 BR1。

(8) 模拟输出:DAC1 和 DAC2 引脚

通过 analogWrite()函数提供 12 位精度的模拟输出(4 096 个等级)。该引脚结合 Audio 类库可以创建音频输出。

7. 其他引脚

其他引脚包括：

● AREF，模拟输入参考电压引脚。可通过 analogReference()函数来使用。

● Reset，复位引脚。接低则复位控制器。典型的应用是通过该脚来连接扩展板上的复位按键。

8. 通　信

Arduino Due 可通过多种方式与电脑、其他 Arduino 或其他控制器通信，也可与其他不同的设备进行通信，如手机、平板、相机等。SAM3X 提供一组硬件 UART 和 3 组 TTL (3.3 V)电平的 UART 来进行串行通信。

程序下载接口连接着 ATmega16U2，从而在电脑(Windows 系统需要一个 .inf 文件来识别该设备，而 OS X 和 Linux 系统则可以自动识别)上虚拟一个 COM 端口。SAM3X 的硬件 UART 也连接着 ATmega16U2。串口 RX0 和 TX0 通过 ATmega16U2 提供了用于下载程序的串口转 USB 通信。Arduino IDE 包含一个串口监视器，可通过串口监视发送或接收简单的数据。当数据通过 ATmega16U2 传输时，或者用 USB 连接电脑时(并不是 0、1 上的串口通信)，板子上的 RX 和 TX 两个 LED 会闪烁。

原生的 USB 口虚拟串行 CDC 通信,这样可以提供一个串口,与串口监视器或者电脑上的其他应用相连。该 USB 口也可用来模拟一个 USB 鼠标或键盘。要想使用此功能,请查看鼠标、键盘库的支持页面。这个原生的 USB 口也可作为 USB 主机去连接其他外设,如鼠标、键盘、智能手机,要使用这些功能,请查看 USBHost 的支持页面。

SAM3X 也支持 TWI 和 SPI 通信。在 Arduino IDE 中,可通过 Wire 类库轻而易举地使用 TWI 总线;使用 SPI 类库可以进行 SPI 通信,细节内容请查看 SPI 的支持页面。

9. 编　程

Arduino Due 通过 Arduino IDE 中的"download"功能下载程序。在 SAM3X 的 Arduino 上上传程序与 AVR 控制器有所不同,这是因为 Flash 在上传程序之前需要被擦写。SAM3X 的 ROM 中的程序会执行上传任务,但运行该程序的前提是 SAM3X 的 Flash 空间是空的。

在 Arduino Due 上有两个 USB 口(图 A－11),两个 USB 接口都可给 Due 下载程序,由于芯片擦除方式的影响,更推荐使用编程端口。

图 A－11　Arduino Due 上的两个 USB 口

(1) 编程端口

使用该端口进行下载操作,需要在 Arduino IDE 中选择"Arduino Due (Programming Port)"作为自己的板子。连接编程端口(靠近 DC 座的那一个)到自己的电脑。编程端口使用 ATmega16U2 作为 USB 转串口连接到 SAM3X 的第一 UART (RX0 和 X0)。ATmega16U2 上有两个针连接到 SAM3X 的复位和擦除脚。在 1 200 波特率下,打开和关闭串口会触发 SAM3X 的硬擦写程序,在通信之前可通过串口来触发 SAM3X 的擦写和复位引脚。推荐使用编程端口上传程序到 Arduino。相对于使用原生 USB 端口的芯片软擦写,使用编程端口的硬擦写更稳定可靠,因为即使主芯片坏了,该端口仍然会工作。

(2) 原生端口

使用该端口进行下载操作，需要在 Arduino IDE 中选择"Arduino Due (Native USB Port)"作为自己的板子。连接原生 USB 端口（靠近复位按键的那一个）到自己的电脑。在 1 200 波特率下，打开和关闭串口会触发 SAM3X 的软擦写程序：Flash 空间被擦写，程序倒转到 bootloader 区。如果主芯片损坏，软擦写程序就会不工作，这是因为该程序完全在 SAM3X 上。在不同的波特率下开关原生 USB 端口不会复位 SAM3X。

不同于其他的 Arduino 控制器要使用 avrdude 软件来上传程序，Due 上传程序依赖于 bossac 软件。

ATmega16U2 的固件源码可在 Arduino 库中找到。可以使用外部编程器，通过 ISP 接口烧写固件（覆盖 DFU bootloader）。更多信息请参考相关文档。

10. USB 过流保护

Arduino Due 上有一个自恢复保险丝，当短路或过流时可以自动断开，从而保护电脑的 USB 口。大部分电脑都带有内部过流保护功能，该保险丝可以提供一道额外的保护。当电流大于 500 mA 时，保险丝会自动断开，直到没有过载或者短路现象为止。

11. 外形和扩展板兼容性

Arduino Due 的外形尺寸与 Arduino MEGA 基本一致，但部分引脚的功能不相同。当使用扩展模块时，需考虑其 I/O 口只能承受低于 3.3 V 的电平。

有关 Arduino Due 更详细的信息，英文原文参见网址 http://arduino.cc/en/Main/ArduinoBoardDue，译文原文参见网址 http://www.arduino.cn/thread-2216-1-1.html。

A.5 ASCII 码对照表

表 A-1 为 ASCII 码对照表。

表 A-1　ASCII 码对照表

二进制(Binary)	八进制(Oct)	十进制(Dec)	十六进制(Hex)	字　符
010 0000	40	32	20	space
010 0001	41	33	21	!
010 0010	42	34	22	"
010 0011	43	35	23	#
010 0100	44	36	24	$
010 0101	45	37	25	%
010 0110	46	38	26	&
010 0111	47	39	27	'

续表 A－1

二进制(Binary)	八进制(Oct)	十进制(Dec)	十六进制(Hex)	字　符
010 1000	50	40	28	(
010 1001	51	41	29	)
010 1010	52	42	2A	*
010 1011	53	43	2B	+
010 1100	54	44	2C	,
010 1101	55	45	2D	-
010 1110	56	46	2E	.
010 1111	57	47	2F	/
011 0000	60	48	30	0
011 0001	61	49	31	1
011 0010	62	50	32	2
011 0011	63	51	33	3
011 0100	64	52	34	4
011 0101	65	53	35	5
011 0110	66	54	36	6
011 0111	67	55	37	7
011 1000	70	56	38	8
011 1001	71	57	39	9
011 1010	72	58	3A	:
011 1011	73	59	3B	;
011 1100	74	60	3C	<
011 1101	75	61	3D	=
011 1110	76	62	3E	>
011 1111	77	63	3F	?
100 0000	100	64	40	@
100 0001	101	65	41	A
100 0010	102	66	42	B
100 0011	103	67	43	C
100 0100	104	68	44	D
100 0101	105	69	45	E
100 0110	106	70	46	F
100 0111	107	71	47	G
100 1000	110	72	48	H

续表 A-1

二进制(Binary)	八进制(Oct)	十进制(Dec)	十六进制(Hex)	字 符
100 1001	111	73	49	I
100 1010	112	74	4A	J
100 1011	113	75	4B	K
100 1100	114	76	4C	L
100 1101	115	77	4D	M
100 1110	116	78	4E	N
100 1111	117	79	4F	O
101 0000	120	80	50	P
101 0001	121	81	51	Q
101 0010	122	82	52	R
101 0011	123	83	53	S
101 0100	124	84	54	T
101 0101	125	85	55	U
101 0110	126	86	56	V
101 0111	127	87	57	W
101 1000	130	88	58	X
101 1001	131	89	59	Y
101 1010	132	90	5A	Z
101 1011	133	91	5B	[
101 1100	134	92	5C	\
101 1101	135	93	5D	]
101 1110	136	94	5E	^
101 1111	137	95	5F	_
110 0000	140	96	60	`
110 0001	141	97	61	a
110 0010	142	98	62	b
110 0011	143	99	63	c
110 0100	144	100	64	d
110 0101	145	101	65	e
110 0110	146	102	66	f
110 0111	147	103	67	g
110 1000	150	104	68	h
110 1001	151	105	69	i

续表 A-1

二进制(Binary)	八进制(Oct)	十进制(Dec)	十六进制(Hex)	字　符
110 1010	152	106	6A	j
110 1011	153	107	6B	k
110 1100	154	108	6C	l
110 1101	155	109	6D	m
110 1110	156	110	6E	n
110 1111	157	111	6F	o
111 0000	160	112	70	p
111 0001	161	113	71	q
111 0010	162	114	72	r
111 0011	163	115	73	s
111 0100	164	116	74	t
111 0101	165	117	75	u
111 0110	166	118	76	v
111 0111	167	119	77	w
111 1000	170	120	78	x
111 1001	171	121	79	y
111 1010	172	122	7A	z
111 1011	173	123	7B	{
111 1100	174	124	7C	|
111 1101	175	125	7D	}
111 1110	176	126	7E	~

A.6　串口通信可用的 config 配置

Arduino 串口通信可用的 config 配置如表 A-2 所列。

表 A-2　串口通信可用的 config 配置

config 可用配置	数据位	校验位	停止位
SERIAL_5N1	5	无	1
SERIAL_6N1	6	无	1
SERIAL_7N1	7	无	1
SERIAL_8N1（默认配置）	8	无	1
SERIAL_5N2	5	无	2

续表 A-2

config 可用配置	数据位	校验位	停止位
SERIAL_6N2	6	无	2
SERIAL_7N2	7	无	2
SERIAL_8N2	8	无	2
SERIAL_5E1	5	偶	1
SERIAL_6E1	6	偶	1
SERIAL_7E1	7	偶	1
SERIAL_8E1	8	偶	1
SERIAL_5E2	5	偶	2
SERIAL_6E2	6	偶	2
SERIAL_7E2	7	偶	2
SERIAL_8E2	8	偶	2
SERIAL_5O1	5	奇	1
SERIAL_6O1	6	奇	1
SERIAL_7O1	7	奇	1
SERIAL_8O1	8	奇	1
SERIAL_5O2	5	奇	2
SERIAL_6O2	6	奇	2
SERIAL_7O2	7	奇	2
SERIAL_8O2	8	奇	2

A.7 USB 键盘库支持的键盘功能按键列表

Arduino USB 键盘模拟功能支持的按键如表 A-3 所列。

表 A-3 USB 键盘库支持的键盘功能按键

按 键	十六进制值(Hex)	十进制值(Dec)	说 明
KEY_LEFT_CTRL	0x80	128	左 Ctrl 键
KEY_LEFT_SHIFT	0x81	129	左 Shift 键
KEY_LEFT_ALT	0x82	130	左 Alt 键
KEY_LEFT_GUI	0x83	131	左 GUI 键
KEY_RIGHT_CTRL	0x84	132	右 Ctrl 键
KEY_RIGHT_SHIFT	0x85	133	右 Shift 键
KEY_RIGHT_ALT	0x86	134	右 Alt 键

续表 A-3

按　键	十六进制值(Hex)	十进制值(Dec)	说　明
KEY_RIGHT_GUI	0x87	135	右 GUI 键
KEY_UP_ARROW	0xDA	218	方向键上
KEY_DOWN_ARROW	0xD9	217	方向键下
KEY_LEFT_ARROW	0xD8	216	方向键左
KEY_RIGHT_ARROW	0xD7	215	方向键右
KEY_BACKSPACE	0xB2	178	退格键
KEY_TAB	0xB3	179	Tab 键
KEY_RETURN	0xB0	176	Return(Enter)键
KEY_ESC	0xB1	177	Esc 键
KEY_INSERT	0xD1	209	Insert 键
KEY_DELETE	0xD4	212	Delete 键
KEY_PAGE_UP	0xD3	211	PageUp 键
KEY_PAGE_DOWN	0xD6	214	PageDown 键
KEY_HOME	0xD2	210	Home 键
KEY_END	0xD5	213	End 键
KEY_CAPS_LOCK	0xC1	193	CapsLock 键
KEY_F1	0xC2	194	F1 键
KEY_F2	0xC3	195	F2 键
KEY_F3	0xC4	196	F3 键
KEY_F4	0xC5	197	F4 键
KEY_F5	0xC6	198	F5 键
KEY_F6	0xC7	199	F6 键
KEY_F7	0xC8	200	F7 键
KEY_F8	0xC9	201	F8 键
KEY_F9	0xCA	202	F9 键
KEY_F10	0xCB	203	F10 键
KEY_F11	0xCC	204	F11 键
KEY_F12	0xCD	205	F12 键

A.8 常见 Arduino 型号的参数比较表

常见 Arduino 型号的参数比较如表 A－4 所列。

表 A－4 常见 Arduino 型号的参数比较表

	Duemilanove	UNO R3	Nano	Mini	Leonardo	MEGA2560 R3	Due
MCU	ATmega168/328	ATmega328	ATmega168/328	ATmega168/328	ATmega32u4	ATmega2560	AT91SAM3X8E
工作电压（I/O 电压）	5 V	5 V	5 V	5 V	5 V	5 V	3.3 V
数字 I/O	14	14	14	14	20	54	54
PWM	6	6	6	6	7	15	12
模拟输入 I/O	6	6	8	8	12	16	12
时钟频率	16 MHz	16 MHz	16 MHz	16 MHz	16 MHz	16 MHz	84 MHz
Flash	16 KB/32 KB	32 KB	16 KB/32 KB	16 KB/32 KB	32 KB	256 KB	512 KB
SRAM	1 KB/2 KB	2 KB	1 KB/2 KB	1 KB/2 KB	2.5 KB	8 KB	96 KB
EEPROM	512 字节/1 KB	1 KB	512 字节/1 KB	512 字节/1 KB	1 KB	4 KB	—
USB 芯片	FTDI FT232RL	ATmega16u2	FTDI FT232RL	—	—	ATmega16u2	—
其他特点	早期 Arduino 版本，现已停产	目前使用人数最多的型号，适合初学者使用	功能和 Duemilanove 一致，但更为小巧	最小的 Arduino 控制器，但下载程序得搭配外部的下载器	可以模拟鼠标、键盘等 USB 设备	配置最高的 8 位 Arduino 控制器	32 位 Arduino 控制器，带有 CAN 总线和 2 个模拟输出引脚

后　记

如今,Arduino 无疑是用户数量最多的硬件开发平台。我到各个高校演讲,或者参加各种技术团体活动,也总是会遇到一些 Arduino 的用户。他们都很喜欢 Arduino 的简单易用,并正在使用它做着开发。但正是这种简单易用,让他们对 Arduino 是否适合做开发产生一些误解。在本书最后,简单做一下说明。

➢ **误解一:Arduino 性能很低,不如树莓派等开发板,所以不要用 Arduino 做开发**

杀鸡焉用牛刀。中科院不会用银河来玩魔兽,你也不会用小霸王来做开发。不同的平台有不同的定位。

Arduino 更多用在数据采集和控制上,简单轻量。而树莓派等带 OS 的开发板可以实现更多复杂的功能,如图形图像处理。

聪明的开发者会选择合适自己、合适项目的平台,而非选择性能最强大的平台。

➢ **误解二:Arduino 程序效率很低,所以不要用 Arduino 做开发**

Arduino 核心库是对 AVRGCC 的二次封装,确实会降低一些运行效率。但是这又有什么关系呢?你的程序真是对实时性要求很高吗?至少我在国内没有看到多少对效率极为苛求的项目。

用 Arduino 开发与传统的单片机开发的关系,类似于各种语言和其配套的 SDK。大部分程序都是使用 SDK 开发出来的。使用 SDK 避免了重复造轮子,节约了开发成本、缩短了项目周期。选择 Arduino 做开发也是如此。

当然,你可以选择使用传统方式,甚至是汇编开发单片机,把效率做到极致。但你必定会付出更大的学习成本和更多开发时间。如果开发经验不足,那后期的维护升级也是举步维艰。

如果项目真是需要很高的实时性,那建议使用 Arduino 集合 avr-libc 做开发,甚至 Arduino 结合汇编的混编方式开发。如果这样还达不到要求,还可以使用 ChipKIT、Maple 等 32 位的类 Arduino 的开发平台。

➢ **误解三:Arduino 只能开发玩具,不能做产品**

能不能开发产品和 Arduino 本身无关,只与你自身能力有关。

国内外很多公司都在使用 Arduino 开发产品,也有不少成功的商业产品(我知道肯定有人要来和我较真什么叫"成功"了)。所谓不能开发产品,只能拿它当玩具一说,完全是无稽之谈。

如果你正在从事硬件开发工作,会发现目前各大 IC 厂商都推出了自己的类库或 SDK。其本质和 Arduino 类库是一样的,这也是硬件行业的趋势。这和大家写软件用 SDK 是一个性质。

我个人也一直不太同意"Arduino 不能开发产品"的观点。就不能把它当作 AVR 的一套 SDK 么? 如果理由是硬件成本,那请看下一条。

➢ **误解四:Arduino 开发板成本太高,不适合做产品**

我介绍 Arduino 时,都会告诉别人 Arduino 是一个开发平台。

这里所说的用 Arduino 做开发,指的是使用 Arduino 核心库做开发。开发的产品也并不是非得集成个 Arduino 官方的开发板,一个核心的控制芯片足以。至于芯片多少钱,开发者们都很清楚了。

如果对产品体积没要求,且产量很小,也完全可以直接使用 Arduino 控制器。

在小批量的情况下,使用 Arduino 开发可以大大降低开发成本。如果项目产量超级大,当然应该选用更便宜的芯片开发。1 块钱的 STC,5 毛钱的 HT 都是可以的。

总结一下,Arduino 的优势在于社区的强大和众多类库资源。其资源和影响力已经让 GitHub 都加上了 Arduino 语言分类。

有个冷笑话,如果在任一技术群体中说"PHP 是最好的 Web 语言",必定会激起一番论战。如果评论众多硬件开发平台孰好孰坏,就可能陷入这种无意义的争论中。所以请注意,我没有说过 Arduino 是最好的开发平台。我只是希望大家知道,选择一个适合的自己,适合项目的开发平台。这,才是最重要的。

参考文献

[1] 谭浩强. C 程序设计[M]. 3 版. 北京:清华大学出版社,1999.

[2] Massimo Banzi. 爱上 Arduino[M]. 郭浩赟,于欣龙,译. 北京:人民邮电出版社,2012.

[3] 佟长福. AVR 单片机 GCC 程序设计[M]. 北京:北京航空航天大学出版社,2006.

[4] Arduino 官方网站:http://www.arduino.cc/.

[5] Arduino 中文社区:http://www.arduino.cn/.

[6] OpenJumper:http://www.openjumper.com/.

[7] AVR libc:http://avr-libc.nongnu.org/.